Shuzi Xitong yu Zidong Kongzhi
Xitong Sheji

全国大学生电子设计竞赛
系列教材

第3分册

高等教育出版社·北京
HIGHER EDUCATION PRESS BEIJING

数字系统与自动控制系统设计

Design

主编 高吉祥 主审 傅丰林
编者 宋庆恒 关永峰 张仁民
杨恒玲 丁文霞

内容简介

全国大学生电子设计竞赛系列教材是针对全国大学生电子设计竞赛的特点和需要，为高等学校电子信息类、自动化类、电气类及计算机类专业学生编著的培训教材。本书为本系列教材的第3分册。全书共分2章。第1章为数字系统设计。主要介绍了数字系统的基本概念、设计方法、描述方法、安装与调测以及多路数据采集电路设计、数字化语音存储与回放系统、数据采集与传输系统设计。第2章为自动控制系统设计，主要介绍了自动控制系统设计基础以及水温控制系统设计、简易智能电动车、自动往返小车、液体点滴速度监控装置、悬挂运动控制系统、电动车跷跷板、声音引导系统、模拟路灯控制系统、基于自由摆的平板控制系统、智能小车、帆板控制系统等各届控制类赛题的设计过程。本书搜集整理了历届关于自动控制系统及数字系统方面的设计试题，所举每个试题均有题目分析（或题目剖析）、方案论证及比较、理论分析与参数计算、软硬件设计、测试方法、测试结果及结果分析。

本书内容丰富实用，叙述简洁清晰，工程性强，可作为高等学校电子信息类、电气类、自动化类及计算机类专业的大学生参加全国大学生电子设计竞赛的培训教材，也可以作为各类电子制作、课程设计、毕业设计的教学参考书，以及电子工程技术人员进行电子设备设计与制作的参考书。

图书在版编目(CIP)数据

数字系统与自动控制系统设计 / 高吉祥主编. --北京:高等教育出版社,2013.7（2016.3重印）
全国大学生电子设计竞赛系列教材
ISBN 978-7-04-037492-6

Ⅰ.①数… Ⅱ.①高… Ⅲ.①数字系统-系统设计-高等学校-教材②自动控制系统-系统设计-高等学校-教材 Ⅳ.①TP271②TP273

中国版本图书馆CIP数据核字(2013)第113010号

策划编辑 欧阳舟　责任编辑 欧阳舟　封面设计 张申申　版式设计 余 杨
插图绘制 尹 莉　责任校对 杨雪莲　责任印制 尤 静

出版发行	高等教育出版社	咨询电话	400-810-0598
社　　址	北京市西城区德外大街4号	网　　址	http://www.hep.edu.cn
邮政编码	100120		http://www.hep.com.cn
印　　刷	北京四季青印刷厂	网上订购	http://www.landraco.com
开　　本	787mm×1092mm 1/16		http://www.landraco.com.cn
印　　张	15.5	版　　次	2013年7月第1版
字　　数	360千字	印　　次	2016年3月第2次印刷
购书热线	010-58581118	定　　价	24.00元

本书如有缺页、倒页、脱页等质量问题，请到所购图书销售部门联系调换。

物 料 号　37492—00

前　言

全国大学生电子设计竞赛是由教育部高等教育司、工业和信息化部人事教育司共同主办的面向高校本、专科生的一项群众性科技活动，目的在于推动普通高等学校的电子信息类学科面向21世纪的课程体系和课程内容改革，引导高等学校在教学中培养大学生的创新意识、协作精神和理论联系实际的能力，加强学生工程实践能力的训练和培养。鼓励广大学生踊跃参加课外科技活动，把主要精力吸引到学习和能力培养上来，促进高等学校形成良好的学习风气。同时，也为优秀人才脱颖而出创造条件。

全国大学生电子设计竞赛自1994年至今已成功举办了十届，深受全国大学生的欢迎和喜爱，参赛学校、参赛队和参赛学生逐年递增。对参赛学生而言，电子设计竞赛和赛前系列培训，使他们获得了电子综合设计能力，巩固了所学知识，并培养他们用所学理论指导实践，团结一致，协同作战的综合素质；通过参加竞赛，参赛学生可以发现学习过程中的不足，找到努力的方向，为毕业后从事专业技术工作打下更好的基础，为将来就业做好准备。对指导教师而言，电子设计竞赛是新、奇、特设计思路的充分展示，更是各高校之间电子技术教学、科研水平的检验，通过参加竞赛，可以找到教学中的不足之处。对各高校而言，全国大学生电子设计竞赛现已成为高校评估不可缺少的项目之一，这种全国大赛是提高学校整体教学水平、改进教学的一种好方法。

全国大学生电子设计竞赛仅在单数年份举办，但近几年来，许多地区、省市在双数年份单独举办地区性或省内电子竞赛，还有许多学校甚至每年举办多次各种电子竞赛，其目的在于通过这类电子大赛，让更多的学生受益。

全国大学生电子设计竞赛组委会为了组织好这项赛事，2005年曾编写了《全国大学生电子设计竞赛获奖作品选编(2005)》。我们在组委会的支持下，从2007年开始至今，编写了“全国大学生电子设计竞赛培训系列教程”(共9册)，深受参赛学生和指导教师的欢迎和喜爱。

“全国大学生电子设计竞赛培训系列教程”(共9册)包括：①《电子技术基础实验与课程设计》；②《基本技能训练与单元电路设计》；③《模拟电子线路设计》；④《数字系统及自动控制系统设计》；⑤《高频电子线路设计》；⑥《电子仪器仪表设计》；⑦《2007年全国大学生电子设计竞赛试题剖析》；⑧《2009年全国大学生电子设计竞赛试题剖析》；⑨《2011年全国大学生电子设计竞赛试题剖析》。

这一系列教程出版发行后，据不完全统计，被数百所高校用作为全国大学生电子设计竞赛及各类电子设计竞赛培训的主要教材或参考教材。读者纷纷来信来电表示这套教材写得很成功、很实用，同时也提出了许多宝贵意见。基于这种情况，从2011年开始，我们对此系列教程进行整编。新编著的5本系列教材包括：《基本技能训练与单元电路设计》、《模拟电子线路设计》、《数字系统与自动控制系统设计》、《高频电子线路设计》和《电子仪器仪表设计》。

《数字系统与自动控制系统设计》是新编系列教材的第3分册，全书共两章。第1章 数字系统设计，主要介绍了数字系统的基本概念、设计方法、描述方法、安装与调测以及多路数据采集电路设计(1994年全国大学生电子设计竞赛B题)、数字化语音存储与回放系统(1999年全国大学生电子设计竞赛E题)、数据采集与传输系统设计(2001年全国大学生电子设计竞赛E题)。第2章 自动控制系统设计，主要介绍了自动控制系统设计基础、水温控制系统设计(1997年全国大学生电子设计竞赛C题)、简易智能电动车(2003年全国大学生电子设计竞赛E题)、自动往返小车(2001年全国大学生电子设计竞赛C题)、液体点滴速度监控装置(2003年全国大学生电子设计竞赛F题)、悬挂运动控制系统(2005年全国大学生电子设计竞赛E题)、电动车跷跷板(2007年全国大学生电子设计竞赛F题)、声音引导系统(2009年全国大学生电子设计竞赛B题)、模拟路灯控制系统(2009年全国大学生电子设计竞赛I题)[高职高专组]、基于自由摆的平板控制系统(2011年全国大学生电子设计竞赛B题)、智能小车(2011年全国大学生电子设计竞赛C题)、帆板控制系统(2011年全国大学生电子设计竞赛F题)。本书搜集整理了历届关于自动控制系统及数字系统方面的设计试题，所举试题一般设有题目分析(或题目剖析)、方案论证、理论分析与参数计算、软硬件设计、测试方法、测试结果及结果分析，内容丰富精彩。

参加本书编写工作的有高吉祥、宋庆恒、丁文霞、关永峰、张仁民、杨恒玲等。本书由高吉祥主编，西安电子科技大学傅丰林教授在百忙之中对本书进行了审阅，中国工程院院士凌永顺，中国微电子学专家、东南大学王志功教授，北京理工大学罗伟雄教授，武汉大学赵茂泰教授等为本书出谋划策，提出许多宝贵意见，在此，表示衷心感谢。

由于时间仓促，本书在编写过程中难免存在疏漏和不足，欢迎广大读者和同行批评指正，在此表示衷心感谢。

编 者

2013年5月

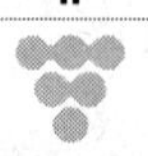

目　　录

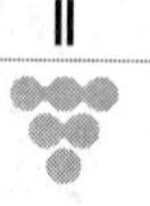

第1章 数字系统设计

1.1 数字系统设计基础

数字系统指的是交互式的、以离散形式表示的、具有信息存储、传输、处理能力的逻辑子系统的集合物，简单地说即由若干数字电路和逻辑部件构成的能够处理或传送数字信息的设备。有无控制器是区别功能部件数字单元电路和数字系统的标志，凡是有控制器且能按照一定程序进行数据处理的系统，不论其规模大小，均称为数字系统；否则，只能是功能部件或是数字系统中的子系统。全国大学生电子设计竞赛数字电子技术方面的命题中一般都含有控制部分，所以其所要求的设计均为数字系统。下面即讨论数字系统的基本概念和数字系统的基本描述等问题。

1.1.1 数字系统的基本概念

数字系统涉及许多领域，如机械、化学、热学、电学等工程技术领域，但数字系统的核心问题仍然是逻辑设计问题，逻辑设计将最终完成系统所期望的信息处理、信息传输和信息存储等任务。数字系统通常可分为三个部分：输入/输出接口、数据处理器和控制器。图 1.1.1 所示为一简单的数字系统结构框图，其中输入/输出接口是完成将物理量转化为数字量或将数字量转化为物理量的功能部件。

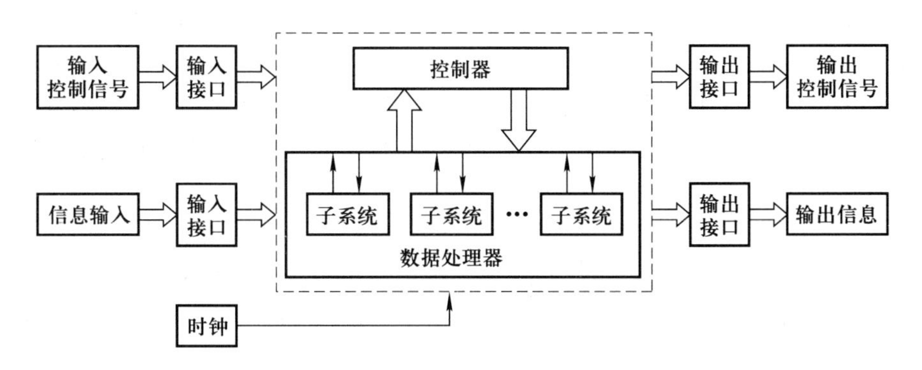

图 1.1.1　数字系统结构框图

数据处理器主要完成数据的采集、存储、运算和传输。数据处理子系统主要由存储器、运算器、数据选择器等功能电路组成。数据处理器与外界进行数据交换，在控制器发出的控制信号作用下，数据处理器将进行数据的存储和运算等操作。

控制器是执行数字系统算法的核心，具有记忆功能，因此控制器为时序系统。控制器的输入信号是外部控制信号和由数据处理器送来的条件信号，按照数字系统设计方案要求的算法流程，在时钟信号的控制下进行状态的转换，同时产生与状态和条件信号相对应的输出信号。

把数字系统划分成数据处理器和控制器来进行设计，这只是一种手段，不是目的。这样做可以更好地帮助设计者有层次地理解和处理问题，进而获得清晰、完整正确的电路图。因此，数字系统的划分应当遵循自然、易于理解的原则。

1.1.2 数字系统的设计方法

一、自顶向下设计法

自顶向下（top-down）的设计是从整个系统功能出发，按一定原则将系统划分为若干子系统，再将每个子系统分为若干功能模块，再将每个模块分成若干较小的模块……直至分成许多基本模块实现。

根据自顶向下的设计方法，数字系统的设计过程大致可以分为三步：

① 确定初步方案，进行系统设计和描述；

② 系统划分，进行子系统功能描述；

③ 逻辑描述，完成具体设计。

1．系统设计的描述

拿到一个数字系统的课题后，应首先明确课题的任务、要求、原理和使用环境，搞清楚外部输入信号特性、输出信号特性、系统需要完成的逻辑功能、技术指标等，然后确定初步方案。这部分的描述方法有：方框图、定时图（时序图）和逻辑流程图。

2．系统划分

将系统划分为控制器和受控电路两部分，而受控电路又是用各种模块即子系统实现。这一步的任务是根据上一步确定的系统功能，决定使用哪些子系统，以及确定这些子系统与控制器之间的关系。这一过程是一个逐级分解的过程，随着分解的进行，每个子系统的功能越来越专一和明确，因而系统的总体结构也越来越清晰。最终分解的程度以能清晰地表示出系统的总体结构而又不为下一步的设计增加过多的限制为原则。分解完成后，对各个子系统及控制器进行功能描述，可以用硬件描述语言或 ASM 图等手段，定义和描述硬件结构的算法，并由算法转化成相应的结构。此阶段描述和定义的是抽象的逻辑模块，不涉及具体的器件。

3．具体电路设计

这一步的任务是设计具体电路。传统的设计方法是将上面对各子系统的描述转换成逻辑电路或基本逻辑组件，选择具体器件，如各种标准的 SSI、MSI、LSI 或 GAL 等，来实现受控电路。对于控制器，由于控制器是时序逻辑电路，它的实现，可以用时序机设计方法，借助 ASM 图或 MDS 图写出激励函数，进行逻辑化简，求出控制函数方程，然后合理选择具体器件实现控制器。

现代数字系统的设计，可以用 EDA 工具，选择 PLD 器件来实现电路设计。这时可以将上面的描述直接转换成 EDA 工具使用的硬件描述语言，送入计算机，由 EDA 完成逻辑描述、逻辑综合及仿真等工作，完成电路设计。

自顶向下的设计过程并非是一个线性过程，在下一级的定义和描述中往往会发现上一级的定义和描述中的缺陷或错误，因此必须对上一级的定义和描述加以修正，使其更真实地反映

系统的要求和客观的可能性。整个设计过程是一个反复修改和补充的过程，是设计人员追求自己的设计目标日臻完善的积极努力的过程。

二、试凑设计法

试凑设计就是用试探的方法按给定的功能要求，选择若干模块(功能部件)来拼凑一个数字系统。试凑法主要是凭借设计者对逻辑设计的熟练技巧和经验来构思方案，划分模块，选择器件，拼接电路。试凑法适用于小型数字系统的设计，对于复杂的数字系统，这种设计方法就不再适用。

试凑并不是盲目的，通常按下述步骤进行：

1. 分析系统设计要求，确定系统总体方案

消化设计任务书，明确系统功能，如数据的输入/输出方式，系统需要完成的处理任务等。拟定算法，即选定实现系统功能所遵循的原理和方法。

2. 划分逻辑单元，确定初始结构，建立总体逻辑图

逻辑单元划分可采用由粗到细的方法，先将系统分为处理器和控制器，再按处理任务或控制功能逐一划分。逻辑单元的大小要适当，以功能比较单一、易于实现且便于进行方案比较为原则。

3. 电路实现

将上面划分的逻辑单元进一步分解成若干相对独立的模块(功能部件)，以便直接选用标准 SSI、MSI、LSI 器件来实现。器件的选择应尽量选用 MSI 和 LSI，这样可以提高电路的可靠性，便于安装调试，简化电路设计。

4. 绘制电路图

连接各个模块，绘制总体电路图。画图时应综合考虑各功能块之间的配合问题，如时序上的协调、负载匹配、竞争与冒险的消除、初始状态设置、电路启动，等等。

5. 安装调试

1.1.3 数字系统设计的描述方法

在用自顶向下设计方法进行数字系统设计的过程中，在不同的设计阶段采用适当的描述手段，正确地定义和描述设计目标的功能和性能，是设计工作正确实施的依据。常用的描述工具有：方框图、定时图、逻辑流程图和 MDS 图。

一、方框图

方框图用于描述数字系统的模型，是系统设计阶段最常用的重要手段。方框图可以详细描述数字系统的总体结构，并作为进一步详细设计的基础。方框图不涉及过多的技术细节，直观易懂，因此具有以下优点：

① 大大提高了系统结构的清晰度和易理解性；

② 为采用层次化系统设计提供了技术实施路线；

③ 使设计者易于对整个系统的结构进行构思和组合；

④ 便于发现和补充系统可能存在的错误和不足；

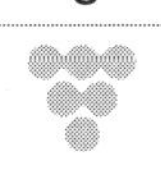

⑤ 易于进行方案比较，以达到总体优化设计目的；

⑥ 可作为设计人员和用户之间交流的手段和基础。

方框图中每一个方框定义了一个信息处理、存储或传送的子系统，在方框内用文字、表达式、通用符号或图形来表示该子系统的名称或主要功能。方框之间采用带箭头的直线相连，表示各个子系统之间数据流或控制流的信息通道，箭头指示了信息传送的方向。

方框图的设计是一个自顶向下、逐步细化的层次化设计过程。同一种数字系统可以有不同的结构。在总体结构设计（以框图表示）中，任何优化设计的考虑要比逻辑电路设计过程中的优化设计产生大得多的效益，特别是采用 EDA 设计工具进行设计时，许多逻辑化简、优化的工作都可用 EDA 来完成，而总体结构的设计是任何工具所不能替代的，它是数字系统设计过程中最具创造性的工作之一。

一般总体结构设计方框图需要有一份完整的系统说明书。在系统说明书中，不仅需要给出表示各个子系统的方框图，同时还需要给出每个子系统功能的详细描述。

二、定时图

定时图又称时序图或时间关系图，它用来定时地描述系统各模块之间、模块内部各功能组件之间，以及组件内部各门电路或触发器之间输入信号、输出信号和控制信号的对应时序关系及特征（即这些信号是电平还是脉冲，是同步信号还是异步信号等）。

定时图的描述也是一个逐步深入细化的过程，即由描述系统输入/输出信号之间的定时关系的简单定时图开始，随着系统设计的不断深入，定时图也不断地反映新出现的系统内部信号的定时关系，直到最终得到一个完整的定时图。定时图精确地定义了系统的功能，在系统调试时，借助 EDA 工具，建立系统的模拟仿真波形，以判定系统中可能存在的错误；或在硬件调试及运行时，可通过逻辑分析仪或示波器对系统中重要结点处的信号进行观测，以判定系统中可能存在的错误。

三、逻辑流程图

逻辑流程图简称流程图，是描述数字系统功能的常用方法之一。它是用特定的几何图形（如矩形、菱形、椭圆形等）、指向线和简练的文字说明，来描述数字系统的基本工作过程。其描述对象是控制单元，并以系统时钟来驱动整个流程，它与软件设计中的流程图十分相似。

1. 基本符号

逻辑流程图一般用三种符号：矩形状态框、菱形判别框和椭圆形条件输出框，如图 1.1.2 所示。

（1）状态框表示系统必须具备的状态；条件判别框和条件输出框不表示系统状态，而只是表示某个状态框在不同的输入条件下的分支出口及条件输出（即在某状态下输出量是输入量的函数）。一个状态和若干个判别框，或者再加上条件输出框组成一个状态单元。

（2）逻辑流程图的描述过程是一个逐步深入细化的过程。先从简单的逻辑流程图开始，逐步细化，直至最终得到详细的逻辑流程图。在这一过程中，如果各个输出信号都已明确，则可将各个输出信号的变化情况标注在详细的逻辑流程图上。

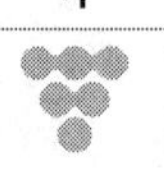

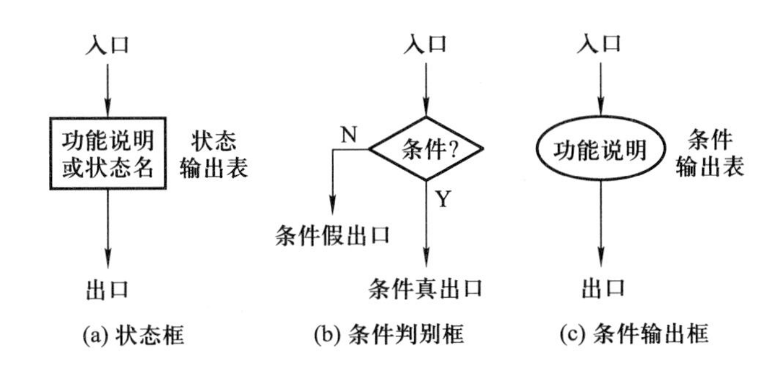

图 1.1.2　逻辑流程图基本符号

(3) 如果在某状态下,输出与输入无关,即为 Moore 型输出,则该输出可标注在状态框旁的状态表中,用箭头"↑"表示信号有效,"↓"表示信号无效,这里不考虑该信号是高或低有效,如图 1.1.3 所示。

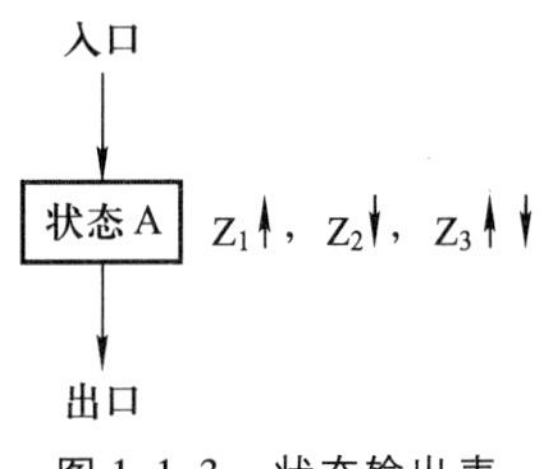

图 1.1.3　状态输出表

图中 Z_1↑表示进入状态 A,输出 Z_1 有效,Z_2↓表示进入状态 A,输出 Z_2 无效。Z_3↑↓表示进入状态 A,输出 Z_3 有效,退出状态 A 后,输出 Z_3 无效。通常仅标注进入或退出该状态时需要改变的输出,不受影响的输出不必标注,这样可以使图形更加简明。

2. 逻辑流程图的应用

逻辑流程图可以描述整个数字系统对信息的处理过程,以及控制单元所提供的控制步骤,它便于设计者发现和改进信息处理过程中的错误和不足,又是后续电路设计的依据。

3. 从状态图得到逻辑流程图

状态图是以单个状态为单位,从一个状态到另一个状态转换是在一系列条件发生后完成的,同时产生系统的输出。在逻辑流程图中,一个状态框和若干个条件判别框及条件输出框组成一个状态单元。因此,状态图上一个状态及输出对应逻辑流程图中一个状态单元。如果一个状态的输出与输入有关,则逻辑流程图中对应的状态单元必定包括有条件输出框;反之,为无条件输出框。

四、MDS 图

MDS(Mnemonic Documented State Diagrams)图是设计数字系统控制器的一种简洁的方法。MDS 图类似于状态转换图,可以很容易地由描述数字系统的详细流程图转换而来。

1. MDS 图说明

MDS 图是用一个圆圈表示一个状态,状态名标注在圆圈内,圆圈外的符号或逻辑表达式表示输出,用定向线表示状态转换方向,定向线旁的符号或逻辑表达式表示转换条件。

MDS 图中符号的含义如下:

Ⓐ:表示状态 A。

Ⓐ→Ⓑ:表示状态 A 无条件转换到状态 B。

Ⓐ$\xrightarrow{x}$Ⓑ:表示状态 A 在满足条件 x 时转换到状态 B。x 表示输入条件,它可以是一个字母(即一个输入变量),也可以是一个积项,还可以是一个复杂的布尔表达式。

Ⓐ$Z\uparrow$:表示进入状态 A 时,Z 变为有效。如果 Z 的有效电平是 H,则可以表示为Ⓐ$Z=H\uparrow$。

Ⓐ$Z\downarrow$:表示进入状态 A 时,Z 变为无效。如果 Z 的有效电平是 H,则可以表示为Ⓐ$Z=H\downarrow$。

Ⓐ$Z\uparrow\downarrow$:表示进入状态 A 时,Z 变为有效;退出状态 A 时,Z 变为无效。如果 Z 的有效电平是 H,则可以表示为Ⓐ$Z=H\uparrow\downarrow$。

Ⓐ$Z\uparrow\downarrow=A\cdot x$:表示如果满足条件 x,则进入 A 时 Z 有效,退出 A 时 Z 无效。

Ⓐ$\xrightarrow{x}$:表示 x 是一个异步输入变量,Ⓐ$\xrightarrow{x}$表示 A 在异步输入作用下退出 A 状态。

MDS 图和一般状态图的不同之处在于输入/输出变量的表示方法。在 MDS 图中,标注在定向线旁的输入变量是用简化项表示。举例如图 1.1.4 所示。当输入 $x_2x_1=\mathbf{01}$ 和 **11** 时,状态都由 A 转换到 B,则在 MDS 图中从 A 到 B 的定向线旁就标注一个 x_1。对于输出 Z_2Z_1来讲,在状态 A 到状态 B 时,Z_2Z_1由 **10** 变为 **11**,而由状态 B 到状态 C 时,Z_2Z_1又由 **11** 变为 **00**,因此,对于 Z_1来说,它只有进入状态 B 时有效,退出状态 B 则无效,这样,在 MDS 图中,在状态 B 的外侧标为 $Z_1\uparrow\downarrow$。对于输出 Z_2来说,进入状态 A 有效,只有进入状态 C 无效,因此,在状态 A 外标注 $Z_2\uparrow$ 在状态 C 外标注 $Z_2\downarrow$。

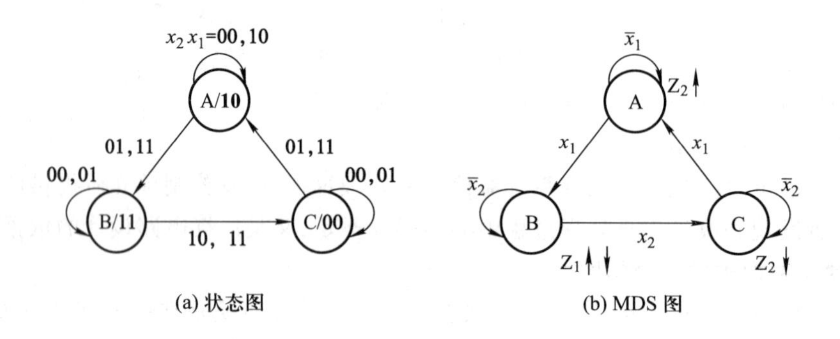

图 1.1.4　状态图和 MDS 图

2. 由逻辑流程图导出 MDS 图

用逻辑流程图来描述数字系统的工作原理,并规定了控制器的功能,就可以从流程图导出与之相应的 MDS 图,使 MDS 图成为描述数字系统的工具。下面讨论二者之间的关系及转换规则。

(1) 流程图中的状态框表示系统的状态,表示了系统应完成的一组动作,它对应于 MDS 图中的一个状态;流程图中的判别框表示系统控制器应进行的判断与决策,它对应于 MDS 图中的一个分支,其中判别变量是 MDS 图中转换条件或分支条件的一部分或全部;流程图中状态框旁表示的状态输出,表示在这一状态下发出的控制输出信号,对应于 MDS 图中的一个状态输出,如图 1.1.5 所示。

(2) 流程图中的条件输出框与 MDS 图中的条件输出相对应,如图 1.1.6 所示。注意,如果 START 是同步变量,则启动脉冲 RUN↑↓的持续时间与状态 A 的保持时间相同;如果 START 为异步变量,由 RUN↑↓的持续时间将是不确定的。所以,在条件输出的输出条件中,不应该包含有异步变量。

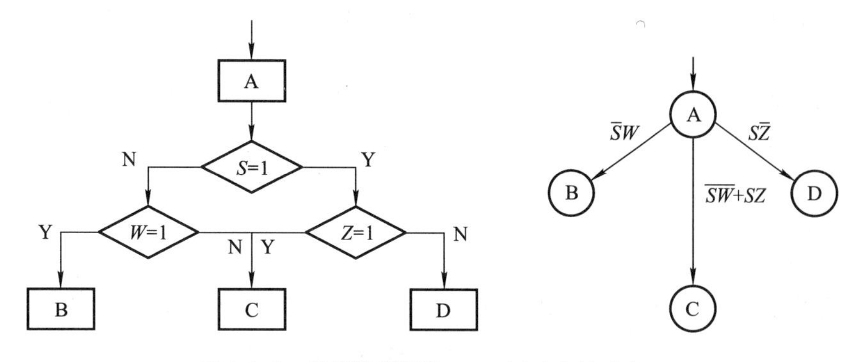

图 1.1.5　逻辑流程图和 MDS 图对应关系之一

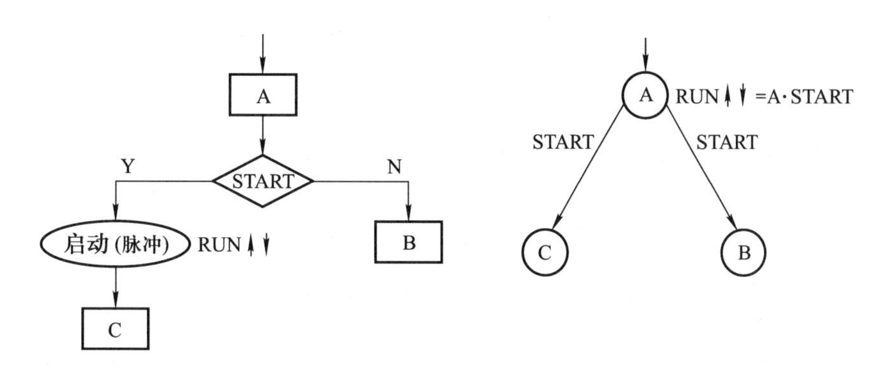

图 1.1.6　逻辑流程图和 MDS 图对应关系之二

(3) 在流程图的每一个分支上,应只有一个异步变量。

3. 控制器的实现

控制器是由一组触发器和作为次态激励电路、输出电路的组合电路组成的时序电路。在进行控制器的设计时,由流程图导出的 MDS 图是一个原始的 MDS 图。设计者应根据原始的 MDS 图,列出实现控制器功能的多种 MDS 图进行比较,找出最佳的 MDS 图。如果用 EDA 工具,这时就可以将 MDS 图转化成 EDA 所要求的硬件描述语言,并送入计算机,由 EDA 自动完成控制器的设计。如果用人工进行设计,实现控制器的具体步骤可归纳如下。

(1) 对 MDS 图进行状态分配。状态分配的原则与一般时序电路相同。

(2) 由编码后的 MDS 图填写触发器激励函数的卡诺图。

(3) 求输出函数方程。在 MDS 图中每个状态的外侧标明了该状态的输出,其中包括条件输出,因此,由 MDS 图写出输出函数方程十分便捷,但应特别注意输出脉冲的极性问题。

(4) 画出控制器的逻辑电路图。实现激励方程和输出方程的方案可以有很多种选择,主要的是要合理选择器件型号,使电路简单可靠。

1.1.4　数字系统的安装与调测

一、用标准数字芯片实现数字系统时的安装与调测

在完成数字系统理论设计后,要对设计方案进行装调实验。通过测量、调试可以发现并纠

正理论设计方案中的错误和不足之处,并可以掌握实际的数字系统正常运行时的各项指标、参数、工作状态、动态情况和逻辑功能等。因此,装调工作是检验、修正设计方案的实践过程,是应用理论知识来解决实践中各种问题的关键环节,是数字电路设计者必须掌握的基本技能。在装调实验时,为了修改方案和更换元器件的方便,通常在面包板上进行。在完成了总体实验且符合指标要求后,再进行印制电路板的设计、样机的组装和调测。下面简要介绍数字系统实验电路的安装调测。

1. 数字集成电路芯片的功能检测

在安装实验电路之前,对所选用的数字集成电路芯片应进行功能检测,以避免由于芯片的功能不正常而增加调试的困难。一般可以用数字芯片测试仪进行测试。

2. 实验的安装与布线

数字系统的设计是自上而下的,但在安装调测数字系统时通常是自下而上、分块安装、分块调测,其方法如下。

1) 集成芯片的插接

插接集成芯片前,应首先安排好主要芯片位置,画出芯片排列图,以避免布局的不合理或互连线过长、过乱。

插接芯片时首先认清方向,不要倒插。安装时应对准面包板插孔的位置,将芯片插牢,并防止芯片引脚弯曲或折断。

2) 导线的选用

布线用的导线不宜太粗,以免损坏面包板的插孔;也不宜太细,以免与插孔接触不良。导线的剥口不宜太长或太短,以免与插孔接触不良,以 5 ~7 mm 为合适。

为了检查电路方便,导线最好用多种颜色,以区别不同用处,如用红色导线接电源,用黑色导线接地线等。

3) 布线的顺序

布线时应先将固定电平的端点接好,如电源线、地线、门电路的多余输入端,以及测试过程中始终不改变电平的输入端。然后按信号的流向顺序对所划分的子系统逐一布线。布线时注意导线不宜太长,最好贴近面包板并在芯片周围走线,应尽量避免导线重叠,切忌导线跨越芯片的上空,杂乱地在空中搭成网状。正确布线的实验板,应做到电路清晰,整齐美观,这样既可以提高电路工作的可靠性,又便于修正电路或更换器件,也便于检查和排除故障。

每一部分电路安装完毕后,不要急于通电,应先认真检查电路接线是否正确,包括错线、少线和多线。查线时,最好用指针式万用表“$R\times 1$ k”挡来测试,而且应尽量直接测量元器件引脚,这样可以同时发现接触不良的地方。

3. 数字系统的调试

调试就是对安装后的电路进行参数和工作状态测试。

一般来说,数字系统的调试分为两步进行。首先进行分调(即按逻辑划分的模块进行调试),然后进行整机调试(即总调)。

1) 调试的要求

(1) 应吃透调试对象的工作原理和电路结构,明确调试的任务。即搞清楚调试的是什么电路,电路输入/输出间的关系如何,正常情况下输入和输出信号的幅度、频率、波形怎样,做到

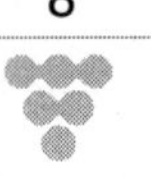

心中有数。

(2) 应在电路实际工作状态下(如接上负载,输入额定高、低电平等)进行测量。

(3) 从实际出发选用仪表,尽量使用简便的测量方法,并注意设备和人身安全。

(4) 养成边测量、边记录、边分析的良好习惯,培养认真、求实的科学态度和工作作风。

2) 测试的基本内容

数字电路测试的基本项目是静态测量和动态测量。通常是按先静态后动态的顺序进行测试。

静态测量是测量电路在没有输入信号或加固定电平信号时各点的电位。一般采用内阻较高的万用表或示波器进行测量。

动态测量是测量电路输入端引入合适输入脉冲信号时,各处的工作状态。测量时包括输入、输出脉冲波形、幅度、脉宽、占空比等脉冲参数或其他技术指标。一般选用合适的脉冲信号发生器、双踪示波器或逻辑分析仪进行测量。

3) 调试方法

数字电路的调试工作包括测量和调整。通过测量可以掌握大量的数据、波形等,然后对电路进行分析和判断,把实际观察到的现象和理论预计的结果加以定量比较,从中发现电路在设计和安装上的问题,从而提出调整和改进的措施。

通常调试工作是按信号的流程逐级进行。可以从输入端向输出端推进,也可以从输出端向输入端倒推,直到使电路达到预定的设计要求为止。

4. 数字系统中的噪声

所谓电子电路中的噪声,就是对信号进行干扰,对信息传递进行阻碍和扰乱。

数字系统设计完成时画出的逻辑图,并未考虑元件间的距离、寄生电阻、寄生电容和寄生电感,而实物是组装成一体的具体电路。因此,数字系统在安装设计时,都要通过多种途径来克服噪声。

噪声侵入数字系统的途径可以是天线(不用的 TTL 系列的输入端悬空就相当于一根天线)、电源线、接地线、输入/输出线。噪声源与电路之间以有线或无线方式形成的无用耦合,就会造成干扰。抑制噪声的一般原理是:切断噪声源,减小噪声耦合,提高线路抗干扰容限。下面就数字系统中常见的噪声源及其抑制方法做一简要介绍。

1) 外部辐射噪声

这些噪声源一般是高电压、快速上升的脉冲信号、大电流,它们都是以无线方式,通过静电耦合(寄生电容)或电磁耦合(线圈、变压器)形成干扰。这类噪声都可以采用屏蔽技术来消除。而数字系统中主要是静电耦合形成干扰,抑制的方法是采用同轴屏蔽电缆做连线。

2) 内部噪声

(1) 当数字系统中各集成电路共用一个电源时,电源内阻和接线阻抗所形成的公共阻抗,可能使一个集成芯片产生的噪声到达另一个集成芯片,引起噪声干扰,而这类噪声是普遍存在的。为此,建议在电源和地之间直接跨接一个去耦电容 C_d。此去耦电容 C_d 一般用几十至几百微法的电解电容。在高频或开关速度较高的数字系统中,还应有一个 0.1 μF 的小电容与电解电容并联。

(2) 接地技术。经验告诉我们,精心设计的接地系统,能在系统设计中消除许多噪声引起的干扰。尤其是模拟电路、数字电路,甚至机电系统的混合体更是如此。因此,在设计接地时,

模拟系统和数字系统应尽量有自己的电源。模拟地和数字地只有一点接到公共地上,数字电路内部的接地方式尽量采用并联方式一点接地,否则会形成公共阻抗,引起干扰。

3）传输线的反射

如果在一段导线上传播延迟比所传送的脉冲转移时间长的话,此段导线就可作为传输线来考虑。当传输线的阻抗不匹配时,就会产生反射。实际上,数字组件的输入、输出阻抗常常是变化的,只要导线较长且较细,就可能产生反射,导致寄生振荡,或形成波形过冲及降低抗干扰容限。

4）串扰噪声

当很多导线平行布线时,由于多支电流在相应的导线同时发生急剧变化,通过寄生耦合将产生线间串扰。串扰噪声与信号电平的大小、脉冲宽度、传输时间、上升时间及线长等均有关系。如长时钟线最容易因串扰而形成误动作。对于时钟速度较慢的电路,可以加 0.01 μF 的滤波电容来克服这种串扰影响。

总之,一个精心设计的数字系统,如果组装方法不好,也会成为抗干扰能力差的不稳定电路。所以,应尽量减小上述噪声影响。为此应注意以下几点:

(1) 集成芯片不用的输入端悬空会起天线的作用。对于时序电路来说,即使有暂态噪声也会使电路产生误动作,故不用的集成芯片输入端不允许悬空,必须按逻辑功能接电源或地,或与信号端并联使用。

(2) TTL,CMOS 器件开关动作时的电源电流变化非常大,是公共阻抗产生较大噪声的原因之一,所以必须使公共阻抗低。

(3) 数字系统中的串扰、反射、公共阻抗噪声,都是由于集成电路电压、电流波形的陡峭前(后)沿引起的,因此,只要是超过所需速度的前(后)沿,便是噪声源。所以,在不损坏系统特性的范围内,适当加大上升(或下降)时间,也是减小噪声干扰的一种有效措施。

(4) 三态输出电路在高阻态时电位不稳定,只要有一点外来干扰,就会产生频率非常高的振荡,并通过电磁耦合传给低电平电路,常变成意料不到的噪声故障。为此,在电源和三态电路的输出之间,接入一个不致形成明显负载的电阻 R。

(5) 在使用 CMOS 电路时,其额定电压不可用到极限,并避免 $U_{IH} > V_{DD}$,$U_{IL} < V_{SS}$。

5. 数字系统中的故障

实践证明,数字系统出现故障的原因是多方面的,它包括:接线错误,接点接触不良,元器件性能不稳或损坏,电路参数选择不合理,信号源或电源不符合要求及外部和内部噪声的影响等。其中接线错误占故障的一半以上。

排除任何故障的第一步,都是对可以观察到的故障现象进行分析,首先缩小故障范围,把故障缩小到一个电路或一个集成芯片内,再确定故障原因。

数字电路除三态电路以外,输出不是高电平就是低电平,不允许出现不高不低的状态。在数字系统中,一个 IC 的输入一般由若干个 IC 提供,而它的输出又经常带动多个 IC 电路的输入。同一故障一般由不同的原因引起。检查时可把故障块的输出和其他负载断开,测试其无负载电平,则可判断故障是来自负载还是 IC 本身。

在电路中,当某个器件 B 静态电位正常,而动态波形有问题时,不一定是器件 B 本身有问题,而可能与为它提供输入信号的器件 A 的负载能力有关。当把器件 A 的负载断开,检查后

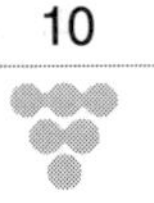

边的电路，若它们的工作是正常的，说明器件 A 负载能力有问题，可以更换它。如果断开负载电路后仍存在问题，则要检查提供给器件 B 的输入信号波形是否符合要求。当输入信号经过施密特电路整形后再加入到 IC 输入端，检查输出波形是否还存在问题，若仍存在，则也必须更换器件 B。

二、用 PLD 专用集成芯片实现数字系统时的安装与调测

当用大规模的 PLD 器件实现数字系统时，它的安装与调测和前面所讲的用标准数字芯片实现数字系统时的安装与调测是不同的。用标准数字芯片实现数字系统时，系统设计正确与否，一般是要通过系统的安装和调测后才能知道，并通过安装和调测修改可能出现的系统设计错误。而用大规模的 PLD 器件实现数字系统时，判断系统设计正确与否及可能出现的系统设计错误的修改，均是在硬件安装之前完成的。也就是说，在硬件安装之前，应该保证系统设计是正确的。这一步是用 EDA 工具，通过进行系统仿真来完成的。

所谓系统仿真，就是说在进行系统设计时，将系统分为控制器和许多子系统，在完成每个子系统设计的同时，完成各个子系统的仿真，保证每个子系统能够完成所要求的功能。然后通过控制器的设计，将各个子系统联系起来，进行总体的系统仿真，以验证系统是否符合预期的设计，如不符合再进行修改，直至满足设计要求。

由于采用了 PLD 器件，数字系统设计的大部分功能均由 PLD 器件完成，只有少部分外围电路、接口电路、时钟产生电路等是由 PLD 以外的元器件来完成的，所以，实现系统所用的芯片减少，连线减少，由此产生的故障和噪声也将大大减少。但它仍会出现故障和产生噪声，解决的方法可以参照前面讲述的标准数字芯片实现数字系统时的解决方法。只是特别需要注意以下几点。

(1) PLD 器件的电源和地。不同的封装，它的电源和地所对应的引脚是不同的，在安装时，一定要对照引脚图，仔细安装。并注意 PLD 器件所用的电源电压是多少，不要接错，以免造成 PLD 器件的损坏。

(2) 注意 PLD 器件的负载能力。特别是当 PLD 器件直接驱动显示器件等较大负载时，一定要检查 PLD 器件的负载能力，如果它的负载能力不够，就应外加缓冲驱动器件，以提高电路的驱动能力。

(3) 一般大规模的 PLD 器件均是采用 CMOS 工艺制造的，所以 PLD 器件的输入端一定不要悬空（包括瞬时悬空）。

1.1.5 国产半导体集成电路型号命名法

竞赛过程中选手们无一例外地都要进行器件的选型，了解型号命名法对选型会有很大的帮助。

GB 3430—82 标准适用于按半导体集成电路系列和品种的国家标准所生产的半导体集成电路（以下简称器件）。

一、型号的组成

器件的型号由 5 部分组成，其 5 个组成部分的符号及意义如下：

第0部分		第1部分		第2部分	第3部分		第4部分	
用字母表示器件符合国家标准		用字母表示器件的类型		用阿拉伯数字和字母表示器件的系列和品种代号	用数字表示器件的工作温度范围/℃		用字母表示器件的封装形式	
符号	意义	符号	意义		符号	意义	符号	意义
C	中国制造	T	TTL		C	0～70	W	陶瓷扁平
		H	HTL		E	－40～85	B	塑料扁平
		E	ECL		R	－55～85	F	全密封扁平
		C	CMOS		M	－55～125	D	陶瓷直插
		F	线性放大器				P	塑料直插
		D	音响、电视电路				J	黑陶瓷扁平
		W	稳压器				K	金属菱形
		J	接口电路				T	金属圆形
		B	非线性电路					
		M	存储器					
		μ	微型电路					
		⋮						

二、示例

肖特基 TTL 双 4 输入与非门型号命名示例：

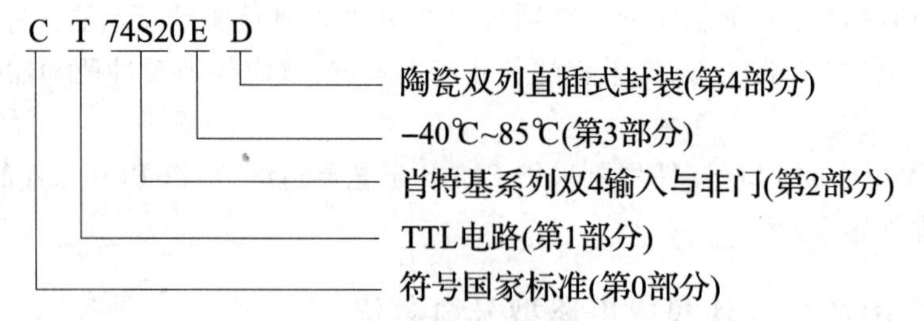

CMOS 8 选 1 数据选择器(三态输出)型号命名示例：

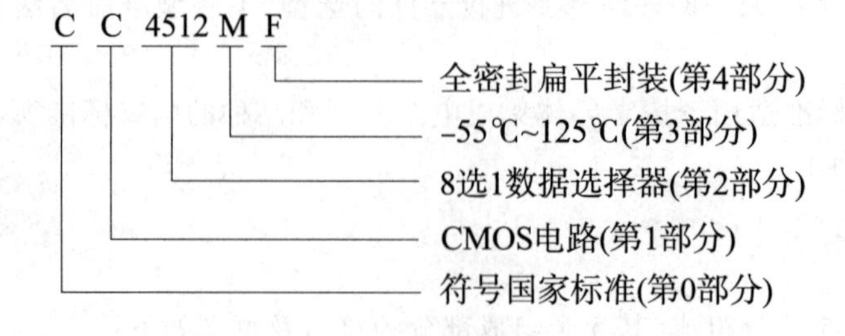

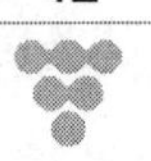

通用运算放大器型号命名示例：

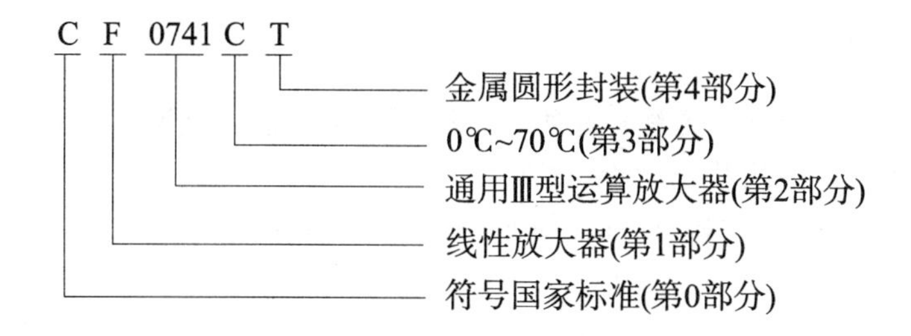

1.2 多路数据采集电路设计（1994 年全国大学生电子设计竞赛 B 题）

一、任务

设计一个 8 路数据采集系统，系统原理框图如图 1.2.1 所示。

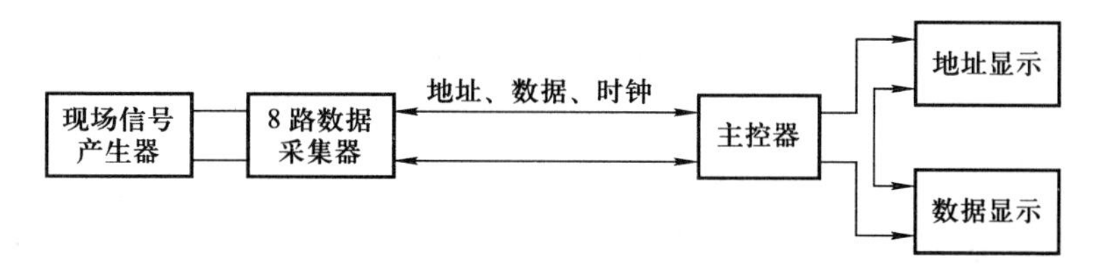

图 1.2.1 系统原理框图

主控器能对 50 m 以外的各路数据，通过串行传输线（实验中用 1 m 线代替）进行采集和显示。具体设计任务是：

（1）现场模拟信号产生器；

（2）8 路数据采集器；

（3）主控器。

二、要求

1. 基本要求

（1）现场模拟信号产生器。自制一正弦波信号发生器，利用可变电阻改变振荡频率，使频率在 200 Hz ~ 2 kHz 范围变化，再经频率/电压变换后输出相应 1 ~ 5 V 直流电压（200 Hz 对应 1 V，2 kHz 对应 5 V）。

（2）8 路数据采集器。数据采集器第 1 路输入自制 1 ~ 5 V 直流电压，第 2 ~ 7 路分别输入来自直流源的 5 V，4 V，3 V，2 V，1 V，0 V 直流电压（各路输入可由分压器产生，不要求精度），第 8 路备用。将各路模拟信号分别转换成 8 位二进制数字信号，再经并/串转换电路，用串行码送入传输线路。

（3）主控器。主控器通过串行传输线路对各路数据进行采集和显示。采集方式包括循环采集(即 1 路,2 路……8 路,1 路……)和选择采集(任选一路)两种方式。显示部分能同时显示地址和相应的数据。

2. 发挥部分

(1) 利用电路补偿或其他方法提高可变电阻值变化与输出直流电压变化的线性关系。

(2) 尽可能减少传输线数目。

(3) 其他功能的改进(例如,增加传输距离,改善显示功能等)。

三、评分标准

	项　目	满分
基本要求	方案设计与论证、理论计算与分析、电路图	30
	实际完成情况	50
	总结报告	20
发挥部分	完成第(1)项	15
	完成第(2)项	15
	完成第(3)项	10

1.2.1 题目分析

根据题目的任务、要求,经反复阅读、思考,对原题的任务、需完成的功能和各项技术指标归纳如下。

一、任务

设计一个较远距离的(50 m 以外)多路(8 路)数据采集系统。

二、系统功能及主要技术指标

1. 模拟信号产生器

(1) 信号类型:正弦波,振荡频率可随电阻改变;

(2) 输出频率:200 Hz ~ 2 kHz

(3) 输出直流电压:1 ~ 5 V(200 Hz 对应 1 V,2 kHz 对应 5 V)。

2. 8 路数据采集器

(1) 第 1 路:输入自制 1 ~ 5 V 直流电压;

(2) 第 2 ~ 7 路:分别输入来自直流源的 5 V、4 V、3 V、2 V、1 V、0 V 直流电压;

(3) 第 8 路:备用;

(4) 各路输出:8 位二进制数字信号,可进行并/串转换。

3. 主控器

(1) 采集方式:包括循环采集和选择采集两种方式;

(2) 显示要求:同时显示地址和数据。

1.2.2 方案论证

一、方案一

根据竞赛设计要求,可将整个系统分成正弦波发生器及 F/U 变换、A/D 采集、主从 CPU 通信与数据处理、键盘控制与数据显示几个部分,原理框图如图 1.2.2 所示。

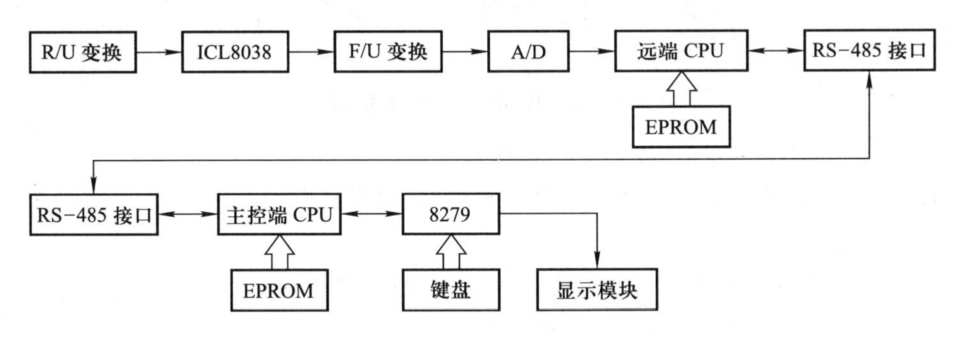

图 1.2.2　方案一原理框图

1. 正弦波发生器及频率/电压(F/U)变换电路

(1) 此模块工作在远距离终端,主要用来模拟待采样的信号源。在一般低频正弦波发生电路中,最常用的是文氏桥电路,然而在这种电路中电阻与频率的关系是非线性的,它们之间的计算公式为

$$f = 1/(2\pi RC) \tag{1.2.1}$$

而命题设计要求制作一个由可变电阻控制改变振荡频率的正弦波发生器(频率在 200 ~ 2 000 Hz),并达到尽可能好的电阻/频率(R/F)线性度,从而保证经频率/电压(F/U)变换后,使电阻/电压(R/U)之间具有良好的线性关系,显然文氏桥电路不太能满足设计需求。

本方案采用三角波发生器 + 整形电路的方法来产生正弦波。

因为三角波的频率可与电压成线性关系,而电阻 R 可简单地变换为与其成正比的电压 U_c,用 U_c 控制三角波发生器就能产生与 R 成线性关系的频率 f。这样,在理论上就可以实现命题要求。

本方案采用单片函数发生器 ICL8038 构成三角波发生器及正弦整形电路。该 IC 电路属于积分型施密特压控多谐振荡器,工作范围 0.001 Hz ~ 300 kHz,完全可以达到设计要求。

(2) ICL8038 的内部原理框图如图 1.2.3 所示。三角波频率为

$$f = 2I/(3V_{cc}C) \tag{1.2.2}$$

可见,频率 f 正比于 I。

ICL8038 内部的基准电流发生器电路如图 1.2.4 所示,由图可得

$$U_c = U_x,\quad I = (V_{cc} - U_c)/R_x \tag{1.2.3}$$

代入式(1.2.2)可得

$$\begin{aligned} f &= 2I/(3V_{cc}C) = 2(V_{cc} - U_c)/(3V_{cc}R_xC) \\ &= 2/(3R_xC) - 2U_C/(3V_{cc}R_xC) \end{aligned} \tag{1.2.4}$$

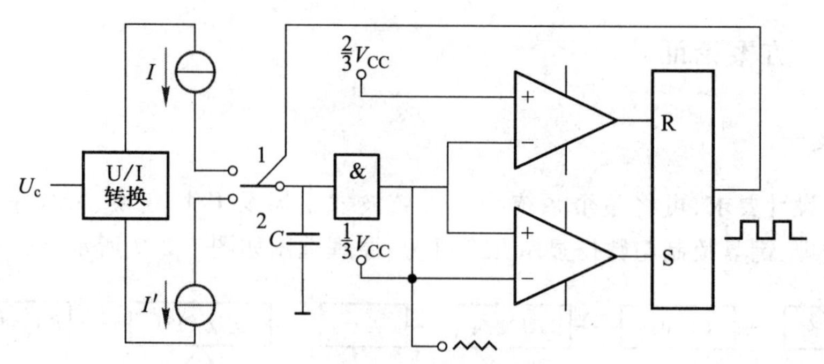

图 1.2.3　ICL8038 内部原理框图

由于 R_x、C、V_{cc} 均为固定值，故 f 与 U_c 成线性关系。

同时，ICL8038 内部具有良好的正弦波整形电路，根据其指标可直接输出失真度小于 1% 的正弦波。

(3) F/U 变换器。系统采用精密且价廉的 F/U 变换器 LM331，此集成电路线性度可达 0.06%，该 IC 输出电压 U_o 与输入频率 f_1 的关系为线性，而设计要求将 200 ~ 2 000 Hz 的频率变换为 1 ~ 5 V 的电压，可得到变换式为

$$U = 0.002\,22f + 0.556 \tag{1.2.5}$$

故应对 F/U 变换的结果进行电位平移。

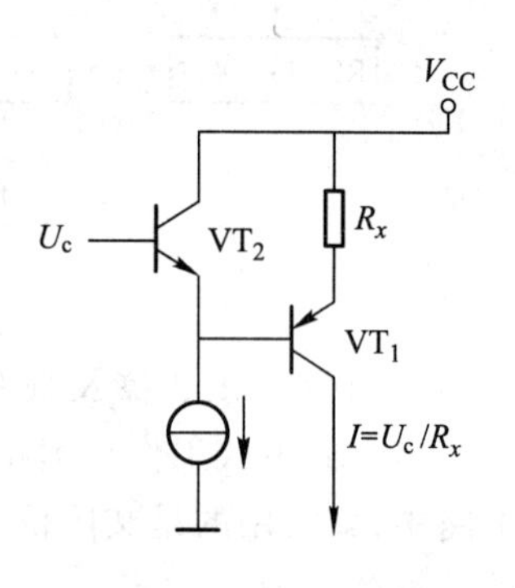

图 1.2.4　ICL8038 内部基准电源发生器电路

2. A/D 采集

A/D 采集模块工作在远程数据采集端，用于将模拟信号转换为数字信号。

本方案采用 ADC0809 作为 A/D 转换器。ADC0809 为 CMOS 集成电路，属于逐位逼近比较型的转换器，分辨率为 8 位，转换时间为 100 μs，数据输出端内部具有三态输出锁存器，可与单片机的数据总线直接连接；而且有 8 路模拟开关，可直接连接 8 个模拟量，并可程控选择对其中一个模拟量进行转换。ADC0809 与单片机的接口简单，使用方便。ADC0809 与单片机接口电路如图 1.2.5 所示。

本方案采用双 CPU 的方法，即在数据采集的远端、近端均采用单片机控制，远端完成数据的采集、抽样、平滑、发送，近端完成数据接收、校验、纠错、处理与显示等。两片 CPU 均采用目前广泛应用的 MCS51 系列的 8031 芯片。

ADC0809 与 8031 的连接如下：

① ADC0809 的时钟 *CLK* 由 8031 的地址锁存端 *ALE* 信号经二分频后产生；

② ADC0809 的数据线 $D_0 \sim D_7$ 与单片机的数据总线直接相连；

③ ADC0809 的地址选择端 A、B、C 与 8031 的数据总线 P2.0、P2.1、P2.2 相连；

④ ADC0809 的 A/D 转换结束信号 *EOC* 接 8031 的 P1.7 口。

⑤ ADC0809 地址锁存信号和启动信号 *START* 接在一起，并经反相器与 8031 的写信号 *WR* 相连，用写信号 *WR* 控制 A/D 转换的动作。

对 A/D 转换结果的读出采用查询方式，即每次通过写信号启动 A/D 转换后，立即查询状态标志，一旦发现 *EOC* 呈高电平，表明 A/D 转换结束，将数据读入 8031 的 RAM 区。

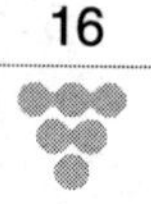

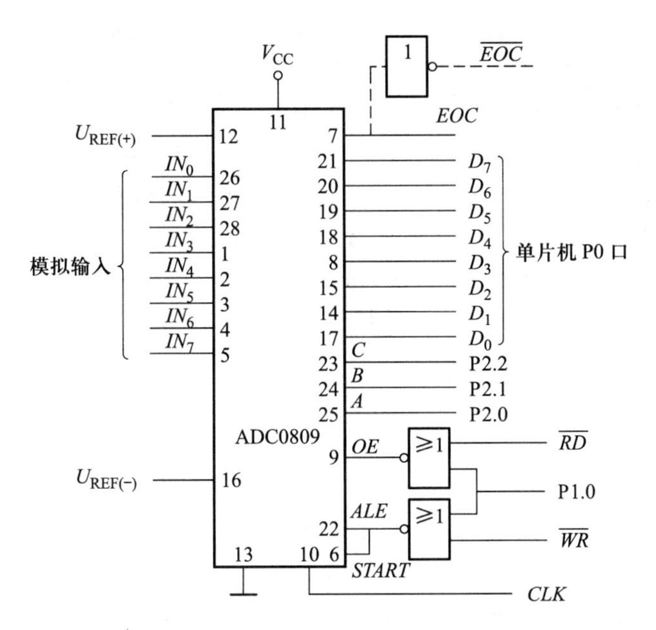

图 1.2.5　ADC0809 与单片机接口电路

由于 ADC0809 为 8 位 A/D 转换器,因此对 0 ~ 5 V 的信号采集精度为

$$5/255 = 0.02\ \text{V/级}$$

可以满足题目提出的精度要求。

3. 主从 CPU 通信

1) CPU 控制方法

本系统在设计时,采用主从双 CPU 控制,即在近端和远端各用一片 CPU。采用双 CPU,可在高速通信时进行校验和检错(主从 CPU 间采用异步串行通信方式),保证了系统收发的可靠性。同时,也便于灵活改变前端的采集方式,尽量减小传输线数目。由于系统具有智能化处理能力,因此可对不同的错误做出处理。

当系统开始运行后,首先,近端(主)CPU 发出一选通某路 A/D 转换的指令,并等待接收从机返回的信息。若主机未收到回送的数据或接收到的数据错误,则重发指令。三次重发均错,则报警灯亮,提醒用户检查线路故障。

2) 数据传输电路

双机数据通信的接口电路,采用 RS - 485 国际标准接口。RS - 485 为双端电气接口,双端传送信号,其中一条为逻辑 0,另一条为逻辑 1,其电压回路为双向,传输速率可达 20 kbps,实际中采用 MC3486 集成电路(接收器)和 MC3487 集成电路(发送器)构成接口器件,传输线采用非屏蔽双绞线,传输速率为 19.2 kbps,在此情况下可保证双机之间的良好通信。

4. 键盘与显示模块

为方便用户使用,本方案设计了一个 4 × 3 的键盘,其中包括 0 ~ 7 的 8 路通道选择数字键,以及几个功能键(包括单路显示和循环显示的切换键、两个显示切换键),可以同时选择两路或多路通道。显示器采用七段共阳数码管,配合通道选择开关,可在 LED 上同时显示一路或多路数据。键盘、显示控制采用键盘/显示控制专用芯片 8279。通过定时查询 8279 的状态

寄存器实现对用户按键的响应，并根据键盘功能作出相应的处理。

8279 与 8031 的连接如下：

① 8279 的数据线 $D_0 \sim D_7$ 与 8031 的 $AD_0 \sim AD_7$ 直接连接。

② 8279 的读/写信号 RD、WR 由 8031 的 RD、WR 信号直接给出。

③ 8279 的片选信号 CS 由 8031 的 A_{15} 控制，当 $A_{15}=0$ 时，可对 8279 进行读/写。

④ 8279 的 A_0 控制信号由 8031 的地址信号 A_0 给出，当 $A_0=1$ 时，表示数据总线上为命令或状态；当 $A_0=0$ 时，表示数据总线上为数据。

⑤ 8279 的时钟信号 CLK 由 8031 的地址锁存信号、ALE 给出。

二、方案二

本方案所设计的数据采集系统包含数据采集器、主控器两部分。两者通过一根同步脉冲线、一根地址数据线和一根地线进行串行通信。同步脉冲线和数据线分时复用，分时传送地址同步脉冲/数据脉冲和地址/数据。数据采集器采用 8 位 A/D 转换器采集 8 路数据，其中模拟量采集中的第一路信号（F/U 变换）采用了先积分再整流的方法，使电阻阻值变化与电压变化成线性关系，满足了题目要求。主控器通过串行线控制数据采集器采集数据，并通过 4 位 LED 数码管显示。显示部分采用动态扫描方式，并有溢出标志。本系统的数据采集器框图和主控器框图分别如图 1.2.6 和图 1.2.7 所示。

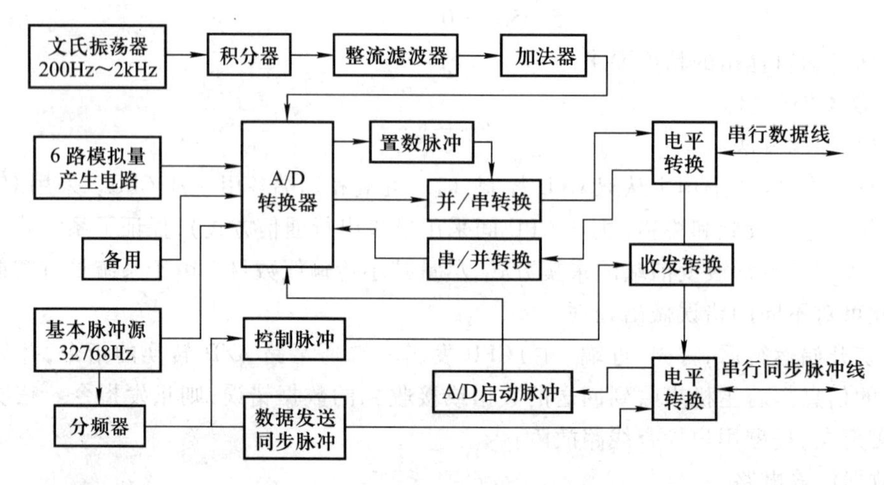

图 1.2.6　方案二数据采集器框图

1. F/U 变换电路

第一步，正弦波信号由运算放大器 LM741 组成的文氏振荡器产生，并利用场效应管 3DJ7 稳幅。文氏振荡器的原理这里不再赘述，其振荡频率 $f=1/(2\pi RC)$，振幅为 U_0，电路通过改变电阻 R 来改变频率。

第二步，此稳幅正弦波经过由运算放大器组成的积分器，以实现电阻变化与正弦波幅度变化成线性关系。积分器的增益

$$K = 1/(2\pi fR'C')$$

其中 R' 与 C' 分别为积分电阻、积分电容。设积分之后的正弦波幅度为 U_{01}，则

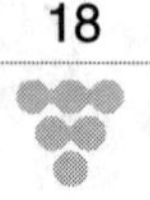

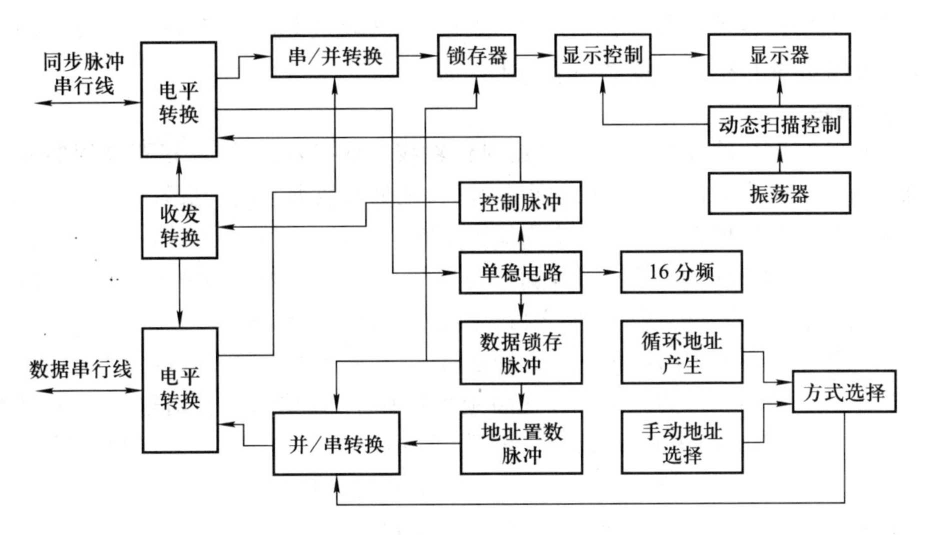

图 1.2.7　方案二主控器框图

$$U_{01} = KU_0 = U_0/(2\pi fR'C') = U_0(RC/R'C')$$

即正弦振荡器电阻 R 与正弦波幅度 U_{01} 成正比，积分电路原理图如图 1.2.8 所示。

第三步，对正弦波进行整流滤波，变成直流电压。整流滤波同样是由运算放大器所组成的电路来完成，设其输出直流电压为 U_{02}，与 U_{01} 成正比。

第四步，通过一直流加法电路进行电位调整，使 200 Hz 正弦波对应 1 V 直流电压、2 kHz 正弦波对应 5 V 直流电压。经整流滤波后的直流电压 U_{02} 已经与文氏振荡器的频率调节电位器 R_P 的阻值变化成线性关系，但 U_{02} 与正弦波频率 f 之间还不满足 200 Hz 对应 1 V、2 kHz 对应 5 V 的关系，需对 U_{02} 作电压调整。此功能由运算放大器构成的反相放大器来完成，电路如图 1.2.9 所示。

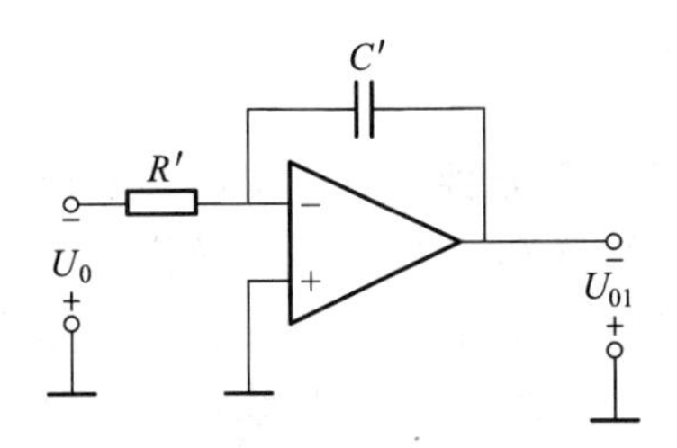

图 1.2.8　积分电路

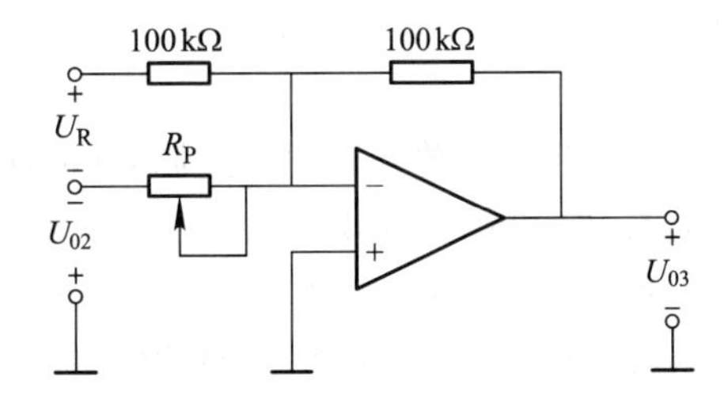

图 1.2.9　求和电路

设输出电压为 U_{03}，则 $U_{03} = -(KU_{02} + U_R)$（$K$ 为增益系数，由 R_P 决定），故

$$f = 200\ \text{Hz 时}, U_{03} = 1\ \text{V}, \text{则}\ 1 = -(KU_{02-1} + U_R)$$

$$f = 2\ \text{kHz 时}, U_{03} = 5\ \text{V}, \text{则}\ 5 = -(KU_{02-2} + U_R)$$

由文氏振荡器的频率与电压对应关系可得到

$$U_{02-1}/U_{02-2} = 10$$

由上面三式解得，$U_R = -49/9\ \text{V} = -5.44\ \text{V}$。

加法器电路的调整可根据以上计算的结果进行，先调整 $U_R = -5.44$ V；当 $f=200$ Hz 时，再调节 R_P，使输出为 1 V，则加法器调整结束。

2. 通信电路

为了尽可能减少传输线的数目，本系统对传输线采取了双向传输、多路复用的方法，即地址同步脉冲与数据同步脉冲共用一根同步脉冲线，地址与数据共用一根数据线。

数据采集器对各路模拟信号的采集周期为 1/6 s，采集周期的 1/4 时间内系统处于数据发送状态，传送 8 个数据和同步脉冲，同步脉冲周期为 1/512 s。数据发送状态是由数据采集器的时钟决定的，同步脉冲发送到主控器之后，主控器会自动实现同步。

当数据采集器发出 8 个同步脉冲和数据之后，数据采集器自动转入接收状态，直至主控器传来 3 个地址数据和同步脉冲。采集器先将地址锁存于 ADC0809，同时进行 A/D 转换，A/D 转换结束之后 ADC0809 的 *EOC* 端输出高电平，在 74LS165 的 *SH/LD* 端产生负脉冲，将 A/D 转换的数据置入 74LS165 进行并/串转换，在下一个采集周期开始时，将数据传出。

ADC0809 为 8 位 A/D 转换器，分辨率为 1/256，为使电压分辨率为 0.02 V，$U_{REF(+)}$ 取 5.12 V，并采用电压跟随器，使 ADC0809 的 V_{CC} 端同样为 5.12 V。从《美国国家半导体公司线性集成电路手册》（下册）中查得，ADC0809 最高工作电压为 5.25 V，故 5.12 V 满足要求。ADC0809 输入时钟为 3.276 8 kHz，其 A/D 转换所用时钟周期数约为 70，在数据发送状态到来之前能够完成 A/D 转换。

主控器在接收到数据采集器发来的数据和同步脉冲之后，先将数据锁存，再将主控器产生的地址锁存，同时主控器产生 3 个地址同步脉冲，将 3 位地址发送出去。主控器的地址可设置成循环产生，当系统处于循环显示状态时，每路数据显示 1 s，在 1 s 之内，主控器对此路数据通过串行线采集 16 次。

主控器在未收到采集器发来的同步脉冲信号之前处于接收状态，主控器状态受采集器控制，故主控器与采集器之间能够自动实现同步。

在通信电路接口中，利用 CD40109 的特性将输出电平提高，高低电平摆幅为 12 V，提高了系统抗干扰能力，增加了传输距离。

3. 显示电路

由于题目要求传送 8 位二进制码（**00000000 ~ 11111111**），其分辨率为 1/256，显示电压分辨率为 5.12/256 V = 0.02 V，所以电压显示需用 3 位数码管。8 位二进制码转换为显示数据采用一片 2764（EPROM）来完成。在 2764 内建立数据表，将采集到的 8 位二进制数据作为地址输入，以查表的方式在 2764 的输出端得到显示数据。将 2764 的 13 根地址线作如下分配：

地址线：$A_0 \sim A_7$ 输入 8 位二进制码（**00000000 ~ 11111111**）

$A_8 \sim A_{10}$ 输入采集地址编码（**000 ~ 111**）

000 表示第 1 路

001 表示第 2 路

……

111 表示第 8 路

$A_{11} \sim A_{12}$ 输入显示位数的扫描编码（**00 ~ 11**）

00 显示采集地址

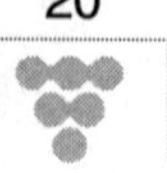

01 电压值的整数位

10 电压值的小数十分位

11 电压值的小数百分位

数据线：$D_7 \sim D_1$ 输出七段数码

D_0"溢出"显示(当采集电压大于 5 V 时)

显示采用动态扫描的方式,4 个数码管逐位扫描。2764 输出电流大于 20 mA,故将 2764 的 $D_7 \sim D_1$ 直接与数码管 a ~ g 段相连(这种方法可能使 2764 输出过载,应再增加显示驱动电路),余下的 D_0 端作为功能扩展,当测量电压大于 5 V 时显示"溢出"。动态扫描功能的实现是由一片 74LS393 接成二进制模 4 计数器,再经 74LS138 译码显示,时钟由施密特触发器连接成的 RC 振荡器来完成,$f \approx 1/(0.7RC) = 1/(0.7 \times 150\ \text{k}\Omega \times 0.01\ \mu\text{F}) \approx 1\ \text{kHz}$,显示不会有闪烁感。

三、方案比较

两个方案均简单可行。方案一采用双 CPU 方案,远端 CPU 完成数据的采样、平滑、发送,近端 CPU 为主控,完成数据接收、检验、纠错、处理与显示,采用双 CPU 可以在高速率通信时,仍对数据进行校验和纠错以保证数据的正确。在远、近端通信中采用国际标准的 RS－485 差分方式接口,使通信率和传输距离大大优于 RS－232 标准接口方式,并将数据线与地址线合为一条,采用异步串行传输方式,抗干扰能力较强,有"短路"指示功能。方案二采用同步传输方式来传送地址和数据,将同步脉冲线和数据线分时复用,分时传送地址同步脉冲/数据脉冲和地址/数据,线性电压补偿方法简单实用,显示部分采用动态扫描方式,有溢出标志。由于方案一采用双 CPU 方式,设计新颖,模块化较明显,下面仅对方案一作重点介绍。

1.2.3 硬件设计

方案一中正弦波发生器及 F/U 变换电路原理图如图 1.2.10 所示,从此电路输出端口可以得到一个可在 1 ~5 V 范围内变化的直流电压。

其他硬件部分设计及接口连线说明见方案论证部分。

1.2.4 软件设计

方案一在进行软件设计时从系统实用、可靠及方便使用几方面予以了考虑,特别加入了开机自检、通信线路故障告警等功能。

系统近端主机与远端从机的通信协议如下:主机发送的为一字节指令,其高 4 位和低 4 位均为要采集的通道号,格式为:0*AAA*0*AAA*。其中 *AAA* = **000 ~ 111**。从机回送的数据为两字节,均为 8 位 A/D 转换的结果。

主机发送完成指令后,立即转入接收状态,等待从机回送两字节数据,若在一定时间内未收到数据或收到的两字节不一致,则认为通信有误,转而重发一次指令。若重发三次均未成功,则点亮线路故障告警灯提醒用户。

从机在收到指令后,对其进行有效性分析,若由于干扰造成无效指令,则等待主机重发一次;否则发送两字节数据。采用这种方式是为了增强通信的可靠性,便于 CPU 校验。

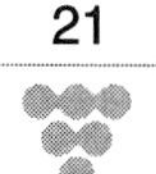

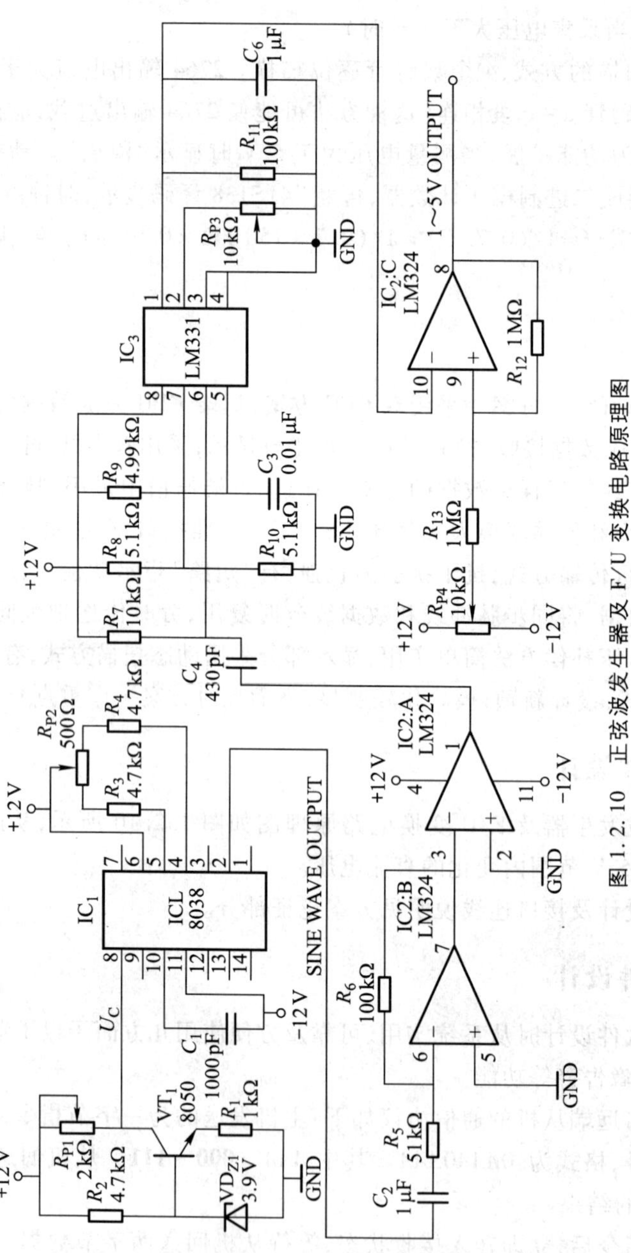

图 1.2.10　正弦波发生器及 F/U 变换电路原理图

由于本系统采用半双工传输,在每次需要发送指令或数据时,就将 MC3487 选通,一旦发送完毕,立即将 MC3487 关闭,并打开 MC3486,准备接收。

为了增强数据采集的实时性,从机在未收到指令时,轮流对 8 路模拟信号进行采集变换,并存入缓冲内存;在收到指令后,可以最快速度将最新的转换结果回送主机。主机对收到的有效数据进行处理,将数值大小为 0 ~ 255 之间的数据转换为 0 ~ 5 V 的电压值,进行显示。同时扫描键盘,处理各种功能键,完成用户的通道选择、循环等功能。

作为一种实用数据采集、控制系统,CPU 应对采集的数据进行各种处理,并输出控制信号。在设计时,由于采用了键盘/显示控制专用集成电路 8279,故节省下 CPU 大量时间,从而可实现各种控制法,如 PID 等,为功能扩展留下了足够的余地。

软件流程图如图 1.2.11、图 1.2.12 和图 1.2.13 所示。

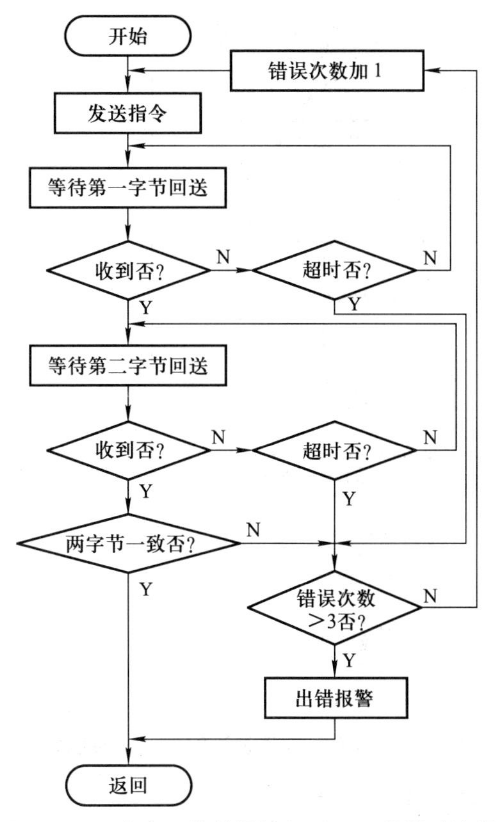

图 1.2.11 方案一软件设计(一)——发送端流程

1.2.5 测试结果及结果分析

1. 测试条件

环境温度 15℃,电源电压 ±12 V。

2. 测试仪器

DT830 型数字万用表

HWS3340A 型多功能计数器

YB4324 型双踪示波器

YB1711 型双路稳压电源

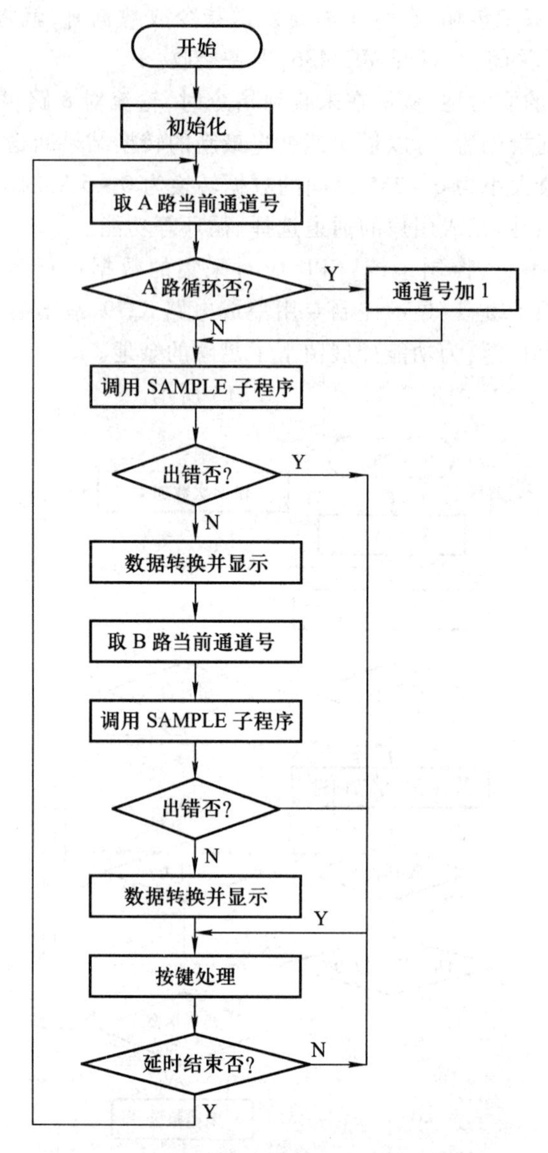

图 1.2.12　方案一软件设计(二)——接收端流程

3. 现场模拟信号产生器测试(第1路)

在正弦波频率测试点与公共地之间接上频率计,接通 ±12 V 电源,示波器上出现正弦波形,转动频率调节旋钮,正弦波频率发生变化,通过频率计读出振荡频率。

用示波器观察输出波形,无明显失真,且振幅稳定,$V_{(P-P)}=12$ V。

频率范围:$f_{min}=136$ Hz,$f_{max}=2\ 033$ Hz。

在第1路电压测试点与测试公共地之间接上数字万用表(DT830型数字万用表20 V挡)。在正弦频率测试点与测试公共地之间接上频率计,转动频率调节旋钮。在电阻两端直接焊出引线,接上万用表直接测量阻值。$R-U$ 测试曲线如图 1.2.14 所示,$f-U$ 测试曲线如图 1.2.15 所示。

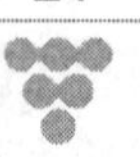

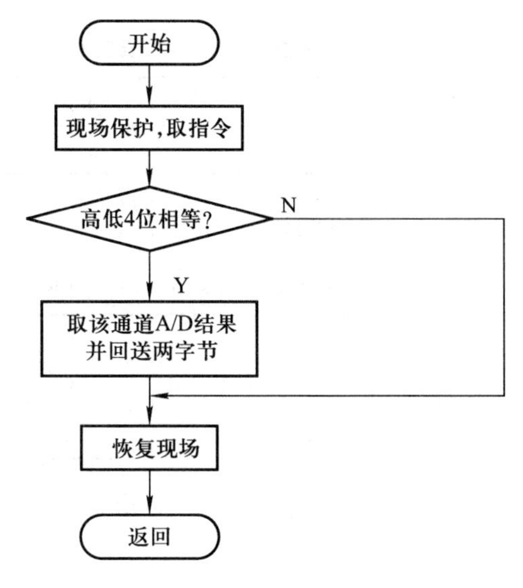

图 1.2.13　方案一软件设计(三)——SAMPLE 子程序流程

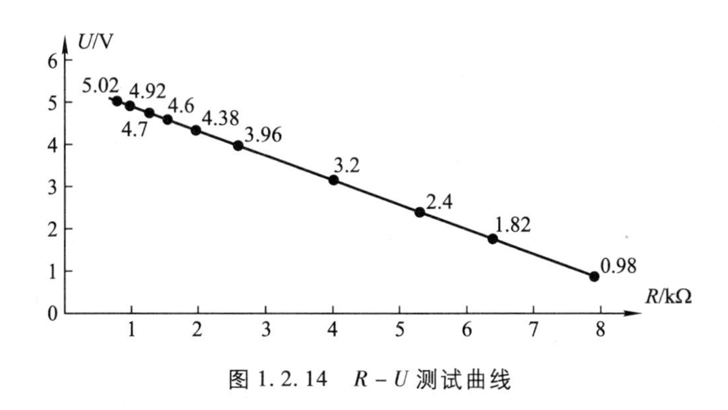

图 1.2.14　$R-U$ 测试曲线

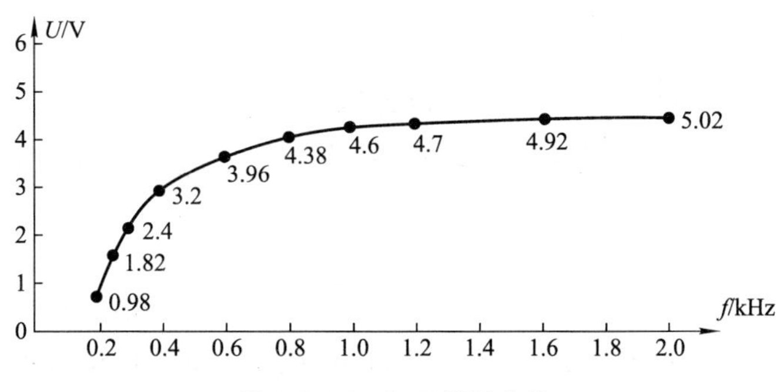

图 1.2.15　$f-U$ 测试曲线

由以上曲线可以看出电阻值与电压值之间的变化有较好的线性,频率－电压转换效果良好,基本达到了题目的要求。

4. 采集系统测试

在第 1 路电压测试点与测试公共地之间接上数字电压表,转动频率调节旋钮。读出主控板上的显示值和电压表的实测值,见表 1.2.1。

表 1.2.1　主控板显示值及电压表实测值

显示值/V	5.06	4.82	4.26	3.62	3.01	1.38
实测值/V	5.03	4.80	4.25	3.61	3.10	1.38

用上述方法对第2、3、4、5、6、7路进行测试,结果见表1.2.2。

表 1.2.2　主控板显示值及电压表实测值

通道号	2	3	4	5	6	7
显示值/V	5.06	4.06	3.04	2.02	1.02	0.02
实测值/V	5.04	4.04	3.03	2.02	1.00	0.00

由以上两表可看出,采用ADC0809作为电压A/D转换器,其转换速度和精度都满足题目要求。

5. 整机测试实测指标总结

(1) 模拟信号产生器部分

正弦波频率范围:136～2 033 Hz　　200 Hz对应电压:0.98 V

正弦波峰－峰值:12 V　　2 kHz对应电压:5.02 V

(2) 采集器部分

采集通道数:8路

采集次数;16次/s　　采集精度:8位A/D转换

(3) 通信部分

传输信号电平幅度:12 V　　传输线数目(包括地线):3根

(4) 主控器部分

数据显示状态:2种(循环与手动)　　显示精度:0.02 V

循环显示周期:1s

1.3 数字化语音存储与回放系统
(1999年全国大学生电子设计竞赛E题)

一、任务

设计并制作一个数字化语音存储与回放系统,示意框图如图1.3.1所示。

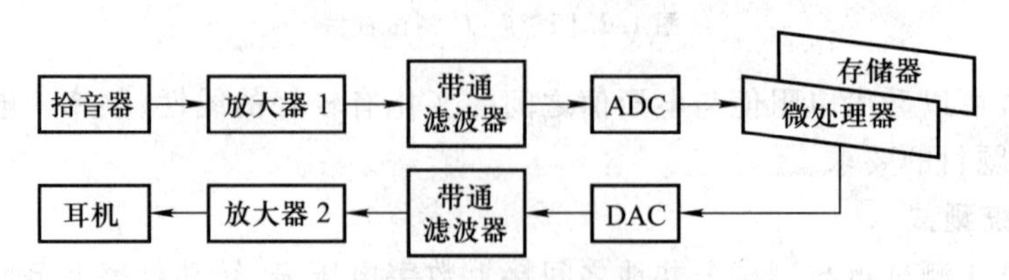

图 1.3.1　系统示意框图

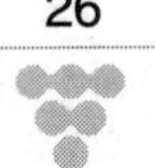

二、要求

1. 基本要求

(1) 放大器1的增益为46 dB,放大器2的增益为40 dB,增益均可调。

(2) 带通滤波器:通带为300 Hz～3.4 kHz。

(3) ADC:采样频率$f_s=8$ kHz,字长为8位。

(4) 语音存储时间≥10 s。

(5) DAC:变换频率$f_c=8$ kHz,字长为8位。

(6) 回放语音质量良好。

2. 发挥部分

在保证语音质量的前提下:

(1) 减少系统噪声电平,增加自动音量控制功能;

(2) 语音存储时间增加至20 s以上;

(3) 提高存储器的利用率(在原有存储容量不变的前提下,提高语音存储时间);

(4) 其他(如$\frac{\pi f/f_s}{\sin(\pi f/f_s)}$校正等)。

三、评分标准

	项　　目	满分
基本要求	设计与总结报告:方案设计与论证,理论分析与计算,电路图,测试方法与数据,对测试结果的分析	50
	实际制作完成情况	50
发挥部分	完成第(1)项	15
	完成第(2)项	5
	完成第(3)项	15
	完成第(4)项	15

四、说明

不能使用单片语音专用芯片实现本系统。

1.3.1 题目分析

根据题目的任务、要求,经过反复分析、思考后,对原题的任务、需完成的功能及技术指标归纳如下。

一、任务

设计制作一个数字化语音存储与回放系统,不能使用单片语音专用芯片来完成设计。

二、系统功能及主要技术指标

(1) 放大器:

① 存储放大器 1:增益为 46 dB,可调;

② 放音放大器 2:增益为 40 dB,可调。

(2) 带通滤波器:

存储和回放端带通滤波器通带均为 300 Hz ~ 3.4 kHz。

(3) A/D 和 D/A 转换:

① 存储部分 ADC:采样频率 $f_s = 8$ kHz,字长为 8 位;

② 回放部分 DAC:同上。

(4) 语音存储时间:

语音存储时间≥10 s,20 s 以上算发挥。

(5) 回放语音质量:

在保证语音质量的前提下尽可能减少系统噪声,增加自动音量控制功能等。

(6) 具有 AGC 功能,具有抗干扰能力。

本题的重点是放大器、滤波器、A/D、D/A 的设计和存储。难点是尽量增加存储时间。

1.3.2 方案论证

一、方案一

本方案提出了以单片机 8031 为核心器件,以 128 KB RAM 阵列为数据存储器的实施方案。

8031 的典型时钟为 6 MHz,指令周期为 2 ~ 8 μs,可在要求的 125 μs 采样间隔执行系统工作,还可同时对 A/D 转换器输出的数字语音信号进行增量调制(ΔM)或增量脉冲调制(DPCM)。ΔM 和 DPCM 是两种语音压缩编码技术,可分别将语音速率由 64 KB 压缩到 8 KB 和 32 kbps。另外,为加长录音与回放时间,我们利用四片 62256 组成 RAM 阵列,借助 8031 的 P1 口参与地址选择,采用分页存储模式,可将系统的数据存储空间扩展至 128 KB,以 128 KB 空间存储 PCM 码、ΔM 和 DPCM 码,语音回放时间可达 16 s、32 s 和 128 s,达到题目要求。

整个系统由前向通道、主机和后向通道三个子系统构成,其原理框图如图 1.3.2 所示。

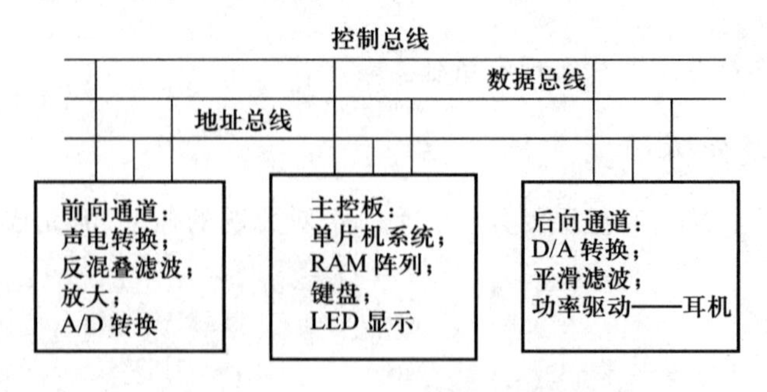

图 1.3.2 方案一原理框图

1．前向通道子系统

该子系统由话筒、话筒放大电路、自动增益控制级、滤波器和 A/D 转换器组成。

声电转换通过驻极体话筒实现，它具有灵敏度高、噪声小、价格低等优点。转换后的电信号经低噪声宽频带的运放 NE5532 放大，该电路采用一级同相放大接一级隔离缓冲，使电路结构大大简化，并减少了系统噪声。放大增益由两个 50 kΩ 精密电位器调节，可方便地满足题目的要求。

放大后的信号进入自动音量控制器，电路如图 1.3.3 所示。放大电路输出的音频交流电压经二极管 2AP9 和 *RC* 电路构成的包络检波器检波后，输出一个随音频平均电压变化的负电压，用此电压控制工作于可变电阻区的场效应管的栅极，改变场效应管的导通电阻 r_{DS}，使放大倍数受音频信号大小控制。对交流信号而言，由 R_{P1} 和 r_{DS} 引入的电压串联负反馈，其放大倍数为 $A_u=\left(1+\frac{R_{P1}}{r_{DS}}\right)$，当音频信号强时，$r_{DS}$ 增大，A_u 自动减小，当信号弱时自动增大放大倍数，从而实现音量自动调节。

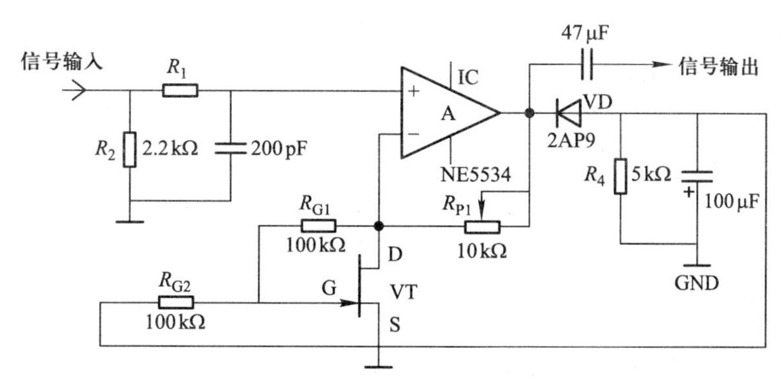

图 1.3.3　自动音量控制器电路

前向通道中的带通滤波器用以消除混叠失真，所以被称为抗混叠滤波器，它由二阶低通滤波器级联二阶高通滤波器构成。根据公式 $f=1/(2\pi RC)$ 计算电阻电容值，将通频带设置为 300～3 400 kHz。

A/D 转换部分采用常用的 A/D 转换器 ADC0809，ADC0809 的最大允许采样率为 11 kHz。由于其典型时钟为 640 kHz，所以一般应用电路都把 8031 的地址锁存信号经二分频后输入 ADC0809 的时钟端，这种接法限制了 ADC0809 的采样速率。ADC0809 的最大时钟频率可达 1.28 MHz，可以从 8031 的 *ALE* 端直接引入 1 MHz 的时钟，这样完全可以使 ADC0809 的采样率达到 8 kHz。

2．主机子系统

数字存储的关键技术在于数据的编码压缩和物理存储空间的扩展，这是主机子系统所要解决的问题。

以 8 位采样精度、8 kHz 采样速率计，每秒钟的语音信息经 PCM 编码后的数据量为 8 KB，以 8031 的最大寻址能力（64 KB）存储数据，也只能存储 8 s PCM 语音，况且单片机的外设如键盘、显示及 A/D、D/A 转换器都要占用寻址空间，所以要实现更长时间的语音存储就必须扩展内存，同时采用非常规的 CPU 寻址模式。

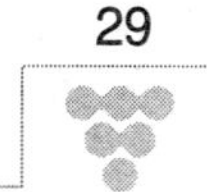

1）RAM 阵列及分页寻址模式

利用 4 片 62256 组成 RAM 阵列，并采用分页存储模式，可将单片机系统的存储空间扩展至 128 KB。

分页存储模式是以 8 KB 存储空间为一页，利用 P0 口的全 8 位和 P2 口低 5 位作为地址线，共 13 位，进行页内寻址。P1 口的 P1.0～P1.3 经 4 线－16 线译码器引出 16 线作为页选地址线参与寻址。由于 P1 口具有锁存功能，所以对 P1 口的改写只发生在换页时刻，平常并不占用系统时间，对最高采样频率没有影响。

同时，为保证分页内存的可靠性，开机或复位后，系统将通过校验写入与读出值自动检查各页内存，成功后再进入工作状态。128 KB 的 RAM 阵列可将 PCM 语音信息存储 16 s。

2）采用增量调制和差分脉码调制技术实现数据压缩

增量调制是一种实现简单且压缩比高的语音压缩编码方法，该方法只用一位码记录前后语音采样值 $S(n)$、$S(n-1)$ 的比较结果，若 $S(n)>S(n-1)$，则编为"1"码，反之则为"0"码。这种技术可将语音转换的数码率由 64 kbps 降低至 8 kbps，存储时间可加长至 128 s，但噪声大，信号失真明显。

差分脉码调制（DPCM）是一种比较成熟的压缩编码方法，它比 ADPCM 实现起来更简单，可以把数码率由 64 kbps 压缩至 32 kbps，从而使语音存储时间增加一倍，达到 32 s，并且信噪比损失小。其数学表达式如下：

$$e(n)=\begin{cases}-8 & (S(n)-A(n-1)<-8)\\ S(n)-A(n-1) & (-8\leqslant S(n)-A(n-1)\leqslant 7)\\ 7 & (S(n)-A(n-1)>7)\end{cases}$$

$$A(n)=A(n-1)+e(n)$$

其中，$S(n)$ 表示当前采样值，$A(n)$ 表示增量累加值，$A(n-1)$ 作为预测值，$e(n)$ 表示差分值，以 4 位存入 RAM。

系统的三种录音模式，即 PCM 模式（16 s）、DPCM 模式（32 s）、增量调制模式（128 s），可供用户由按键自行选择。

3）键盘和显示

键盘为 4×4 编码键盘，直接与数据总线相连，有键按下时可发出中断申请。显示部分由专用显示芯片 7218 驱动 8 位七段码实现。

3. 后向通道子系统

主机输出的数字信号经 DAC0832 数/模转换后，进入平滑滤波器滤波，然后经过放大器电压调整，最后经功率放大输出，可直接驱动耳机或音箱。

平滑滤波器是后向通道中的重要组成部分，它应滤出 300 Hz～3.4 kHz 的语音信号，同时有效地抑制噪声特别是 D/A 转换后的数字信号。本方案利用专用滤波器设计软件 filt 进行计算机辅助设计，设计出一种四阶带通滤波器。从计算机模拟的幅频特性曲线来看，其带通宽度、截止点和矩形系数均达到系统要求，实测效果接近模拟结果。

由 PSPICE5.0 模拟，结果如图 1.3.4 所示。

由滤波器输出的信号经一级运放隔离，再经甲类功率放大器，可驱动耳机或音箱，回放出录制的语音。

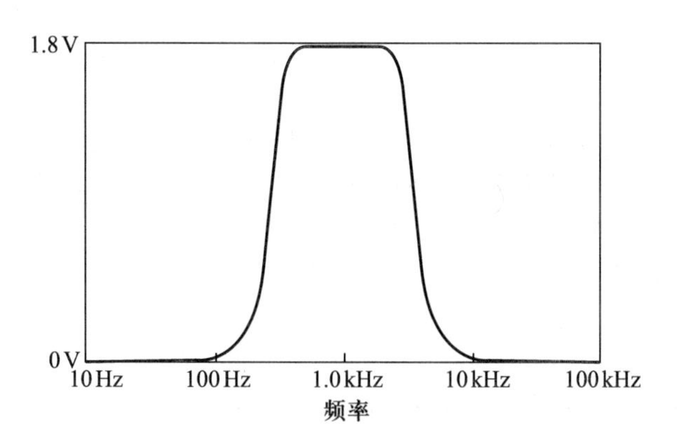

图 1.3.4　平滑滤波器幅频特性

二、方案二

本方案采用 MCS－51 系列单片机，扩展 256 KB 的外部 RAM 数据存储区（采用分页存储技术），并采用 DPCM 方式压缩数据，以提高录放音时间。另外采用两只（配对）立体声话筒作输入，经差分放大，较好地抑制了背景噪声。同时采用性能良好的五阶切比雪夫带通滤波器，设计了$(\pi f/f_s)/\sin(\pi f/f_s)$校正电路，以提高录放音质量。

方案二系统原理框图如图 1.3.5 所示，各部分功能阐述如下：

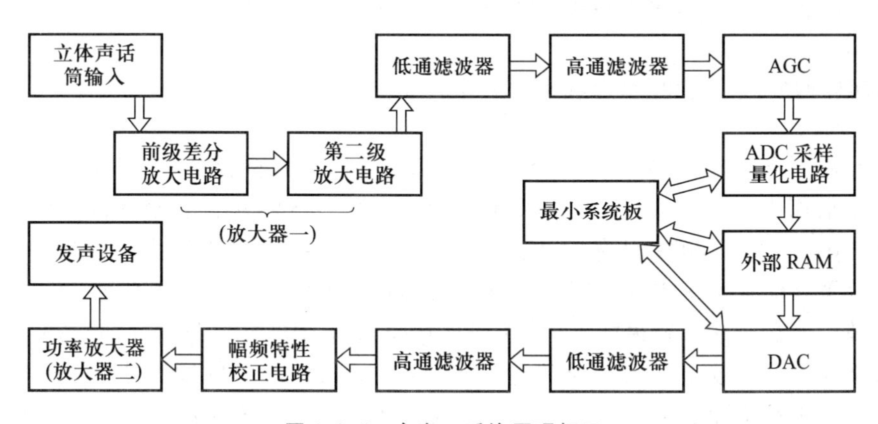

图 1.3.5　方案二系统原理框图

1. 控制方式

控制器可采用单片机或可编程逻辑器件实现。可编程逻辑器件具有速度快的特点，但其实现较复杂，且做到友好的人－机界面也不太容易。单片机实现较容易，并且具有一定的可编程能力，对于语音信号（最高频率约为 3.4 kHz，8 kHz 采样频率），6 MHz 晶振频率的 8031 已足以胜任（每个采样周期 125 μs，相当于 125/2＝62 个机器周期，平均执行 31 条指令）。

2. 语音输入

考虑到驻极体话筒的灵敏度较高，方向性差，若采用单端放大，会有较大的背景噪

声。因此采用两只(配对)话筒分别接入差分放大器的正、负端,可以较好地抑制背景噪声。

3. 放大器1

为了减小系统噪声电平,增大系统动态范围(防止阻塞失真等),本放大器中设置自动增益控制电路。自动增益控制有模拟与数字两种实现方式。数字式的具有精度高、控制范围大(达50~80 dB)等优点,但数字式AGC比模拟式复杂,一般采用专用芯片实现,如AD7110数控衰减器等,还需外加接口电路等使系统复杂度大大增加,因此本方案采用传统的模拟式AGC来实现。

4. 放大器2

采用TDA2030A作为功率放大,可驱动扬声器发声,并有一定的功率余量。

5. 带通滤波

为防止频谱混叠失真及提高信噪比,300~3 400 Hz的带通滤波器显得十分重要。无源滤波器要求有电感元件,体积庞大。有源的运放滤波器用阻容元件,体积小,有大量的现成表格可供设计时查阅,但其缺点是干扰稍大,阻容元件的查表计算值一般都不是标称值,因而元器件的选购有一定困难,且调试稍嫌麻烦。开关电容滤波器克服了前两者的缺点,用时钟频率控制通阻带,通带波动小,过渡带窄,阻带衰减大,常用芯片如MC14413等。

6. ADC

由于题目要求语音信号的最高频率为4 kHz,根据Nyquist定理,采样频率选取$f_s=8$ kHz(周期$T_s=125$ μs),即可无失真地恢复原语音。在无特殊要求下,字长选取8位即可,但考虑到系统的可扩展性,所以采用了转换时间为35 μs的ADC574。

7. DAC

根据同样的分析,转换频率选取8 kHz,字长8位,采用DAC0832。

8. 存储器

存储器采用256 KB RAM,可用628256(实际制作时没拿到该芯片,只得采用8片62256(256 KB)扩展而成。若不采用压缩技术,可实现256/8 s=32 s的语音录制;若压缩两倍,录音时间可增至64 s。由于8031只有16位地址线,即只有64 KB外部数据存储器寻址空间,因此采用了分页存储技术来扩展时间。正常方式录音模式下,采用PCM对每一个采样点的值均进行存储。而在压缩录音模式下,采用增量脉冲调制(DPCM),只存储前后两个采样值的差值。由于程序中有较多的判断与转移指令,以及对硬件端口的读写指令,每一次压缩中断服务程序必须在不超过125 μs的时间内完成,这是较为苛刻的要求。因此压缩录音处理程序的代码必须进行最大可能的优化,以减少程序执行时间,从而能够保证在125 μs内完成压缩。

9. $(\pi f/f_s)/\sin(\pi f/f_s)$校正

由于实际采样脉冲有一定的持续时间(平顶采样),造成语音恢复时失真。若不进行校正,将使语音的高频分量有部分损失。考虑到系统的规模,采用一简单的阻容网络实现部分高频提升来进行近似校正。

三、方案三

方案三以单片机为核心,在编解码关键技术上有突破,采用改进的DPCM(PCM -

DPCM)编解码技术,完成基本的语音存储及回放功能,附加回放电平 LED 显示、自动音量控制及 DNR 降噪电路,采用数字电位器及回放音量进行步进式控制,可获得较好的听觉效果。

方案三总体设计框图如图 1.3.6 所示。

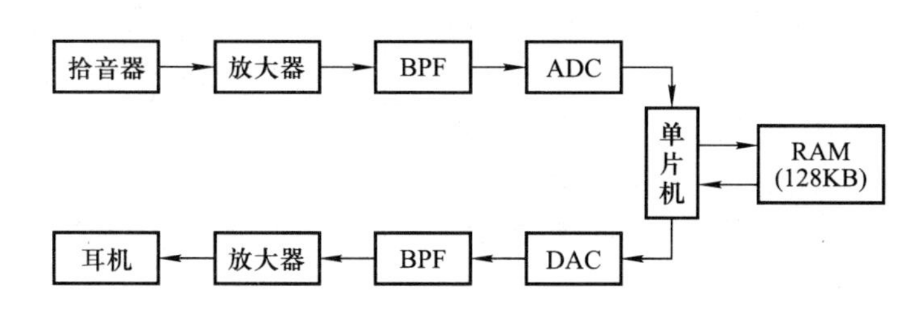

图 1.3.6 方案三总体设计框图

系统的硬件核心是单片机,关键技术是软件编码技术,外围模拟电路则主要用于语音信号的输入/输出处理。三部分紧密联系,共同实现系统功能。主要部分工作原理阐述如下:

1. 编解码方式设计

1) PCM 线性编码方式

语音信号通过 A/D 转换即可转换为线性编码,直接存入 RAM,再由 D/A 转换成音频信号回放。这种方案简单、易行,但每一个模拟量的采样都需要一个字节的存储空间,存储器利用率低,且对小信号而言量化噪声干扰大,采取以下的方法可以弥补上述缺陷。

2) PCM 压扩编码方式

这种方式是利用压扩技术实现非均匀量化,使量化阶距跟随输入信号电平的大小而改变,在低电平时用小的量化阶距去近似,对大信号则用大的量化阶距去近似,虽然未提高存储利用率,但可扩大动态范围,使输入信号与量化噪声之比在小信号到大信号的整个范围内基本一致。

3) DPCM 编码方式

DPCM 是对信号抽样值与信号预测值的差值进行量化、编码,可以压缩数码率,提高存储空间利用率,DPCM 能压缩比特率的实质是由于信号相邻样值之间存在明显的相关性,减少了信号的冗余信息,所以其抗噪的能力不如 PCM,可能造成较大的累积噪声输出。

4) PCM→DPCM→PCM→DPCM……级联编码方式

这种编码方式综合上述编码方案的优点,既可提高存储器利用率,其抗噪能力又优于 DPCM,较少产生积累误差。

为获得最佳功能,使系统资源得到充分利用,本设计方案中采用的编码方案为第四种。

2. CPU 及监控电路

单片机为 AT89C51,内部有 4 KB Flash Memory。为了保证系统的可靠性,采用 IMP813μP 监控芯片,当单片机电源电压降至 4.65 V 或者系统死机时,系统自动复位。电路如图 1.3.7 所示。

3. A/D 及 D/A 转换

系统信号采集由模/数转换器 ADC0800 及反馈型采样－保持放大器 LF398 完成。LF398 具有高采样速率、保持电压下降慢、精度高等特点，语音信号经其采样后输出至 ADC0800。LF398 的采样控制信号取自 ADC0800 的 *EOC* 输出，采样速率由单片机定时中断控制。ADC0800 输入可为交流信号，输出是对应于输入信号的补码，采样程序将其进行码制转换及编码后存入 RAM 中。

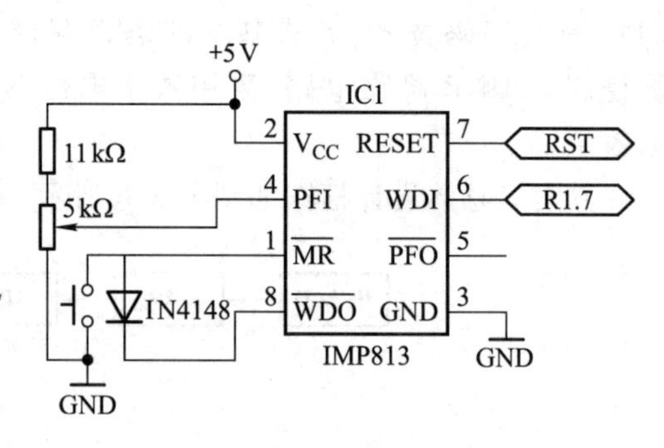

图 1.3.7　CPU 及监控电路原理图

RAM 区中的语音编码经解码程序解码后，由 DAC0832 转换为模拟量输出。DAC0832 是能与微处理器直接接口的 CMOS/Si－Cr 8 位相乘型数/模转换器，转换速率在 ns 级，它能直接将 PCM 码转换为 0 ~ U_{REF}(参考电压)的模拟量。由于 DAC0832 是单极性输出，所以输出应再接一单/双极性转换电路以获得交流输出。

4. 放大、滤波电路

前、后级放大电路均由双运放 NE5532 进行两级放大。前端输入放大器增益可在 0 ~ 49 dB 范围内调节，后级滤波还原语音信号可在 0 ~ 43 dB 范围内放大。

输入放大信号及 D/A 输出都要采用图 1.3.8 所示的音频带通滤波器，滤除 300 Hz 以下的低频及 3.4 kHz 以上的高频成分，其中也包含 D/A 输出信号中的高次谐波。该滤波器由两级二阶低通、两级二阶高通级联组成，两级 Q 值分别取 0.541 和 1.306，采用多级反馈形式，具有巴特沃斯特性。通常，放大倍数 $A_0=1$；截止频率 $f_0=3.4$ kHz，$C_0=C_2$，若选用 2 200 pF，基准电阻 R_0 及第一级低通($Q=0.541$)各参数计算如下：

$$R_0 = 1/2\pi f_0 C_0 = 21.28\ \text{k}\Omega$$

$$C_1 = 4Q^2(A_0+1)C_0 = 5\ 151\ \text{pF}$$

$$R_2 = R_0/2QA_0 = 19.67\ \text{k}\Omega$$

$$R_3 = R_2A_0 = 19.67\ \text{k}\Omega$$

$$R_4 = R_0/2Q(A_0+1) = 9.83\ \text{k}\Omega$$

第二级 Q 值取 1.306，$C_2=2\ 200$ pF，计算得 $C_3=0.03\ \mu$F，$R_5=R_6=8.15$ kΩ，$R_7=4.62$ kΩ。

高通滤波器约定为 300 Hz(以滤除 300 Hz 以下频率)，$A_0=1$，仍然与低通滤波器 Q 值取值一致，即第三级 $Q=0.541$，第四级 $Q=1.306$。同理，通过计算可获得以下结果：

$$R_8 = \frac{R_0}{Q\left(2+\frac{1}{A_0}\right)} = 9.90\ \text{k}\Omega$$

$$R_9 = R_0Q(2A_0+1) = 26.09\ \text{k}\Omega$$

$$R_{10} = 4.10\ \text{k}\Omega$$

$$R_{11} = 62.98\ \text{k}\Omega$$

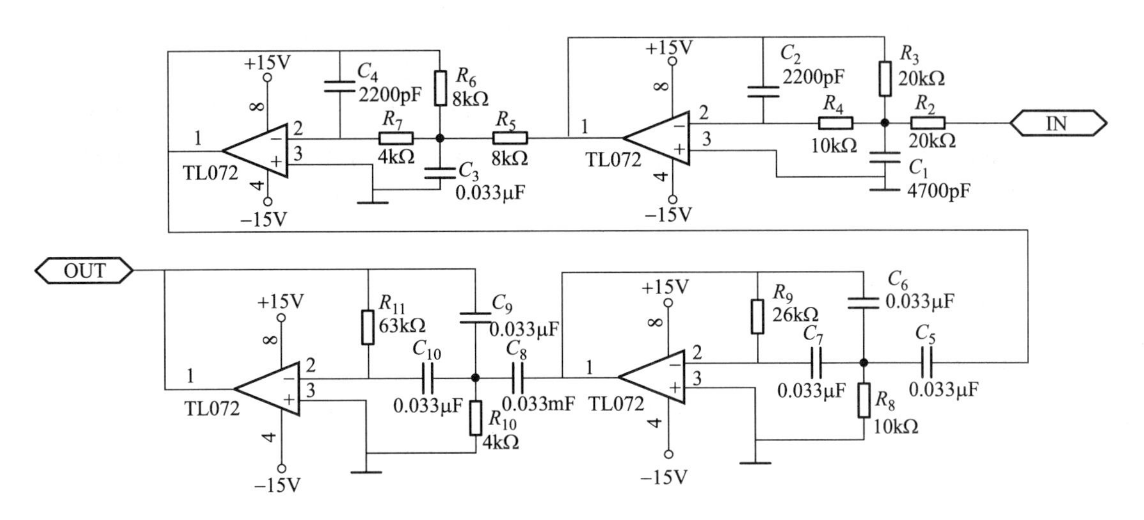

图 1.3.8　音频带通滤波器

5. 动态降噪

它由 LM1894 实现。LM1894 是根据噪声随带宽成正比及掩蔽效应原理研制的动态非互补型降噪集成电路,具有降噪量大、电源电压适应性强、可输入信号电平幅度大、外围电路简单等优点,应用于系统使信噪比指标大幅度提高,降噪效果明显。电路如图 1.3.9 所示。

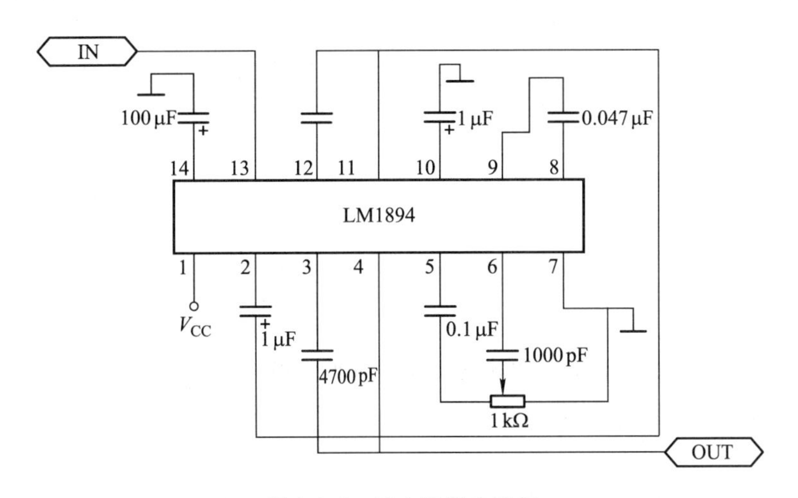

图 1.3.9　动态降噪电路图

回放音量控制电路运用按钮式数字电位器 X9511W,通过外部按键直接进行音量控制。

四、方案比较

以上三个方案各有侧重,均切实可行。方案一以 8031 单片机为核心器件,由 4 片 62256 组成 RAM 阵列,并采用分页存储模式,将外部数据存储空间扩大至 128 KB,使用 ΔM 和 DPCM 两种压缩编码方法,较好地提高了语音存储时间,综合降噪措施的使用也保证了回放语音清晰、噪声小。方案二采用的是 MCS－51 单片机,也是扩展 256 KB 的外部 RAM 数据存储区(也采用分页存储方式)，再经 DPCM 方式压缩数据后，录放音时间可达 65 s。该方案的最大特点是采用两只(配对)立体声话筒作输入，经差分放大，抑制背景噪音效果较好，同时选用五阶切比雪夫带通抗混叠滤波器，并使用了$(\pi f/f_s)/\sin(\pi f/f_s)$校正电路，录放质量较好。方案三较前两种方案而言，最大的特点是使用了动态降噪(DNR)电路，同时在 DPCM 编码时，周期性地使用了 PCM 码，录放音效果也很不错。下面主要对方案二的软硬件设计和测试结果进行进一步分析。

1.3.3 硬件设计

1. 语音输入和放大器

驻极体话筒采用衰减为 -60 dB 的爱华型话筒，输出电压约 1 mV，先经过差分放大，放大倍数为 100 倍(见图 1.3.10)，即 0.1 V，再经过放大倍数最大为 100 倍(可调)的第二级放大(电路图略)，可方便地实现 46 dB 的增益。自动增益控制部分利用场效应管工作在可变电阻区，漏源电阻受栅源电压控制的特性，利用压控放大器(VCA)、整流滤波电路、场效应管闭环来实现。

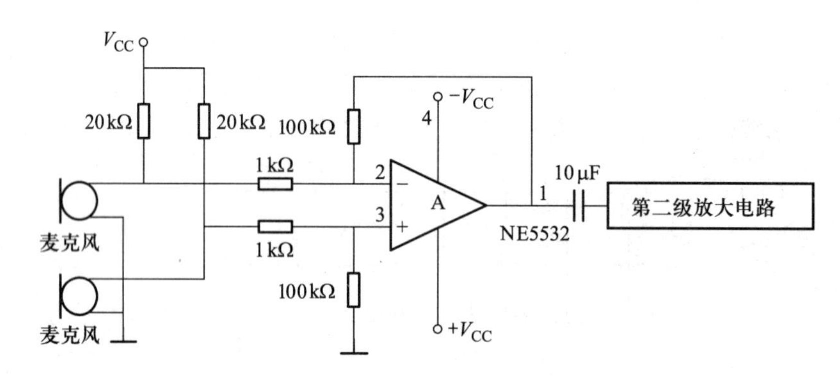

图 1.3.10 语音输入和放大器的原理图

2. 滤波器的设计

考虑到该带通滤波器的上下限频率之比为 3 400/300 = 11.3 >> 2(一个倍频程)，为宽带滤波器，可用一低通滤波器与一高通滤波器级联而成。

1) 低通滤波器

由于涉及频谱混叠现象，低通滤波器的过渡带衰减必须较快，以$f_c = 3.4$ kHz 作为 3 dB 点，$f_s = 6.8$ kHz(2 × 3.4 kHz)处要求衰减 40 dB 以上，陡度系数$A_S = 2$，查表可知五阶 0.5 dB 波纹的切比雪夫低通滤波器在 2 rad/s 处衰减 47 dB，满足要求。我们采用有源滤波器的方案，用三极点节后级联两极点节组成。由表可查得归一化的元件值，再选择阻抗标度系数$Z = 5 \times 10^4$，频率标度系数$FSF = 2\pi f_c = 21\ 363$，可得实际的阻容值如下：

三极点节：$C_1 = 6\ 405$ pF，$C_2 = 3\ 105$ pF，$C_3 = 284$ pF

两极点节：$C_4 = 8\ 858$ pF，$C_5 = 107$ pF

两个节的电阻均乘以 Z，即电阻均为 50 kΩ，去归一化后电路如图 1.3.11 所示。该电路幅频特性如图 1.3.12 所示，图中理论曲线由 PSPICE 模拟，用实线表示，实际测试特性用虚线表示。

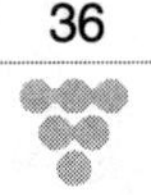

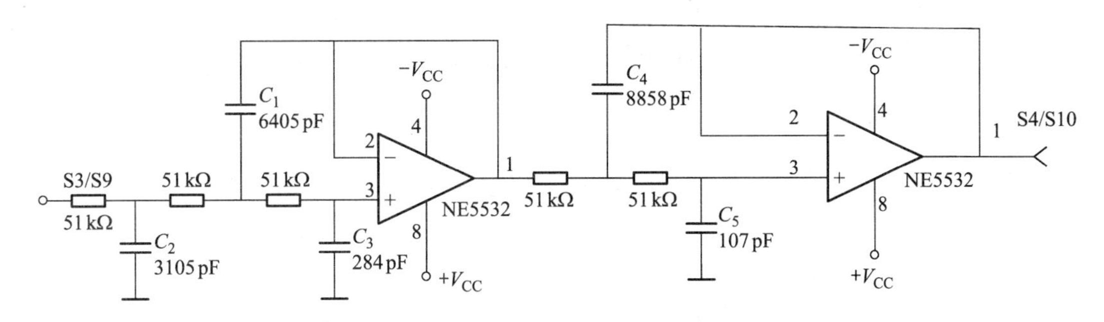

图 1.3.11　低通滤波器电路原理图

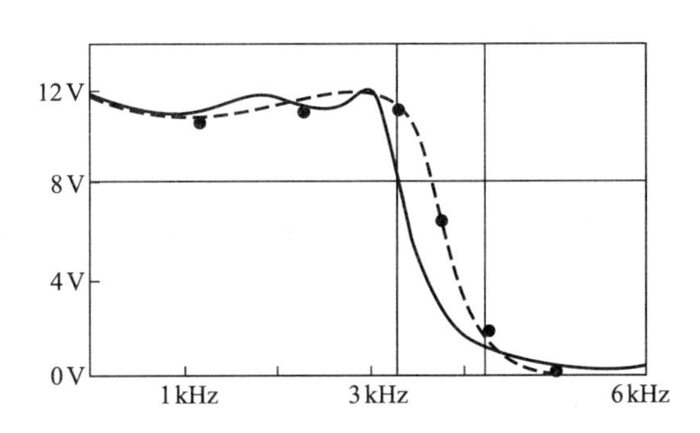

图 1.3.12　低通滤波器幅频特性

2）高通滤波器

主要滤除低于 300 Hz 的噪声信号，如 50 Hz 工频干扰等。选取截止频率 $f_c = 300$ Hz（3 dB 点），$f_s = 200$ Hz 处衰减至少 40 dB，陡度系数 $A_s = f_c/f_s = 300/200 = 1.5$。先选择五阶 0.5 dB 波纹的切比雪夫高通滤波器，在 1.5 rad/s 处的衰减大于 40 dB，满足需求。由三极点节和两极点节级联而成，元件归一化值由表查得。再把阻容互换，值取倒数，得归一化高通滤波器。最后去归一化，令电容取值为 0.01 μF，频率标度系数 $FSF = 2\pi f_c = 1\ 885$，则阻抗标度系数 $Z = C/(FSF \times C') = 53\ 052$。将所有电容用 $Z \times FSF$ 除，电阻用 Z 乘来对归一化高通滤波器进行频率和阻抗标度，即得实际电路。

3. 单片机系统

CPU 采用 MC5－51 最小系统板，外部扩展 256 KB RAM（8 片 62256），时钟频率采用 6 MHz。外部数据存储器的扩展：由于要用到超过 64 KB 的数据存储器，采用了分页存取的虚拟地址技术，2000H 单元作为选页端口地址，先对 2000H 写入页码（0～7 分别代表 8 个页），再对相应页的具体单元进行存取操作。每次需要换页只需先对 2000H 单元写入页码即可，不换页时不需写 2000H 单元。

4. ADC 与 DAC

ADC 采用 AD574A，外加 LF398 采样－保持电路。DAC 采用 DAC0832，电路图略。

5. $(\pi f/f_s)/\sin(\pi f/f_s)$ 校正

采用一阶 RC 网络对高频分量稍作提升，进行近似校正。根据公式 $(\pi f/f_s)/\sin(\pi f/f_s)$ 计算可得，在采样频率 f_s 为 8 kHz 时，在 $f = 300$ Hz 处衰减 0.02 dB（0.997 69 倍），在 $f = 4.3$ kHz

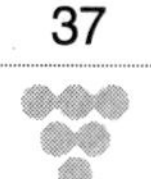

处衰减 4.61 dB(0.588 10 倍),因此只需选择适当的阻容元件,近似满足在 4.3 kHz 处提升约 4.59 dB 即可。计算得,$C=0.069\ \mu F, R_1=R_2=1\ k\Omega$。电路图略。

1.3.4 软件设计

该程序为事件驱动,由主程序和中断服务程序(包括键盘中断、定时器中断)组成。主程序在完成初始化工作后,进入循环等待。主要的功能(录放音)均由定时器中断服务程序完成。

1. 录音部分的算法思想

根据上文的分析,采样频率近似为 8 kHz,所以设置定时器中断 TI 的周期为 0.124 ms(频率为 $1/(0.124\times10^{-3})\ Hz=8\ 064.5\ Hz$)。在中断服务程序中,由于存在两种录音存储模式,因此根据从键盘得到的不同选择进行分别处理。具体方法如下。

1) 无压缩录音模式

在每一次 TI 中断中,直接读取 ADC 的输出值,写入外部 RAM 中。在此过程中,程序中置一个标志 flag,指示当前的内存页,数据均存储入该页。当前页写满后,flag 加 1,以后的数据存入下一页。这样实现了数据的分页存储。如果达到了最大时间 32.5 s($256\times10^3\times0.124\ ms=32.5\ s$,由是否写满所有的内存页来判断),则录音结束。

2) 压缩录音模式

在第一次 TI 中断前,设置大小为一字节的缓冲 BUFFER,与一字节的"前值"PREVIOUS VALUE(PV),PV 值预设为 0。在每一次 TI 中断中,读取 ADC 的输出值 CURRENT VALUE (CV),把 CV 与 PV 作比较,差值记为 DIEF。DIEF 为一个 4 位的值。第一位为这一差值的符号位,后三位表示差值的绝对值。如果绝对值大于 7,则统一置为 7,写入 BUFFER 此时的 PV。当一个 BUFFER 组装完成后,分页存入 RAM(因此实际上是每两次中断,写一次 RAM),清空 BUFFER(认为此时的 BUFFER 中已无有效的 DIFF 值),等待下一次 TI 中断。

2. 放音部分的算法思想

与录音部分相似,定时器中断 TI 的周期设置为 0.124 ms,在中断服务程序中,对两种录音存储模式进行分别处理。具体方法如下。

1) 无压缩放音模式

在每一次 TI 中断中,从 RAM 中用分页方式读入存储的采样值,输出至 DAC。

2) 压缩放音模式

与录音相对应,PV 预设为 0。每两次中断读一次 RAM,数值存放于 BUFFER 中。每一次中断(交替)从 BUFFER 中读出高 4 位或低 4 位,作为此次中断的 DIFF。根据 DIFF 的最高位判断值的正负,PV 相应地加上或减去 DIFF 的大小,作为本次中断的输出值与下一次中断的 PV 值。

压缩录音与放音程序中第一次中断的 PV 均为 0,并不影响实际的语音质量。因为若两次采样值的差为最大,即 255,每次存储的 DIFF 最大为 7,则经过 $255/7=36.4$ 个采样周期跟踪上实际的语音信号,$36.4\times0.124\ ms\approx4.5\ ms$,这一短暂的时间对于人耳是难以分辨的。

3. 流程图

主程序流程图与键盘中断服务程序的流程图略,定时器中断服务程序流程如图 1.3.13 所

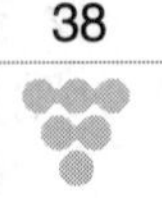

示。以录音为例,MODE =0 表示无压缩录音模式,MODE =1 表示压缩录音模式,放音部分的定时器中断服务程序与之类似。

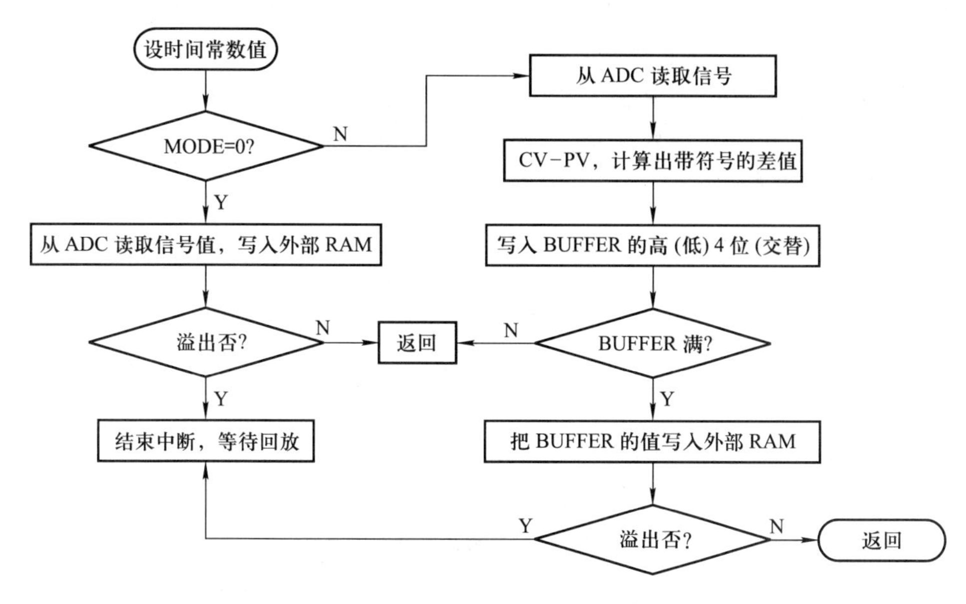

图 1.3.13　软件设计流程图

1.3.5　测试结果及结果分析

1. 放大器 1

断开话筒,在话筒差分放大器一个输入端接入由信号发生器(频率计)DF1643 产生的峰 - 峰值为 2 mV、频率为 1 kHz 的正弦波,另一端接地,用 XJ4318 型示波器观察放大器输出信号波形,调节第二级放大器的放大倍数,可使输出波形幅度在峰 - 峰值为 0 ~ 20 V 的范围变化,即放大器 1 的增益可达 10 000 倍(80 dB)并且可调。

2. AGC 电路的测试

对 AGC 电路单独进行测试(断开前级),AGC 输入端输入峰 - 峰值为 0 ~ 40 V 的可变电压,用示波器观察 AGC 输出点波形,调节输入信号幅度,当输入在 0 ~ 20 V 峰 - 峰值时输出电压幅度基本保持与输入信号幅度的线性关系,当输入信号的峰 - 峰值超过 20 V 时,输出幅度增长变慢,最后幅度基本稳定在一个电平上,而整个过程中,波形没有出现明显的削顶失真。

3. 放大器 2

断开放大器 2 与带通滤波器的连线,用低频信号发生器 DF1643 输入 1 kHz 的正弦波,峰 - 峰值为 5 V,输出接 8 Ω 扬声器并用示波器 XJ4318 测试输出波形,调节输出音量电位器,扬声器发出很响的嘟声,示波器显示其峰 - 峰值达 25 V,输出功率达 9.7 W。

4. 带通滤波器

先把带通滤波器与前级断开,在带通滤波器输入端接入由信号发生器 DF1643 产生的频率为 10 Hz ~ 10 kHz、峰 - 峰值为 10 V 的正弦波信号,用 XJ4318 型示波器观察滤波器输出波形,结果如下表:

输入信号频率/Hz	10	100	200	300	400	500	1 000	2 000	3 000	3 400	4 000	5 000
输出波形峰 - 峰值/V	0	0	0.4	7.0	9.3	9.4	9.4	10.1	10.3	6	1.5	0.5

5. $(\pi f/f_s)/\sin(\pi f/f_s)$校正电路

先把该电路与前级断开,在其输入端接入由信号发生器 DF1643 产生的频率为 10 Hz ~ 10 kHz、峰 - 峰值为 10 V 的正弦波信号,用 XJ4318 型示波器观察滤波器输出波形,如图 1.3.14 所示,数据如下表:

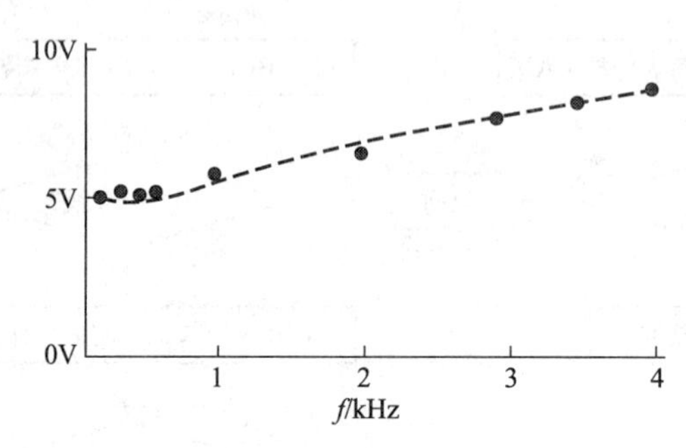

图 1.3.14 校正电路滤波器测试波形

输入信号频率/Hz	10	100	200	300	400	500	1 000	2 000	3 000	3 400	4 000
输出波形峰 - 峰值/V	5	5	5	5	5	5	5.34	6.09	6.84	7.2	7.6

6. 整机联机测试

整机联机后进行统一测试,包括对录放音的音质、音量细听,适度进行电路参数的微调,录放音时间测试。实际录放结果表明,由于采取一系列降噪、校正措施等,实听音质较好,录音时间为:非压缩方式约 32 s,压缩方式约 65 s。

7. 其他测试仪器与型号

数字万用表 DT890B,单片机仿真器 DICE,高精度 7 路直流稳压源 DF1733 - 7。

8. 结果分析

由于采取一系列降噪、校正措施等,实听非压缩模式音质较好,背景噪声几乎被完全抑制。但采用压缩模式进行录音,在回放时音量要小于不压缩录音回放时的音量。经分析认为,由于在压缩模式下,采用 4 位进行储存前后信号值之差值 *DIFF*,而这 4 位中的首位为符号位,用于记录当前信号的幅值比 *PV* 大还是小。所以就信号幅度而言,实际用于记录的有效的前后信号值之差只有 3 位,其最大值为 7,一旦 *DIFF* 大于 7,则一律作 7 处理。由此导致了在声音信号有较大变化时,压缩录音后的信号无法准确地跟踪上实际声音的变化,只是记录下一个变化趋势与实际信号相同,而幅度小于实际信号的值,因此导致采用压缩模式录音的回放失真。

1.4 数据采集与传输系统设计
(2001 年全国大学生电子设计竞赛 E 题)

一、任务

设计制作一个用于 8 路模拟信号采集与单向传输系统。系统方框图如图 1.4.1 所示。

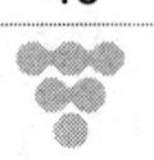

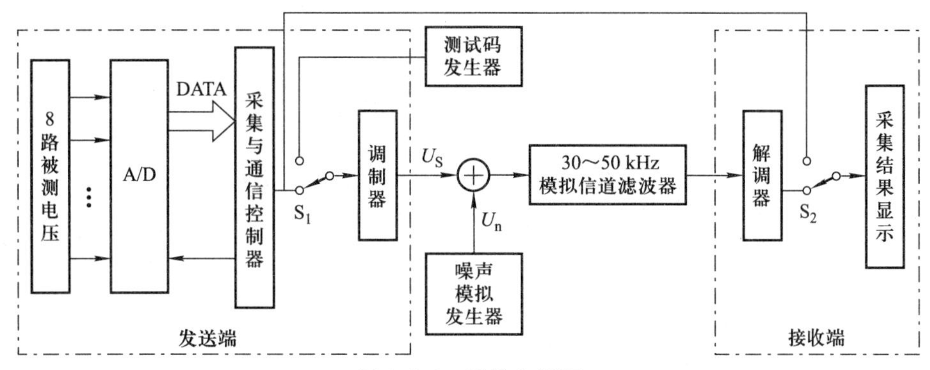

图 1.4.1　系统方框图

二、要求

1. 基本要求

(1) 被测电压为 8 路 0 ~5 V 分别可调的直流电压。系统具有在发送端设定 8 路顺序循序采集与指定某一路采集的功能。

(2) 采用 8 位 A/D 转换器。

(3) 采用 3 dB 带宽为 30 ~50 kHz 的带通滤波器(带外衰减优于 35 dB/十倍频程)作为模拟信道。

(4) 调制器输出的信号峰－峰值 $U_{s(p-p)}$ 为 0 ~1 V 可变,码元速率 16 kbps;制作一个时钟频率可变的测试码发生器(如 0101…码等),用于测试传输速率。

(5) 在接收端具有显示功能,要求显示被测路数和被测电压值。

2. 发挥部分

(1) 设计制作一个用伪随机码形成的噪声模拟发生器,伪随机码时钟频率为 96 kHz,周期为 127 位码元,生成多项式采用 $f(x) = x^7 + x^3 + 1$。其输出峰－峰值 $U_{n(p-p)}$ 为 0 ~1 V 连续可调。

(2) 设计一个加法电路,将调制器输出 $U_{s(p-p)}$ 与噪声电压 $U_{n(p-p)}$ 相加送入模拟信道。在解调器输入端测量信号与噪声峰－峰值之比 $U_{s(p-p)}/U_{n(p-p)}$,当其比值分别为 1、3、5 时,进行误码测试。

测试方法:在 8 路顺序循环采集模式下,监视某一路的显示,检查接收数据的误码情况监视时间为 1 min。

(3) 在 $U_{s(p-p)}/U_{n(p-p)} = 3$ 时,尽量提高传输速率,用上述第(2)项的测试方法,检查接收数据的误码情况。

(4) 其他(如自制用来定量测量系统误码的简易误码率测试仪,其方框图如图 1.4.2 所示,等等)。

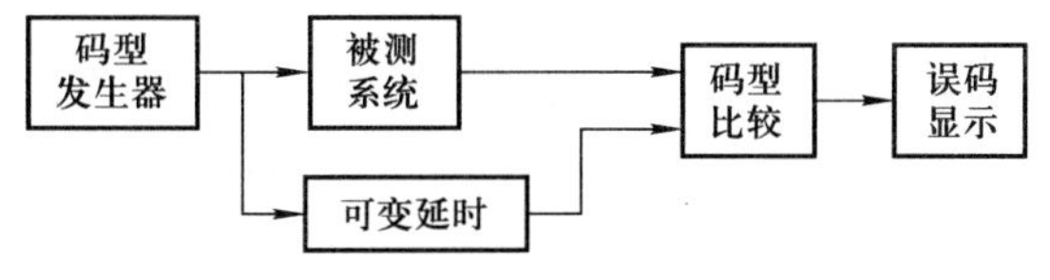

图 1.4.2　简易误码率测试仪方框图

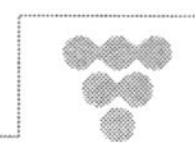

三、评分标准

	项　　目	满分
基本要求	设计与总结报告：方案比较、设计与论证，理论分析与计算，电路图及有关设计文件，测试方法与仪器，测试数据及测试结果分析	50
	实际制作完成情况	50
发挥部分	完成第(1)项	5
	完成第(2)项	20
	完成第(3)项	15
	完成第(4)项	10

1.4.1　题目分析

通过对原题的反复阅读、思考，对原题的任务、需完成的功能和各项技术指标归纳如下：

一、任务

要求设计制作一个用于8路模拟信号采集与单向传输的系统。

二、系统功能及主要技术指标

根据题目的基本要求，可将各功能模块划分如下：

(1) 8路模拟信号产生器：输入被测电压为8路0～5 V分别可调的直流电压。

(2) A/D转换器：8位。

(3) 发送端的采集与通信控制器：能够在发送端设定8路顺序循环采集与指定某一路采集的功能。

(4) 二进制数字调制器：输出信号峰－峰值 $U_{s(p-p)}$ 为0～1 V可变，码元速率16 kbps。

(5) 解调器。

(6) 模拟信道：采用带通滤波器，参数：3 dB带宽30～50 kHz。

(7) 测试码发生器：时钟频率可调。

(8) 接收端采集结果显示电路。

此外，为完成发挥部分的要求和实现系统功能扩展，还需增加的部分有：

(9) 噪声模拟发生器：用伪随机码生成，输出峰－峰值 $U_{n(p-p)}$ 为0～1 V连续可调。

(10) 加法电路。

(11) 通信编码与软件纠错。

1.4.2　方案论证

一、方案一

为实现符合题目要求的8路数据的采集和单向传输，本方案在发送端和接收端各用一片

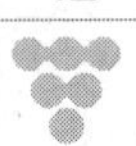

可以精确设定波特率的 89C52 单片机，控制数据采集、通信和结果显示；通信方式为 FSK 调制，锁相解调；为提高通信可靠性，采用二维奇偶校验码和连续发送/三中取二接收。系统原理框图如图 1.4.3 所示。

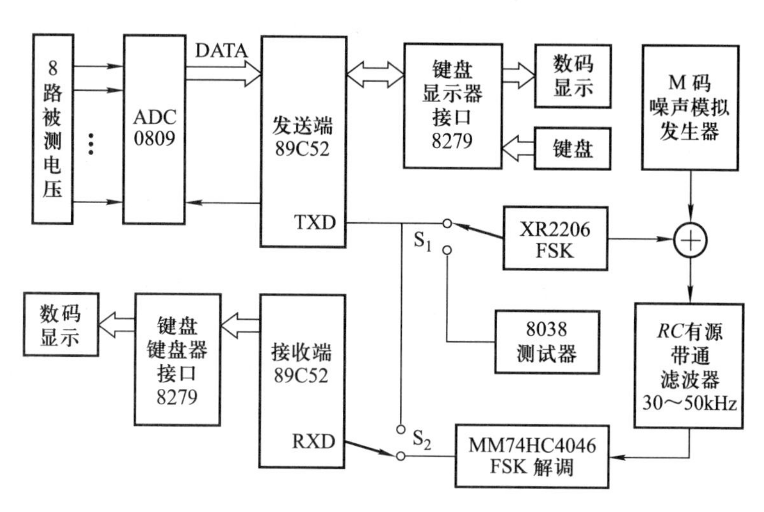

图 1.4.3　方案一系统原理框图

各部分工作原理阐述如下。

1. 8 路模拟信号的产生与 A/D 转换器

被测电压为 0 ~ 5 V 通过电位器调节的直流电压；A/D 转换器采用专用芯片 ADC0809，分辨率为 8 位，最大不可调误差小于 ±1 LSB。

2. 发送端的采集与通信控制器

用单片机作为这一控制系统的核心，接收来自 ADC0809 的数据，并利用单片机内置的专用串行通信电路将数据进行并/串转换后输出至调制器；单片机通过接口芯片与键盘相连，由键盘控制采集方式是循环采集或选择采集，同时也可以利用键盘进行其他扩展功能的切换。此外，为便于通道监视和误码率测试，在发送端扩展了采集数据的显示功能。

在单片机的选择方面，考虑到题目基本要求码元速率为 16 kbps，发挥部分要求尽量提高传输速率，因此单片机的串口应可以比较精确地设定波特率，且波特率可变。若采用 89C51 单片机，由内部定时器作为波特率发生器，其变化受限，不够灵活；16 kbps 以上只有约 30 kbps 一档，步进过大，而 89C52 单片机内置专门的波特率发生器，可以以较小的步进精确设定波特率，一方面满足了题目的要求，另一方面也便于在发挥部分进一步提高波特率。

3. 二进制数字调制器

常用的二进制数字调制方式有：对载波振幅调制的振幅键控（ASK）、对载波频率调制的频移键控（FSK）和对载波相位调制的相移键控（PSK）。这几种调制方式比较：首先从频带利用率来说，ASK 和 PSK 都是 $2B$（B 为被调制二进制基带信号的带宽），FSK 则相对大一些，要 $2B+|f_1-f_2|$，其中 f_1、f_2 为 FSK 的两个载波频率。从误比特率来看，PSK 的误比特率在相同信噪比的情况下，要比 FSK 和 ASK 低 3 dB。这样看来用 PSK 似乎是最好的，能够达到最好性能。但是 PSK 有相位模糊问题，需要对源二进制信号进行差分编码，然后再进行调相，才能解决相位模糊问题。这样一来在解调端还要进行差分码的译码，不仅电路上更加复杂，而且差分

译码有时会引起误码扩散,导致误码率上升。FSK 有一种特殊情况,就是当$(f_1 - f_2) = n(1/2)T_b$(T_b 为比特率)时,能够产生一种恒定包络、连续相位的调制信号 MSK。它的优点是能量主要集中在频率的较低处。综合考虑三种调制方式的特点,并结合电路的复杂度情况,最终选择用 FSK 调制方式。考虑到要尽量提升码元率,并且在 16 kbps 时能满足 MSK 的条件,最终选择两个载波频率为 32 ~48 kHz。并且以单片函数发生芯片 XR2206 为核心构成 FSK 调制电路,它在进行 FSK 调制时相位是连续变化的。

4. 解调器

采用锁相环 FSK 解调方式,锁相环相当于一个中心频率能够跟踪输入信号频率变化的窄带滤波器。利用锁相环的跟踪功能,使载波和相位同步提取不仅频率相同,而且相位差也很小。它的窄带滤波特性,可以改善同步系统的噪声性能,做到低门限鉴频。它的记忆特性,可以使输入信号中断后,在一定的时间内保持同步。

选用集成锁相环 MM74HC4046 组成 FSK 解调电路,其最高频率能达到 12 MHz,完全能满足要求。但使用时应注意正确选择 LPF 参数和 VCO 部分的外接电阻参数,以控制锁定频率范围。

5. 3 dB 带宽为 30 ~50 kHz 的带通滤波器

方案一:有源运放滤波器方案。电路采用阻容元件,体积小,有大量现成的表格可供设计时查阅,但其干扰较大,对元器件的数值误差敏感,某些情况下在负反馈回路中可能产生正反馈,甚至引起自激,调试起来也较麻烦。

方案二:开关电容滤波器方案。开关电容滤波器克服了方案一的缺点,使用时钟频率控制通阻带,通带波动小,过渡带窄,阻带衰减大。使用专用芯片如 LMF100,可以获得 0.1 Hz ~100 kHz 的可调中心频率,以及带外 -60 dB/十倍频程的衰减,是实现题目要求的带通滤波的最佳方案。

由于器件限制,本方案在具体实现上选择的是有源滤波器方案,采用的阻容元件均具有高精度、低温漂特性,并且经过严格挑选。

6. 时钟频率可变的测试码发生器

由于该测试码主要用于测试传输速率,对于码型没有特别要求,可以采用频率可调的方波信号(0101…码)。用精确波形发生器/压控振荡器芯片 ICL8038,以及简单的外围电路即可构成线性误差小于 0.1%,输出频率范围 0.001 Hz ~300 kHz 的 U/F 转换电路,较好地满足了生成测试码的要求,但此电路频率稳定度较差。

7. 接收端采集结果显示电路

使用一片 89C52 作为数据采集 - 显示系统的核心,利用 89C52 内部集成的专用串行通信电路实现数据采集和串/并转换,并可以通过波特率编辑器响应发送端波特率的变化。

8. 通信编码与软件纠错

由于模拟信道的噪声比较严重,为正确通信,有必要使用一定的编码方式进行检错和纠错,综合考虑系统 CPU 资源的占用情况,选择简单有效的二维奇偶校验码作为基本校验码,但二维奇偶校验码有明显的局限性,不能检出一帧数据中构成矩形的 4 个错码元。为进一步提高通信的可靠性,我们在发送端多次发送同一帧数据,接收端在连续接收到的 3 帧数据中,如果发现有 2 帧完全相同,则认为该数据发送正确,称为“三中取二”的方式,其效果相当于一个

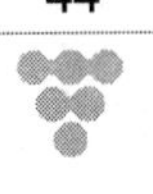

低通滤波器。用这种方法可以有效地提高通信的可靠性,但需要注意的是,如果接收端在某一帧的连续发送过程中始终没有接到其正确帧,则拒收本帧,也即这种纠错方式不能确保所有帧的有效传递。

综上所述,在发送端和接收端采用双 CPU 方案,用两片可以精确设定波特率的 89C52 单片机分别控制数据采集、通信和采集结果显示。发端与收端之间为单向数据传输系统,采用 FSK 调制、锁相环解调。为提高通信的可靠性,通信编码用二维奇偶校验码,并采用连续发送/三中取二接收的通信方式。用有源运放带通滤波器作为模拟信道滤波器。用 ICL8038 构成测试码发生器。

二、方案二

方案二所设计的数据采集与传输系统以 89C51 及 89C2051 为核心,系统由数据采集模块、调制解调模块、模拟信道、测试码发生器、噪声模拟器、结果显示模块等构成。该方案的最大亮点在信道编码调制解调这一块,其基本思路是:

根据题目的特点,由于信道的频带比较窄,考虑对基带信号进行适当的基带编码处理后使它的频率变换到信道频带内,从而可以直接传输。当要求的数据传输速率较低(≤24 kbps)时,对原始数据模仿 PSK 处理(下面有具体分析),方法如下:

"1"用"1010"(0 相位两个周期的方波)表示;

"0"用"0101"(π 相位两个周期的方波)表示;

其中传输编码后数据的频率为 96 kHz,这样上述编码调制方法能传输的最大码元速率为 24 kbps。

当要求的数据传输速率大于 24 kbps 时,对原始数据处理的方法如下:

"1"用"10"(0 相位一个周期的方波)表示;

"0"用"01"(π 相位一个周期的方波)表示;

即进行 Manchester 编码。

系统硬件设计主要应用 EDA 工具实现,软件设计采用模块化的编程方法。各模块工作原理阐述如下。

1. 带通滤波器模块

四阶带通滤波器可由低通滤波器和高通滤波器级联而成,因此可以把一个截止频率为 30 kHz 的高通滤波器和一个截止频率为 50 kHz 的低通滤波器级联起来,采用切比雪夫型高低通滤波器级联,经计算中心频率约为 40 kHz。

切比雪夫型低通滤波器其幅频公式如下:

$$|H(j\omega)| = \frac{K_1}{\sqrt{1 + e^2 C_n^2(\omega/\omega_c)}}$$

将低通滤滤器传递函数的 s 换为 $1/s$ 即可得到高通滤波器的传递函数。最后设计出的带通滤波器通过 EWB 模拟得到的频谱响应如图 1.4.4 所示。从图中所示的相频特性可以看出,滤波器在 30 ~ 50 kHz 处的相移基本上为线性,因此具有良好的群时延特性,信号通过该信道后不会有过多的相位失真,这对本系统所采用方案中的正确解调是非常重要的。

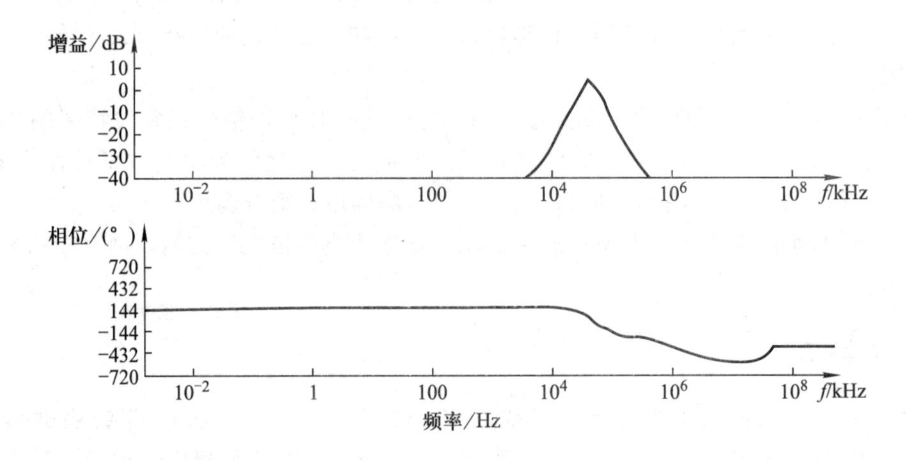

图 1.4.4 带通滤波器频谱响应

2. 数据采集模块

数据采集模块采用 ADC0809 模/数转换器和 89C51 控制数据采集。ADC0809 为 8 位 8 通道输入的 A/D 转换器,满足题目所提出的精度和速度要求。由单片机控制进行顺序循环采集或是指定通道采集。电路图略。

3. 调制解调模块

根据前述对题目要求的分析,本系统直接利用软件进行调制,然后通过异步方式进行传输,解调时利用异步传输恢复原调制波,再通过软件判断调制波的相位进行解调。具体实现方法如下。

首先,对要传输的数据进行数字编码调制,然后把调制后的数据作为异步传输的数据,通过单片机的串行口进行异步传输,为此增加异步传输的起始位、校验位和停止位。在接收端,首先对接收到的信号进行整形,减少信号波形的失真,并利用单片机的串行口对调制信号作为异步传输的数据进行接收,然后利用软件判决的方法对接收到的数据进行相位判断、译码与解调。这样就避免了普通解调时复杂的载波提取和同步提取电路的设计,同时得到较好的接收性能。

数据传输的码元速率不大于 24 kbps 时:“1”用“1010”(0 相位两个周期的方波)表示,“0”用“0101”(π 相位两个周期的方波)表示。

当数据传输的码元速率较高(>24 kbps)时,编码自动调整为使用 Manchester 编码,即“1”用“10”表示,“0”用“01”表示,使每一码元编码后对应的二进制数据位减少,在相同的时间内传输更多的码元,从而提高码元传输速率,达到扩展功能中提高传输速率的要求。由于编码位数减少一半,因此使用 95 kbps 的波特率传输时,理论上可达到 48 kbps 的码元传输速率。

另外,由于调制部分和解调部分的输入波特率与输出波特率均不同(调制部分输入波特率为 16 ~ 48 kbps,输出波特率为 96 kbps;解调部分输入波特率为 96 kbps,输出波特率为 16 ~ 48 kbps),而且在一片单片机上同时实现数据的收发也较困难,因此调制部分与解调部分均采用两片 89C2051 来分别管理数据的输入与输出,以减轻每一片单片机的负担。这两片单片机

之间通过并口实时传输数据，具体电路原理图略。

串口加入了一个衰减器使输出电压可以在 0 ~ 1 V 的范围内连续变化。输入使用 UM311 比较器构成电平判决电路。该电路同时还具有对信号均衡整形的作用。

4. 采集结果显示模块

此模块采用了 EDM12816B 型图形点阵式液晶显示器，其分辨率为 128 × 16。这样可以编制易懂的中文分级菜单界面，人 - 机交互性非常好。

5. 噪声模拟发生器

通常产生伪随机序列的电路为一反馈移位寄存器。一般的线性反馈移位寄存器由于理论比较成熟，实现比较简单，实际中常常使用。本设计采用线性反馈移位寄存器产生 m 序列作为模拟噪声。

6. 测试码发生器

采用单片机作为测试码发生器。可通过键盘设置输出码型及速率并可以通过 MAX7219 控制 LED 显示出码元速率和码型，功能强大，使用灵活。

7. 噪声加法电路

采用由运算放大器构成的加法电路。其中信号的放大倍数为 1，噪声的放大倍数有 3 挡，分别是 1、1/3 和 1/5。

8. 简易误码率测试仪及网络时延测试仪

这种误码测试仪仍然由单片机构成，原理图如图 1.4.5 所示。首先将被测系统串联接入单片机的串口，单片机将预先设定的码型经由串行口发送至被测系统，同时开始计时，再利用双工串口接收，并与原码型比较，计算出待测系统的误码率，同时计算出网络时延。这样与常规构成方式相比具有码型可变、时延可自适应等优点。

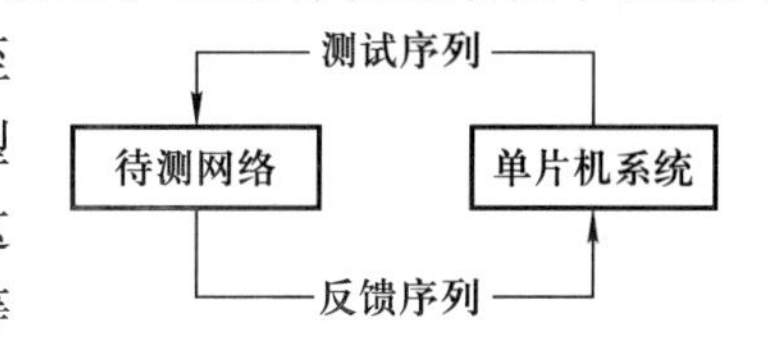

图 1.4.5　简易误码测仪式原理图

三、方案三

方案三也是采用模块化的设计思想。数据采集与通信控制采用 AT89C51 来完成，8 路电压通过通用的 8 位 A/D 转换器 ADC0809 转换后，由单片机进行数据处理、发送和采集结果显示。测试码发生器及噪声模拟发生器采用 FPGA 设计的 m 序列发生器实现，既能提供稳定的时钟，又可重复编译所需的各种测试码型。该系统数据传输部分采用了不同于前两种方案的 MSK 调制与解调方式，具体由 XR2206 及 XR2211 芯片传输实现。MSK 是移频键控 FSK 的一种改进形式。所谓 MSK 方式，是 FSK 信号的一种特殊方式，其相位始终保持连续变化且两载波的频率之差始终等于码元速率的 1/2，因此可以看成是调制指数为 0.5 的一种 CPFSK 信号。对给定的频带，MSK 能比 FSK 传送更高的比特速率，且 MSK 信号带宽 $B = 1.15f_s = 18.4$ kHz < 20 kHz。由此可见，考虑到题目设计对带宽、幅度、速率等参数的要求，本系统采用 MSK 调制方式是合适的。

系统组成可分为三个模块：数据采集与通信控制，数据的调制、解调与传输，采集结果显示。系统总体原理框图如图 1.4.6 所示。

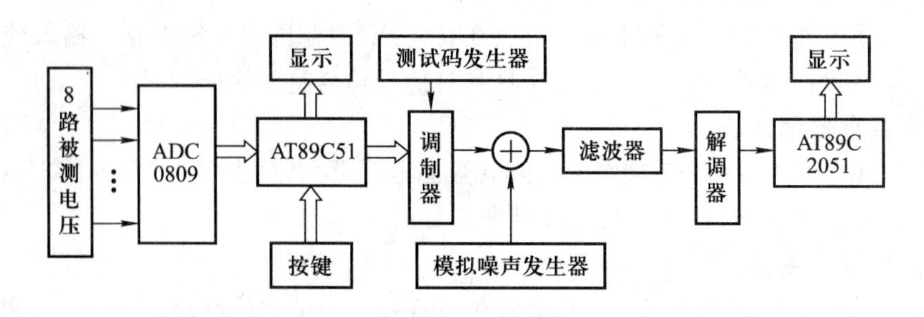

图 1.4.6 方案三系统总体原理框图

从图中可知,被测电压经 ADC0809 循环采样后的数字信号送入 AT89C51 单片机,并在单片机的控制下进行显示与按键处理,同时由其串口向调制器发送数据,在调制器输出端与一模拟噪声相加后送入模拟信道滤波器,经解调器解调输出后送数据给 AT89C2051 进行校验和显示。其中,主机部分采用 8279 进行键盘管理与显示;调制解调采用 EXAR 公司的 XR2206 与 XR2211 芯片来完成。接收显示采用 MAX7219 芯片驱动 LED 显示。

各部分电路原理阐述如下:

1. 调制器

本单元电路是系统传输的关键部分,采用 EXAR 公司的 XR2206 实现 MSK 调制。电路如图 1.4.7 所示。

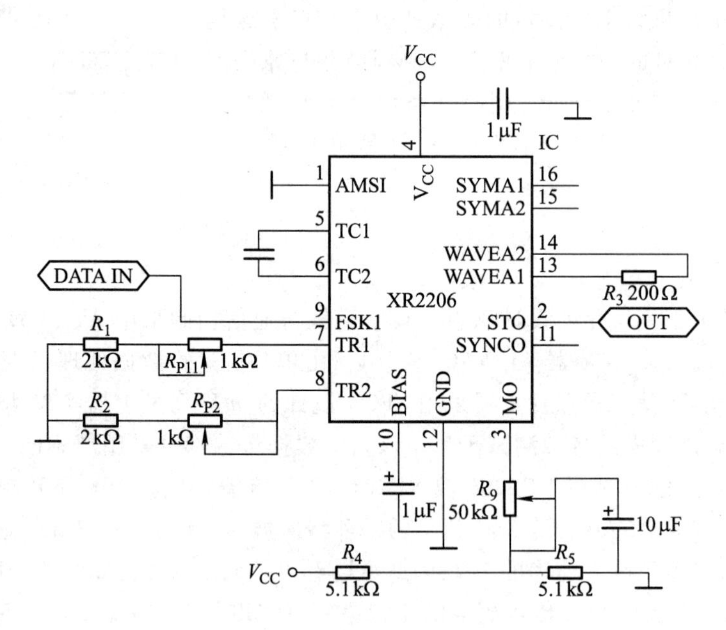

图 1.4.7 调制器电路原理图

芯片 XR2206 由四个功能模块组合:压控振荡器(VCO)、模拟加法器、正弦产生器和切换开关。外接的 R_1、R_2 通过切换开关和 VCO 外部的电容构成 *RC* 振荡回路,在外部输入信号的控制下,由于 VCO 工作的连续性,切换过程可以保证相位连续,这是实现 MSK 调制的重要条件。

2. 8 路被测电压数据采集与键盘显示部分

采用键盘显示扩展芯片 8279,设置 8 位 LED 数码管显示路数、测量值等。

3. 模拟信道滤波器

模拟信道滤波器电路如图 1. 4. 8 所示。

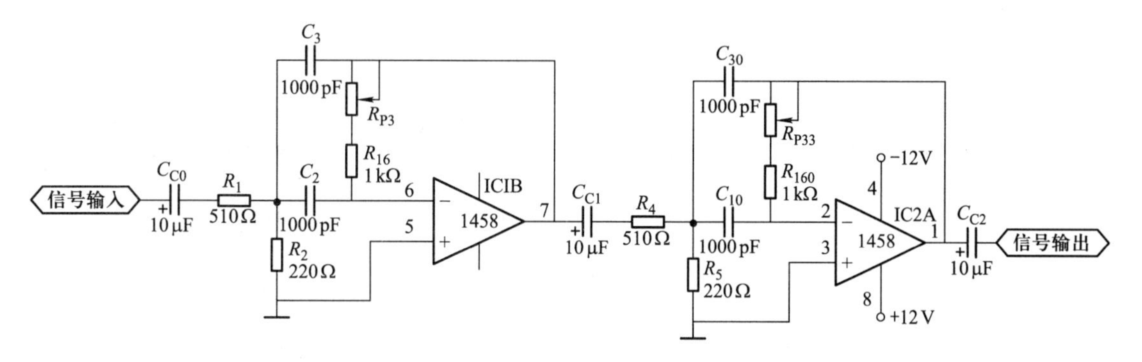

图 1. 4. 8　模拟信道滤波器电路原理图

电路采用无限增益多路反馈带通滤波器级联而成,该电路比压控电压源带通滤波器所用元件少,易于调节。根据题目要求:频带范围为 30 ~ 50 kHz,3 dB 带宽 $B = 20$ kHz,带外衰减大于 35 dB/十倍频程,因此该滤波器可采用四阶滤波器,其理论带外衰减为 40 dB/十倍频程。根据滤波器设计理论,每级滤波器的带宽为 $\Delta f = B/0.644$。

由中心频率 $f_0 = 40$ kHz,带宽 $B = 20$ kHz,$G = 1$,每级滤波器设计参数如下:

$$\Delta f = 31.056 \text{ kHz}$$

$$G = -\frac{R_3}{2R_1}$$

$$2\pi\Delta f = \frac{2}{R_3 C}$$

$$(2\pi f_0)^2 = \frac{1}{R_3 C^2}\left(\frac{1}{R_1} + \frac{1}{R_2}\right)$$

由设计参数 $f_0 = 40$ kHz,选择 $C = 0.01\mu\text{F}$,计算得

$$R_3 = 1/(\pi\Delta f C) = 1\ 025\ \Omega$$

$$R_1 = R_3/2 = 512.5\ \Omega$$

由 $1/R_2 = R_3(2\pi f_0 C)^2 - 1/R_1$,可算出 $R_2 = 221\ \Omega$。

为了调节方便,反馈电阻用精密电位器来调节。实验证明,该滤波器能够满足要求。

4. 解调器

本单元电路采用 EXAR 公司的 XR2211 对调制信号进行解调。它采用非相干解调方式,且外围元件简单,并可独立调节中心频率、带宽及输出延时。

MSK 信号通过由鉴相器(PD)、环路滤波器(LF)、压控振荡器(VCO)构成的锁相环(PLL)后,在压控振荡器输入端产生信号,经低通滤波器滤除高次谐波后,再经比较电路整形后得到数据码流。

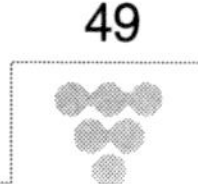

5. 可变时延器

此电路主要用于误码测试,电路由两个单稳态触发器 74LS123 来产生时延,如图 1.4.9 所示。

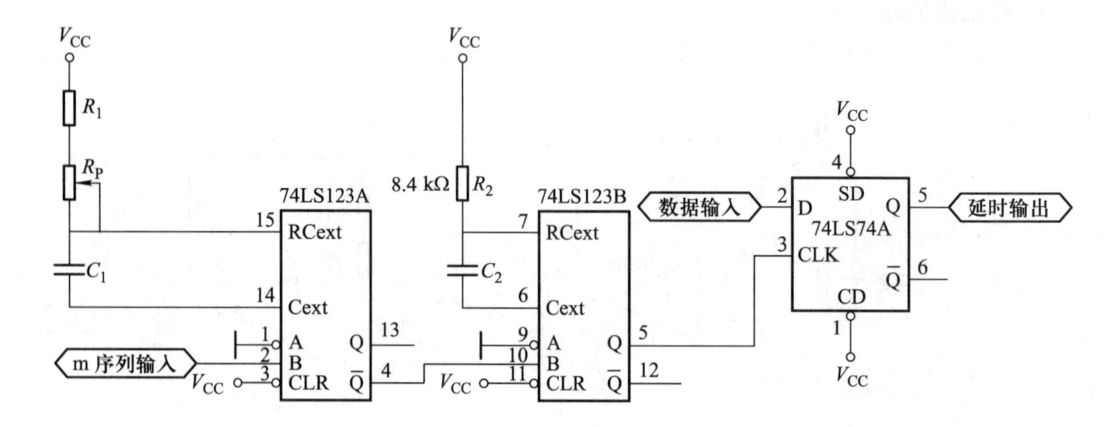

图 1.4.9　可变时延器电路原理图

前级单稳态触发器的延时决定了可变时延器的时延宽度,后级单稳态触发器利用前级单稳态触发器输出的后沿来触发,从而形成时延时钟提供给后级 D 触发器来锁定码元。

前级单稳态触发器产生时延宽度,其大小由 R_1、R_P、C_1 的值来决定(其中 R_P)是调节延时宽度大小的),计算公式为

$$\tau = \frac{1}{2}(R_1 + R_P)C_1$$

根据设计要求,时延的调节范围 $\tau = 1 \sim 60\ \mu s$ 可调。

选择 $C_1 = 0.001\ \mu F$,由上式可得:$R_1 + R_P = 120\ k\Omega$。为了方便调节,取 $R_1 = 100\ k\Omega$,R_P 取 50 kΩ 电位器。

后级单稳态触发器提供触发脉冲,其时延宽度可取码元宽度的 1/3,其计算公式为

$$\tau = \frac{R_2 C_2}{2}$$

取 $C_2 = 0.01\ \mu F$,根据上式计算可得到

$$R_2 = 8.4\ k\Omega$$

其工作时延波形如图 1.4.10 所示。

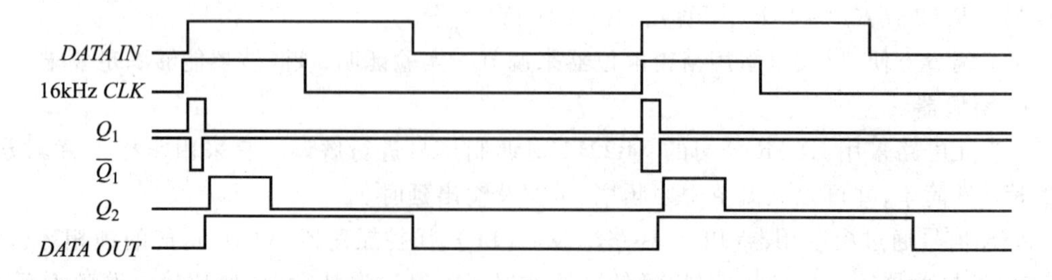

图 1.4.10　可变时延器时延波形

四、方案比较

这三种方案各有特色，均简单可行。方案一在收发端各用一片可精确设定波特率的89C52单片机进行数据采集、通信和显示结果，采用FSK调制方式，将信号能量相对集中在模拟信道内，并采用锁相鉴频电路解调，做到了低门限鉴频，同时采用二维奇偶校验码和"三取二"的接收准则，降低了误码率。但由于码发生器采用的是ICL8038芯片，对频率的稳定度有一定影响。方案二硬件设计采用EDA工具，软件设计采用模块化编程方法，较好地完成了基本要求和发挥部分的内容，并制作了DC/DC变换器，实现了单电源供电，并根据信道的特点，对采集后的数字信号进行Manchester编码，使信号的功率谱集中在模拟信道内，提高了传输速率。方案三采用MSK调制方式，以XR2206和XR2211来实现调制和解调，并用FPGA实现测试码发生器和噪声模拟发生器，但此方案在滤波去噪和纠错编码这些部分还存在不足，需进一步改进。下面仅对方案一作重点介绍。

1.4.3 硬件设计

方案一硬件部分包括FSK调制、解调电路，带通滤波器电路，测试码发生器，A/D转换电路、伪随机码发生器和加法电路（发挥部分）等模块，各部分工作原理和电路设计如下。

1. XR2206 FSK调制电路

XR2206是单片函数发生器集成电路，可产生高质量、高稳定性、高精度的正弦波、方波、三角波，可使用外部电压获得调频或调幅波形输出。工作频率可由外部选择，其范围为0 Hz～1 MHz。

2. M74HC4046 FSK解调电路

M74HC4046是通用的CMOS锁相环集成电路，其内部主要由相位比较器P1、P2，压控振荡器（VCO）、线性放大器、源极跟随器、整形电路等构成。图1.4.11是由M74HC4046构成的FSK解调电路，在确定M74HC4046外围元件参数时，必须根据器件有关的技术资料。本系统FSK两个载波频率分别为$f_{min}=32$ kHz和$f_{max}=48$ kHz，中心频率$f_0=40$ kHz，由器件手册中的$f_{min}-R_2/C_1$曲线可以定出R_2和C_1的值，由曲线$(f_{max}/f_{min})-R_2/R_1$可以确定$R_2/R_1$的值，从而得出$R_1$的阻值。

M74HC4046前级比较器LM393用于将输入模拟调频信号转换为0～5 V数字电平，提供M74HC4046的输入；后级用μA741构成一个二阶低通滤波器，截止频率约为20 kHz，用于滤除解调输出信号中的高频成分。最后再用LM393对信号进行整形，输出幅度为0～5 V的数字信号。

3. 带通滤波器的设计

为在通带内获得最大平坦度，选择Butterworth型带通滤波器，指标为$f_{cl}=30$ kHz，$f_{ch}=50$ kHz，阻带衰减斜率≥35 dB/十倍频程。具体计算如下：

1）阶数计算

可只计算低通部分。由阻带衰减斜率≥35 dB/十倍频程可得：$\omega/\omega_c=10$处幅度衰减≥38 dB/十倍频程，根据Butterworth型低通幅度函数可得

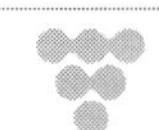

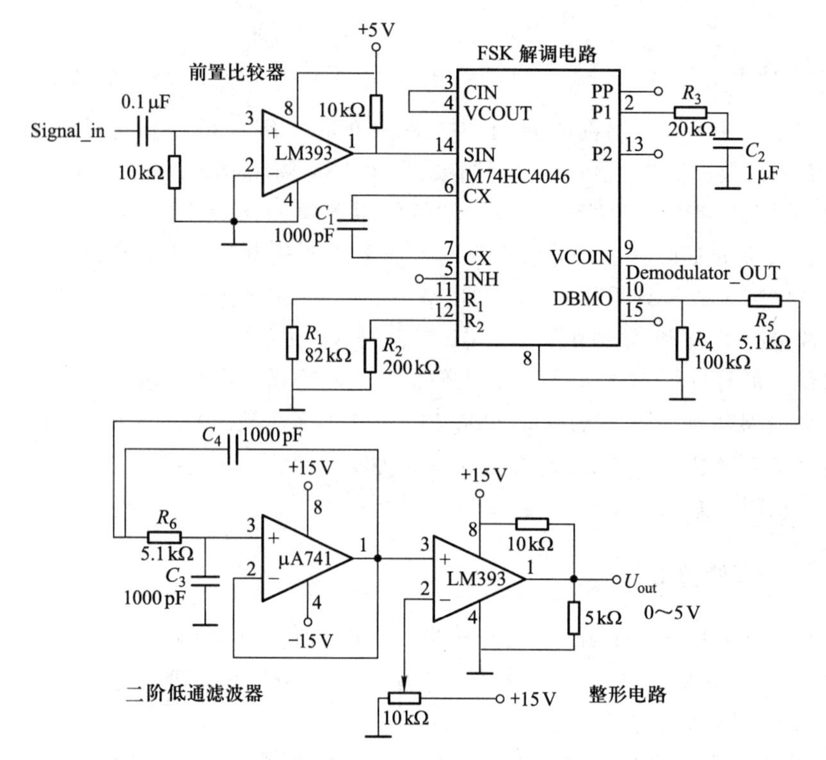

图 1.4.11　FSK 解调电路

$$20\lg\frac{|H(0)|}{|H(\mathrm{j}10\omega_c)|}\geqslant 38\ \mathrm{dB}\Rightarrow 20\lg(1+10^{2n})^{1/2}\geqslant 38\ \mathrm{dB}$$

解得：$n>2$，因此滤波器需要三阶。

2）电路选择

电路可以采用单重反馈、单位增益、单运放依次实现的低、高通三阶节，但该三阶节灵敏度偏高，元件值误差和温度变化会严重影响滤波特性。本设计采用一阶节和二阶节级联方式来实现高、低通滤波器，灵敏度降低，特性比较稳定。原理图如图 1.4.12 所示。

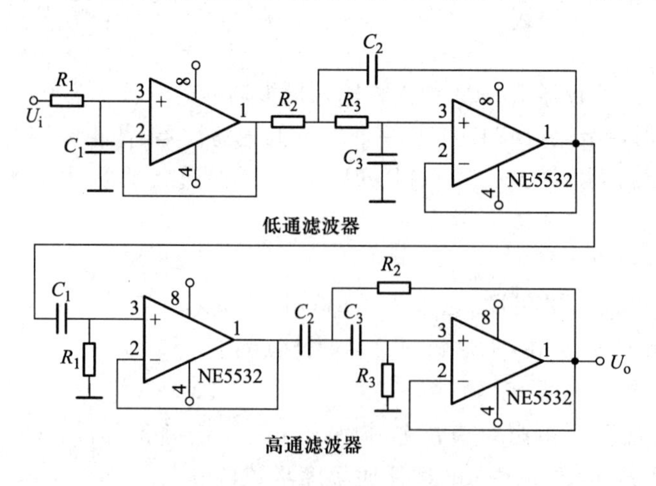

图 1.4.12　带通滤波器原理图

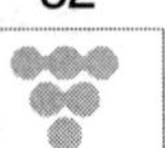

3）阻容元件值的计算

根据系统传输函数和 Butterworth 三阶多项式的表达形式，计算得各元件的取值（具体计算过程略）如下。

低通滤波器：$C_1 = 20$ nF，$C_2 = 40$ nF，$C_3 = 10$ nF，$R_1 = R_2 = R_3 = 160\ \Omega$

高通滤波器：$C_1 = C_2 = C_3 = 10$ nF，$R_1 = 520\ \Omega$，$R_2 = 270\ \Omega$，$R_3 = 1\ \text{k}\Omega$

4）PSPICE 仿真结果

用 Orad PSPICE 对该带通滤波器进行仿真，得到其理论带宽为 27 ~ 55 kHz，中心频率为 39 kHz，带外衰减超过 -50 dB/十倍频程，基本满足题目要求。

4. 测试码发生器

ICL8038 可变频率发生器，其输出信号频率与 8 脚输入电压之间呈近似的线性关系，由 9 脚输出占空比为 1∶1 的方波作为测试码，输出频率范围为 20 Hz ~ 16 kHz，即输出码率可以达到 30 kbps。由于模拟信道带宽只有 20 kbps，在 FSK 调制方式下，该输出码率范围完全符合测试要求。

5. A/D 转换电路

模/数转换电路采用 ADC0809 与发送端单片机 89C52 的连接。ADC0809 是 8 位 A/D 转换芯片，具有 8 位分辨率，最大不可调误差小于 ±1 LSB。本电路中由于考虑到传输数据时要增加帧头，为了与数据区分，设帧头为 EA，输入电压为 5 V 时，A/D 转换后对应的数据为 E1，则需要调整基准源至 5.689 V，可用精密基准源 LM336 提供该电压。从 ADC0809 的数据手册上查到，该芯片的供电电源最大可达 6.5 V，本电路中用 5.75 V，用可调精密电压源 LM317 供电。

6. 单片机和键盘显示器的接口电路

我们采用的双 CPU 方案在发送端和接收端分别有一个 89C52 最小系统，包括 89C52、EPROM 27128、RAM 62256、地址锁存器 74LS373、地址译码器 74LS138 等。发送端采用 4 ×4 键盘作为输入控制，用于切换采集方式和实现其他扩展功能。两端同时用 8 个数码管显示地址和数据，以供误码率监视。单片机与键盘/显示器的接口采用 8279 键盘/显示器控制芯片，实现对键盘的自动扫描、防抖动，并对显示器进行自动刷新。

7. 伪随机码发生器和加法电路（用于发挥部分）

由 n 级移位寄存器构成的伪随机码（M 码）发生器，其线性序列的最大长度为 $M = 2^n - 1$，题目要求 M 码周期为 $127 = 2^7 - 1$ 位码元，所以应采用 7 级移位寄存器；又根据 M 码生成多项式 $f(x) = x^7 + x^3 + 1$，确定反馈方程为

$$F = Q_3 \oplus Q_7$$

图 1.4.13 所示为伪随机码发生器和加法器电路：用两片 4 级双向移位寄存器 74194 级联成 7 级移位寄存器。用 $m_0 = \overline{Q}_1\overline{Q}_2\overline{Q}_3\overline{Q}_4\overline{Q}_5\overline{Q}_6\overline{Q}_7$ 项控制移位寄存器的工作方式，以排除零状态。寄存器的 7 路输出中任何一路都可以作为模拟噪声源。在噪声输出端用 5 kΩ 电位器调节其峰 - 峰值在 0 ~1 V 之间变化，噪声通过一级射极跟随器隔离后送运放 NE5534 的同相输入端，实现与信号的相加。

8. 数据通道的切换

用模拟开关 S1 和 S2 分别在发送端和接收端实现数据通道的切换。S1 控制噪声信号是否加入通信通道，S2 控制信号通过模拟信道或直接传输至信宿（此功能用于使原系统具有误码率测试功能），S1、S2 都由键盘控制。

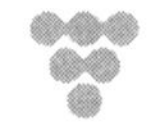

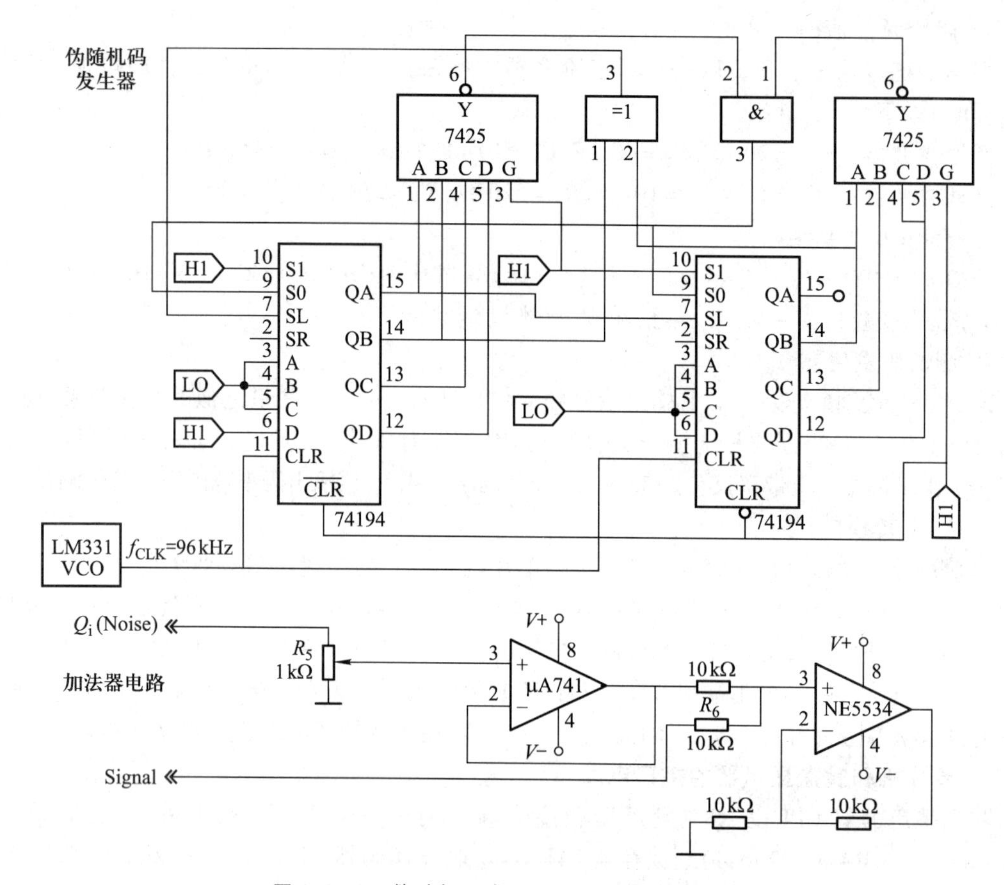

图 1.4.13　伪随机码发生器和加法电路原理图

1.4.4　软件设计

1. 软件功能

① 发送端可设定 8 路循环采集或者指定一路采集，数据采集速率为 50 ms 一次，显示刷新为 500 ms 一次。

② 软件过滤错误数据，并支持一定的纠错功能。

③ 软件提供两种状态：系统工作状态——系统正常工作，使用软件过滤与纠错；信道测试状态——不使用软件过滤与纠错，用于对信道的观察、测试。

④ 软件实现误码率测试：系统附加测试信道，使系统本身支持误码率测试与显示。

⑤ 软件实时设定波特率，从 9.6～38.4 kbps 共有 16 挡可调。

⑥ 通过键盘设定噪声是否加入模拟信道。

2. 通信用帧结构与协议

系统使用两种帧结构：系统结构与误码率测试结构。

系统传输帧结构为四字节：帧头，命令/地址，数据，校验。

误码率测试时帧结构为一字节，只有数据。

由于此系统为单向传输系统，故不可能有复杂的通信协议。为提高传输的正确性，我们使

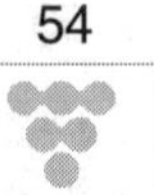

用了大量重发数据及 FEC 方式,以提高通信正确率。

3. 系统软件流程图

发送端软件流程如图 1.4.14 所示。

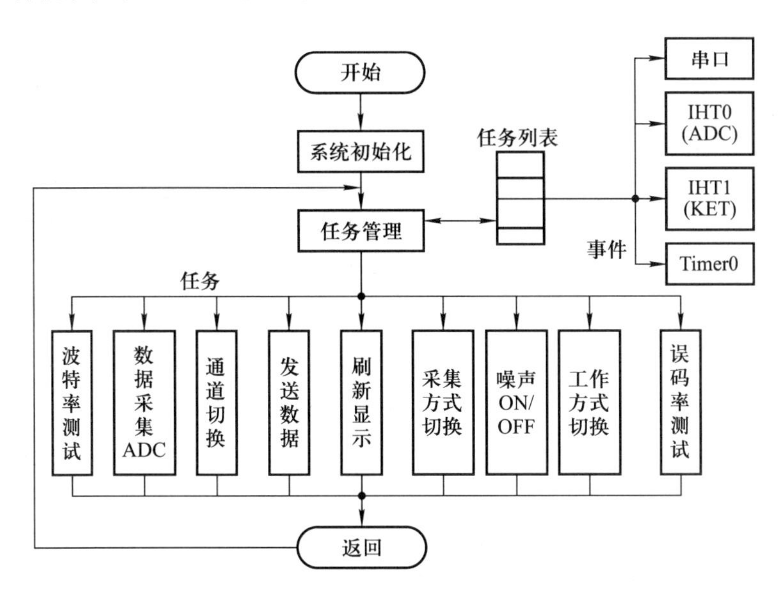

图 1.4.14 发送端软件流程图

接收端工作流程与发送端基本相同,只是接收端任务管理器的下属任务包括:接收数据、刷新显示、软件过滤纠错 ON/OFF、波特率设置和误码率测试。

1.4.5 测试结果及结果分析

1. 功能测试

系统在发送端可以设定 8 路顺序循环采集与指定某一路采集的功能,采集的同时显示当前通道号和相应电压值。调制器输出的信号峰 - 峰值在 0 ~ 1 V 之间可调,码元速率为 16 kbps。ICL8038 测试码发生器输出频率随输入电压值可变的方波信号。接收端可以与发送端同步地显示通道号和电压值,通过监视发送端和接收端的数码显示,即可判定误码情况。

此外,通过正确调节 LM331(VCO)的输入电压,其输出可以给伪随机码发生电路较精确地提供 96 kHz 的时钟,伪随机码发生电路输出周期为 127 码元的类似噪声的信号。

2. 指标测试

1) 带通滤波器特性测试

测试条件:输入正弦交流信号。

测试仪器:AFG310 型函数发生器,TDS210 型数字双踪示波器。

测试结果见表 1.4.1。利用测得的数据进行曲线拟合,得到该实际带通滤波器的中心频率约为 38 kHz,带宽为 27 ~ 54 kHz,在测量频率范围内(远远小于十倍频程),两边阻带的衰减已经接近或超过 - 35 dB,所以实际带通滤波器的频率特性与 PSPICE 仿真结果十分接近,满足题目要求。

表 1.4.1　带通滤波器特性测试

输入信号频率/Hz	输入信号幅度/V	输出信号幅度/V	增益/dB
8 000	4.2	0.094	-33.002
12 000	4.16	0.24	-24.778
1 600	4.08	0.516	-17.96
20 000	4.08	0.96	-12.568
23 000	4.08	1.44	-9.046
26 000	4	1.9	-6.466 1
29 000	4	2.3	-4.806 6
32 000	4	2.62	-3.675 2
35 000	4	2.84	-2.974 8
38 000	3.96	2.94	-2.587
41 000	3.96	2.9	-2.705 9
44 000	3.92	2.84	-2.799 4
47 000	3.92	2.64	-3.433 6
50 000	3.92	2.44	-4.117 9
53 000	3.92	2.2	-5.017 3
56 000	3.92	1.98	-5.932 4
60 000	3.92	1.7	-7.256 7
70 000	3.84	1.12	-10.702
90 000	3.84	0.52	-17.367
120 000	3.8	0.168	-27.089
200 000	3.84	0.03	-42.144

2）不同信噪比下的误码率测试

测试方法：在 8 路顺序循环采集模式下，同时监视某一路在发送端和接收端的显示，监视时间 1 min，记录这 1 min 内显示的次数和误码次数。

测试仪器：TDS210 型数字双踪示波器（用于测定信噪比）。

测试结果见表 1.4.2。

表 1.4.2　不同信噪比下的误码率测试表

通道号	信号幅度/V	噪声幅度/V	信噪比（峰-峰值）	显示次数	误码次数
0	1	200 m	5	10	0
4	0.98	360 m	3	10	0
2	1	500 m	2	10	1
1	1	1	1		

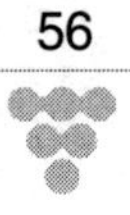

当信噪比(峰－峰值)为1时,由于噪声过大引起串行口误触发,数码管显示不稳定,无法观测,认为此时全部误码。当固定信噪比(峰－峰值)等于3时,尽量提高传输速率,检查接收数据的误码情况。测试方法和仪器同上。选通道2为监视对象,信号幅度1.9 V,噪声幅度620 mV,测试结果见表1.4.3。

表1.4.3　误码率测试表

码元速率/kbps	16.457	17.280	18.190	19.200	20.329	23.040	24.685	26.584	28.800	31.418
显示次数	10	10	10	9	10	10	10	10	9	10
误码次数	0	0	0	0	0	0	0	1	2	4

3. 结论

由上面的测试结果可以看出,系统很好地完成了题目的各项基本要求和发挥部分的前三项内容,通信信道具有较低的误码率,并且在信噪比固定为3的情况下,实现了较高的码元传输速率。

第2章 自动控制系统设计

2.1 自动控制系统设计基础

2.1.1 自动控制系统概述

自控类题目在历年电子设计竞赛中都占有一定的比重，它涉及传感器应用、模拟电路制作、功放电路制作、数字电路制作、控制软件编写、机械制作等多方面的知识，具有较强的综合性。

从硬件结构上，自控系统可分为图2.1.1所示的几个部分。

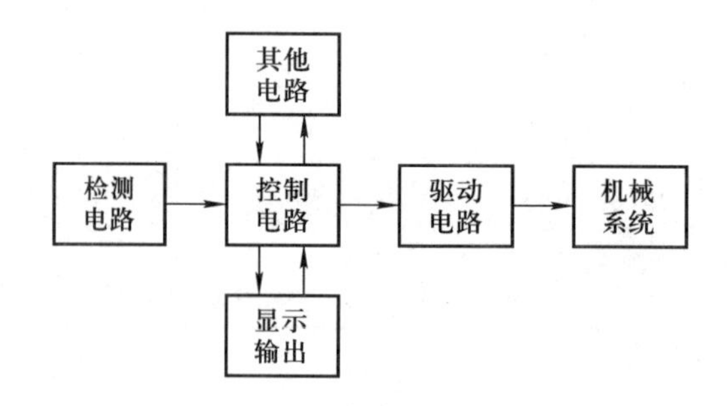

图2.1.1 自控系统结构图

图中检测电路主要涉及各类传感器及其相应调理电路的设计制作；控制电路涉及单片机、FPGA等的应用；驱动电路主要包括电机驱动和其他功放电路的设计制作；机械系统主要包括电机的应用、机械结构的制作等。另外，根据具体要求，还可能需要通信电路和其他的扩展电路。

控制系统是一个整体，各个组成部分是紧密联系、相互关联的，因此选手在制作中必须具备良好的综合素质，充分考虑，兼顾整体，不要随意忽视那些看起来不起眼的细节。在此特别值得一提的是，在电子设计竞赛中，虽然电路的设计与制作无须质疑是最主要的部分，但机械部分的设计与制作往往扮演着基础的角色，对整个系统起着牵制的作用，一个良好机械方案的选择可以令你在电路制作中事半功倍，而一个蹩足的机械设计很可能在一开始就注定了你悲剧的结局。

2.1.2 传感器及其应用电路

传感器是指能感受(或响应)规定的被测物理量，并按照一定规律转换成可用信号输出的器件或装置。传感器通常由直接响应于被测量的敏感元件和产生可用信号输出的转换元件及相应的调理电路所组成。传感器按不同分类方法可分为多种类型。

按测量原理可分为电容式传感器、电阻式传感器、电磁式传感器、电感式传感器、热电式传感器、压电式传感器、霍尔传感器、激光传感器、辐射传感器、超声传感器等。

按输出形式可分为数字传感器和模拟传感器。

按电源形式可分为无源传感器和有源传感器。

按制造工艺可分为集成传感器、薄膜传感器、厚膜传感器和陶瓷传感器。

按所用材料可分为金属传感器、聚合物传感器、陶瓷传感器和混合物传感器。

按应用领域可分为机器人传感器、医用(生物)传感器、环保传感器、各种过程和检测传感器等。

电子设计制作中使用较多的几类传感器,包括霍尔传感器、金属传感器、温度传感器、光电传感器、超声波传感器、气体传感器等。下面主要介绍其选用原则及其应用电路的制作。

一、霍尔传感器与应用电路

1. 基本原理

霍尔传感器是利用半导体磁电效应中的霍尔效应,将被测物理量转换成霍尔电势。

将一载流体置于磁场中静止不动,若此载流体中的电流方向与磁场方向不相同,则在此载流体中平行于由电流方向和磁场方向所组成的平面上将产生电势,此电势称为霍尔电势,此现象称为霍尔效应。霍尔电势可以用 U_H 表示,即

$$U_H = BbI/neb\,d = BI/ned$$

式中 B——外磁场的磁感应强度;

I——通过基片的电流;

n——基片材料中的载流子浓度;

e——电子电荷量,$e = 1.6 \times 10^{-19}$ C;

b——基片宽度;

d——基片厚度。

半导体材料的电阻率 ρ 和迁移率 μ 均很高,砷化铟和锑化铟常被大量用来制作霍尔元件的材料。霍尔元件通常被制作成长方形薄片。

2. 集成霍尔传感器

集成霍尔传感器利用硅集成电路工艺将霍尔元件与测量电路集成在一起,实现了材料、元件、电路三位一体,有线性霍尔传感器和开关型霍尔传感器。

开关型集成霍尔传感器内部集成有霍尔元件和信号调理电路,在外部磁场的作用下,霍尔元件产生霍尔电压,经放大整形后输出随磁场变化的方波信号,因此传感器的输出实际上是高低电平,对应磁场的有无,使用方便简单,可用来进行转速的测量和位置的检测。

还有一类霍尔传感器是霍尔电流传感器,主要应用霍尔原理来测量电流参量,在电力电子、交流变频调速、逆变装置及开关电源等领域有着广泛的应用。

霍尔传感器外形如图 2.1.2 所示。

3. 典型应用——转速测量

使用开关型集成霍尔传感器可以实现转速的测量,如图 2.1.3 所示。测量中磁场由磁钢提供,磁钢的磁感应强度要满足霍尔传感器的最高和最低动作点。

图 2.1.2　霍尔传感器

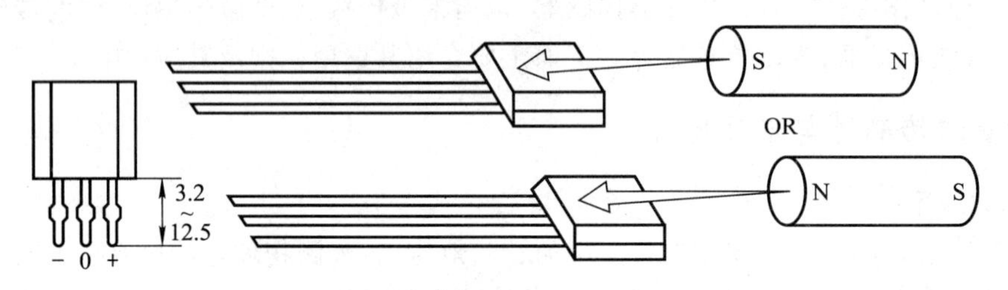

图 2.1.3　磁钢与霍尔传感器

图 2.1.4 为应用开关型霍尔传感器检测转速的示意图。将磁钢固定在转动的圆盘边缘上,霍尔传感器固定在离圆盘适当距离的位置上,圆盘转动时,磁钢每接近传感器一次,传感器便输出一个脉冲,用频率计测量这些脉冲,便可知道转速。若将传感器输出的脉冲数记下,经过换算,还可得到距离。

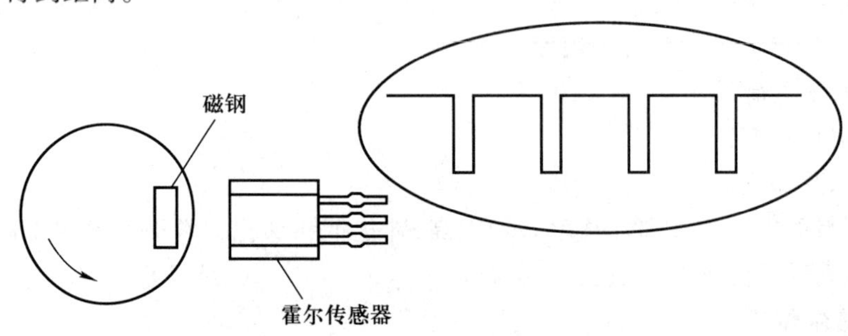

图 2.1.4　霍尔传感器在转速检测中的应用

设频率计的计数频率为 f,粘贴的磁钢数为 Z,则转轴转速为

$$n = 60f/Z \quad (\mathrm{r/min})$$

例如,粘贴 60 块磁钢,$Z = 60$,则 $n = f$,即转速为频率计的示值。当然,粘贴 60 块磁钢较为麻烦,而且也未必需要,应该根据具体情况选择适当的磁钢数。同时还要注意,由于霍尔传感器是对磁场敏感的,检测中应避免磁场的干扰,如不要将磁钢固定在铁磁性的材料上,两块磁钢之间应有适当的距离以免相互干扰等。

二、金属传感器与应用电路

1. 集成金属传感器

集成金属传感器包括两种类型:电感式接近开关和电容式接近开关。传感器内部都集成了相应的敏感元件和调理电路，可直接输出开关量，配上电源即可工作，使用方便简单。

1）电感式接近开关

电感式接近开关是建立在电磁场的理论基础上工作的。由电磁场理论可知，在受到时变电磁场作用的任何导体中，都会产生电涡流。成块的金属置于变化的磁场中，或者在固定的磁场中运动时，金属导体内就要产生感应电流，这种电流的磁力线在金属内是闭合的，称为涡流。导体影响使线圈的阻抗发生变化，这种变化称为反阻抗作用。传感器利用受到交变磁场作用的导体中产生的电涡流，调节线圈原有阻抗。因此电感式接近开关可以作为金属探测器。

电感式接近开关由 *LC* 高频振荡器和放大处理电路组成，金属物体接近传感器的振荡感应头时，物体内部产生涡流，这个涡流反作用于接近开关，使接近开关振荡能力衰减，内部电路的参数发生变化，由此识别出有无金属物体接近，进而控制开关的通或断。这种接近开关所检测的物体必须是金属物体。

电感式接近开关的内部电路工作原理如图 2.1.5 所示，其外形如图 2.1.6 所示。

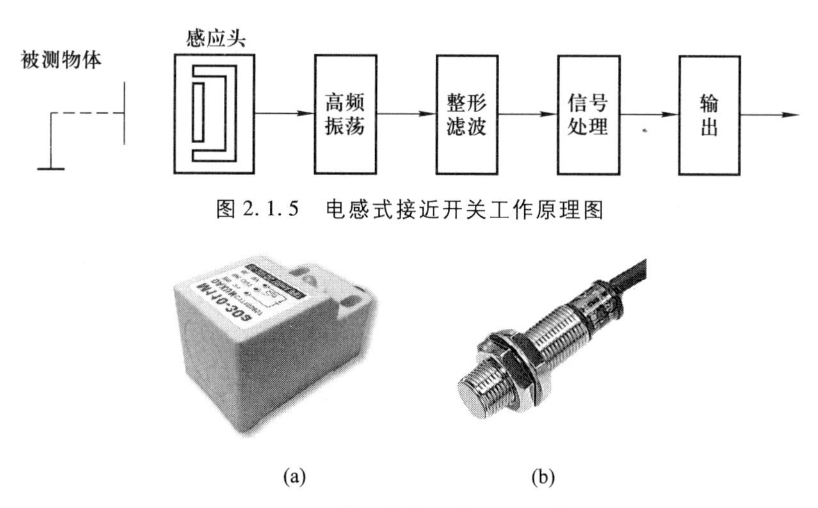

图 2.1.5　电感式接近开关工作原理图

(a)　(b)

图 2.1.6　常用电感式接近开关外形

2）电容式接近开关

电容式接近开关的感应面由两个同轴金属电极构成，很像“打开的”电容器的电极，如图 2.1.6(a)所示(电容式接近开关与电感式接近开关外形一致)。电极 A 和电极 B 连接在高频振子的反馈回路中。该高频振子无测试目标时不感应。当测试目标接近传感器表面时，测试目标就进入了由这两个电极构成的电场，引起 A、B 之间的耦合电容增加，电路开始振荡。该振荡信号由电路检测，并形成开关信号。电容式接近开关主要由振荡电路、检波、整形电路、开关电路等几部分组成，如图 2.1.6(b)所示。这种接近开关的检测物体，并不限于金属导体，也可以是绝缘的液体或粉状物体，在检测较低介电常数 ε 的物体时，可以顺时针调节多圈电位器(位于开关后部)来增加感应灵敏度。

常用的电容式接近开关的外形如图 2.1.7 所示，其外形、安装方式、接线方式、检测距离等参数与电感式接近开关基本相同。

2. 自制简易金属传感器电路

根据金属传感器的工作原理，也可以自制金属传感器，一来加深理解，二来锻炼动手能力。

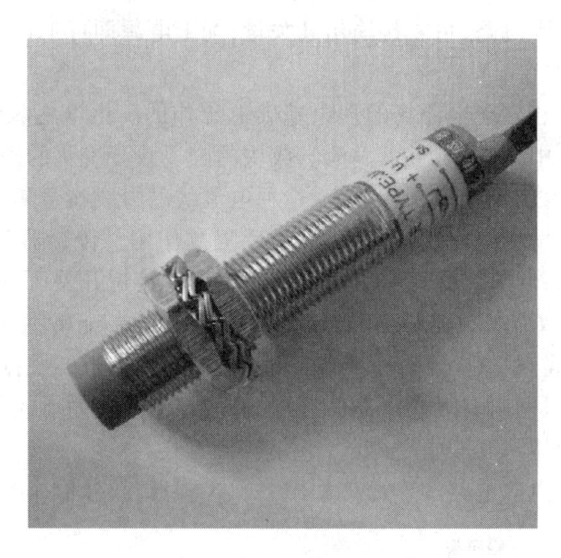

图 2.1.7　电容式接近开关外形

电涡流式传感器的传感线圈与传感器的性能息息相关。灵敏度和线性范围与线圈产生的磁场强度和分布状况有关,它们与传感器线圈的尺寸和形状有关。一般当线圈外径较大时,传感器的敏感范围较大,线性范围相应也较大,但敏感度低;而线圈外径较小时,相应的线性范围小,但敏感度增大,另外当传感线圈的厚度变薄时,灵敏度也能得到提高。涡流传感器通常设计为截流扁平线圈,其线性范围一般为线圈外径的 1/3 ~ 1/5。

自制金属传感器电路如图 2.1.8 所示。电路由振荡电路、比较电路和整形电路三部分组成。L_1 即为传感线圈,当有金属靠近时,线圈 L_1 的阻抗发生变化,从而影响振荡电路的输出幅值,经比较器进行比较后,再将信号进行整形,就可输出相应的检测结果。

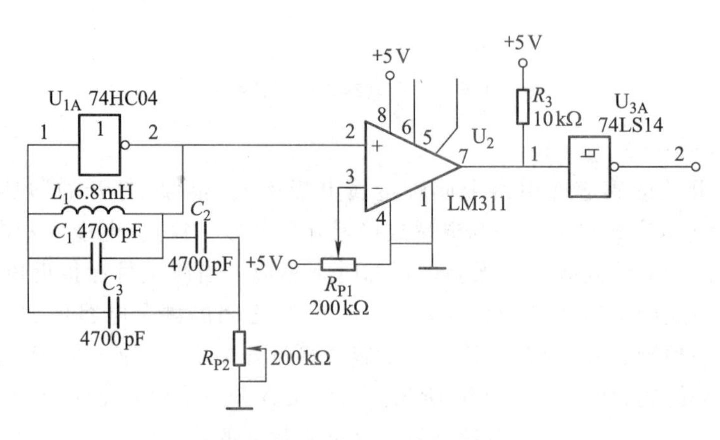

图 2.1.8　金属传感器电路

三、温度传感器及其应用电路

温度传感器是检测温度的器件,其种类最多,应用最广,发展最快。其中将温度转换为电阻变化的称为热电阻传感器,将温度转换成电势变化的称为热电偶传感器。

1. 热电偶

在两种不同金属所组成的闭合回路中,当两接触处的温度不同时,回路中就要产生热电势,称为赛贝克电势,这个物理现象称为热电效应,如图 2.1.9 所示。两种不同材料的导体 A 和 B,两端连接在一起,一端温度为 T_0,另一端为 T,这时在这个回路中将产生一个与温度 T、T_0 及导体材料性质有关的电势 E。利用这个热电效应可以测量温度,这个由不同材料构成的热电变换元件称为热电偶,A、B 称为热电极。两个接触点分别称为热端(工作端)和冷端(自由端或参考端)。

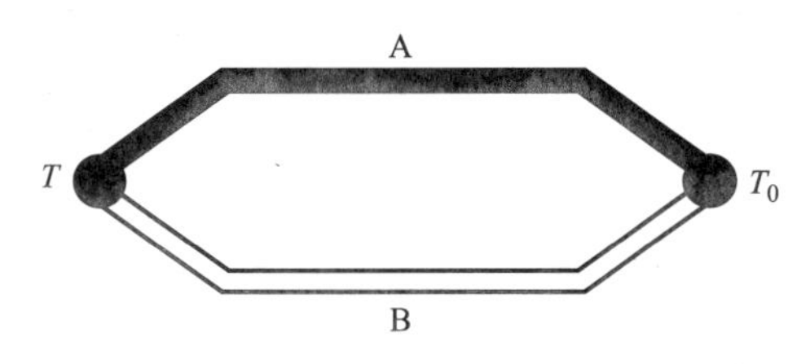

图 2.1.9　热电偶原理

热电偶是工业上最常用的温度检测元件之一。其优点是:测量精度高,热电偶直接与被测对象接触,不受中间介质的影响。测量范围广,常用的热电偶从 -50 ~ +1 600℃ 均可连续测量,某些特殊热电偶最低可测到 -269℃(如金铁镍铬),最高可达 +2 800℃(如钨 - 铼),构造简单,使用方便。热电偶通常是由两种不同的金属丝组成,而且不受大小和开头的限制,外有保护套管,使用起来非常方便。

2. 热敏电阻

利用热电阻和热敏电阻的温度系数制成的温度传感器,称为热电阻式温度传感器。纯金属是热电阻的主要制造材料,对于大多数金属导体的电阻,都具有随温度变化的特性,其特性方程满足下式

$$R_t = R_0[1 + \alpha(t - t_0)]$$

式中,R_t、R_0 分别为热电阻在 t℃ 和 0℃ 时的电阻;α 为热电阻的温度系数(1/℃)。对于绝大多数金属导体,α 值并不是一个常数,而是随温度而变化,但在一定温度范围内,α 可近似视为一个常数,不同的金属导体,α 保持常数所对应的温度范围也不同。

用作热电阻的材料应具有以下特性:

① 电阻温度系数要大而且稳定,电阻值与温度之间应具有良好的线性关系。

② 电阻率高,热容量小,反应速度快。

③ 材料的复现性和工艺性好,价格低。

④ 在测温范围内化学物理特性稳定。

目前,在工业中应用最广的是铂热电阻和铜热电阻,并已制作成标准测温热电阻。

铂热电阻具有测温复现性好的特点,被广泛应用于温度的基准、标准的传递。

铜热电阻具有灵敏度高的特点,但易于氧化,一般只用于 150℃ 以下的低温测量和没有水及无侵蚀性介质中的温度测量。

铁、镍热电阻的电阻温度系数大,电阻率也大,可制成体积小、灵敏度高的电阻温度计。但其易于氧化、化学稳定性差、不易提纯,复制性也差,而且电阻 - 温度特性的线性度差,因此目

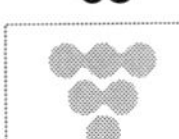

前应用比较少。

热电阻传感器的测量电路最常用的是电桥电路，精度要求高的采用自动电桥。为了消除由于连接导线电阻随环境温度变化而造成的测量误差，常采用三线和四线制连接方法，如图 2.1.10 和图 2.1.11 所示。测量时调整 R_P 阻值使电桥平衡，此时可由 R_P 换算出对应的温度。

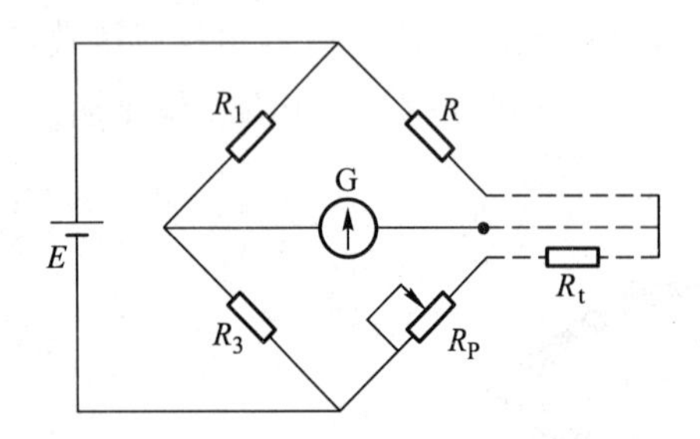

图 2.1.10　三线连接法热电阻测温电桥

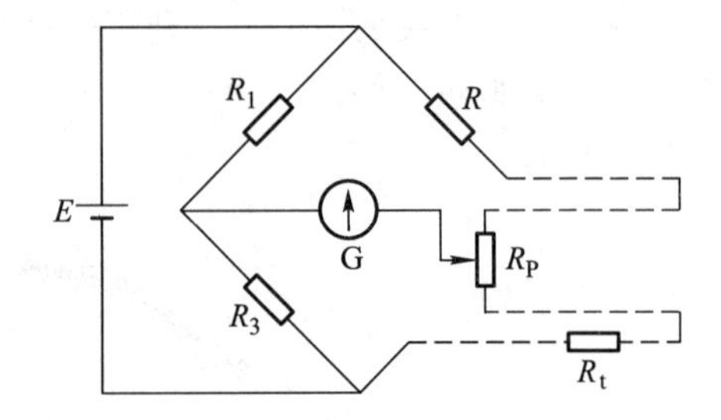

图 2.1.11　四线连接法热电阻测温电桥

3. 半导体热敏温度传感器

半导体热敏温度传感器利用半导体作为热敏元件。一般来说，半导体比金属具有更大的电阻温度系数。半导体热敏电阻可分为：正温度系数(PTC)、临界温度系数(CTR)及负温度系数(NTC)等几类。

PTC：主要用于彩电消磁、各种电气设备的过热保护、发热源的定温控制，也可做限流元件使用。

CTR：主要用作温度开关。

NTC：在点温、表面温度、温差及温度场等测量中得到广泛的应用，还广泛应用在自动控制及电子线路的热补偿电路中，是应用最为广泛的热敏电阻。

热敏电阻可以和普通的电阻一样使用，只是热敏电阻的阻值是随着温度的变化而变化的，可组成如图 2.1.12 所示的应用电路。

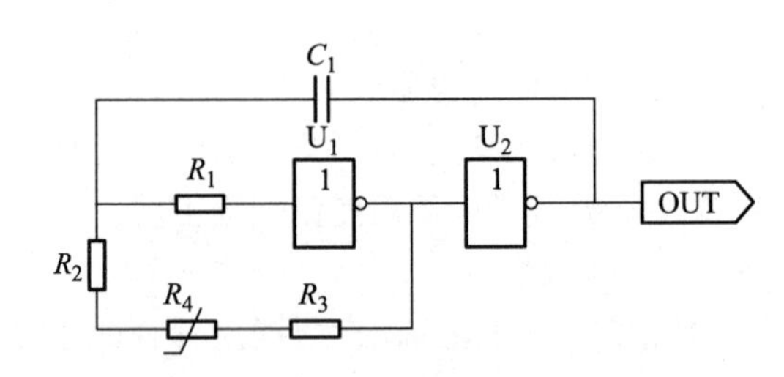

图 2.1.12　热敏电阻温度测量电路

图 2.1.12 是一个非对称式多谐振荡器电路。R_4 为热敏电阻，当温度变化时，其阻值将会随之发生变化。此变化将会影响振荡电路的振荡频率。将振荡电路的输出信号输入到控制电路(如 FPGA 或单片机控制系统)中，便可以通过测量频率的变化而显示出对应的温度。需要注意的是，图中的 U_1 必须是 MOS 反相器，否则可能会不起振。振荡电路的振荡周期为(推导过程略)

$$T = 2.2C(R_2 + R_3 + R_4)$$

图 2.1.13 所示的是一个由热敏电阻组成的温度控制器电路。温度传感器采用在 25℃ 时

为 10 kΩ 的负温度系数热敏电阻,电路由两个比较器组成。比较器 A_1 为温控电路,比较器 A_2 为热敏电阻损坏或接线断开指示电路,调整 R_P 可设定控制温度。

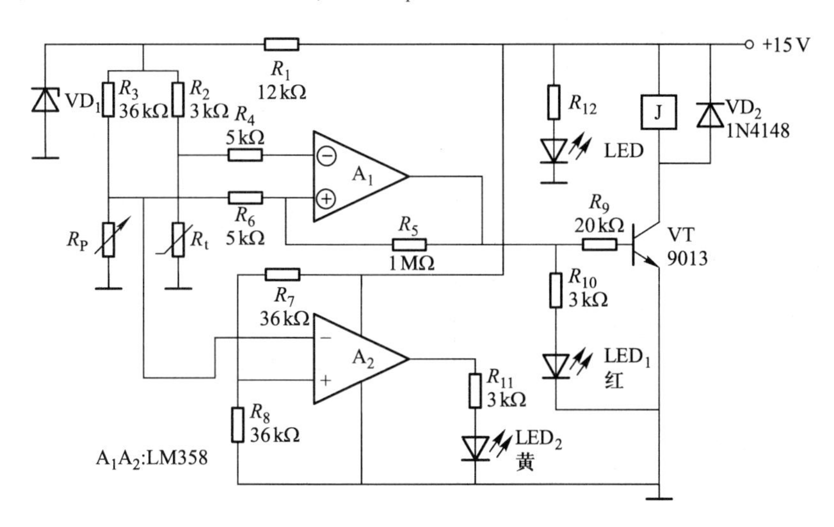

图 2.1.13 热敏电阻温度控制器

4. 集成温度传感器

集成温度传感器实质上是一种半导体集成电路,内部集成了温度敏感元件和调理电路。与上述几种传感器相比,具有线性度好、精度适中、灵敏度高、体积小、使用方便等优点,故得到广泛应用。合理地选择传感器,配上合适的外围电路,可以达到较好的测量效果,特别适合在电子设计竞赛中使用。

集成温度传感器的输出形式分为电压输出和电流输出,此外还有一类内部集成了模/数转换器,可以直接输出数字量。

1) LM35 集成温度传感器

LM35 是 NS 公司生产的集成温度传感器系列产品之一,它具有很高的测温精度和较宽的线性工作范围,该器件的输出电压与摄氏温度成线性关系。灵敏度为 10 mV/℃,测量温度改变 1℃将引起输出 10 mV 的变化量。LM35 的使用非常方便,无须外部校准或微调,常温下测温精度为 ±0.5℃以内,自身发热对测量精度影响在 0.1℃以内。采用 +4 V 以上单电源供电时,测量温度范围为 2 ~ 150℃,而采用双电源供电时,测量温度范围为 −55 ~ 150℃(金属壳封装)和 −40 ~ 110℃(TO−92 封装)。

LM35 的主要性能和参数如下:

工作电压　直流 4 ~ 30 V

工作电流　小于 133 μA

输出电压　+6 ~ −1.0 V

输出阻抗　1 mA 负载时 0.1 Ω

精度　0.5℃精度(在 +25℃时)

泄漏电流　小于 60 μA

比例因数　　线性 +10.0 mV/℃

非线性值　　±1/4℃

校准方式　　直接用摄氏温度校准

使用温度范围 -55 ~ +150℃额定范围

LM35 的外形和封装如图 2.1.14 所示。各引脚功能为:V_S 正电源,V_{OUT} 输出,GND 输出地和电源地。

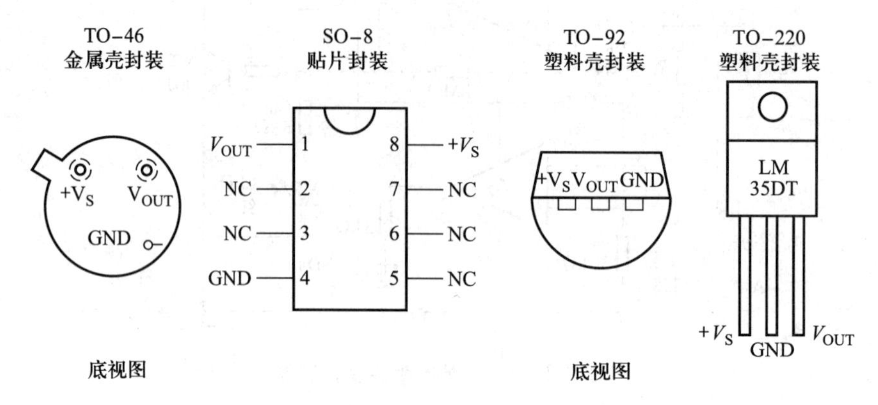

图 2.1.14　LM35 封装形式及引脚图(注:GND 与散热片连通)

图 2.1.15 为 LM35 基本应用电路。图 2.1.15(a)为基本测温电路接法,测温范围为 +2 ~ +150℃。图 2.1.15(b)为全温度范围的测温电路,可以检测 -55 ~ +150℃的温度范围,在这种使用电路中,选择 $R_1 = -V_S/50\ \mu A$,则当温度为 25℃时,对应输出为 250 mV;温度为 150℃时,对应输出为 1 500 mV,非常便于测量。

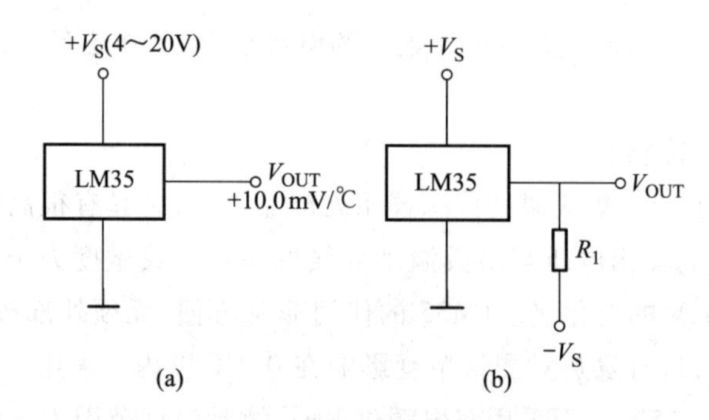

图 2.1.15　LM35 基本应用电路图

利用 LM35 或 LM45 温度传感器及二极管 1N914 还可以组成单电源供电的测温电路,温度测量范围为 -20 ~ +100℃。电路如图 2.1.16 所示。

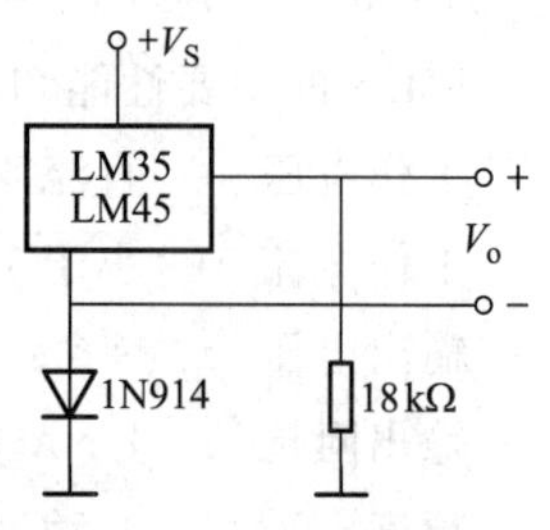

图 2.1.16　-20 ~ +100℃测温电路

温度传感器结合电压/频率变换,还可将温度测量的结果变换为频率传输,提高抗干扰能力,简化传输接口,可用频率计或单片机计数来读取温度值。

图 2.1.17 为利用 U/F 变换器 LM131 芯片、集成温度传感器 LM35 或 LM45 及光电耦合器 4N128 组成输入/输出隔离的温度/频

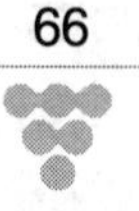

率变换电路。其温度测量范围为 25～100℃,响应的频率输出为 25～1 000 Hz。由 5 kΩ 电位器来调整,使其在 100℃时电路输出为 1 000 Hz。光电耦合器用来隔离输入/输出,并进行电平转换。

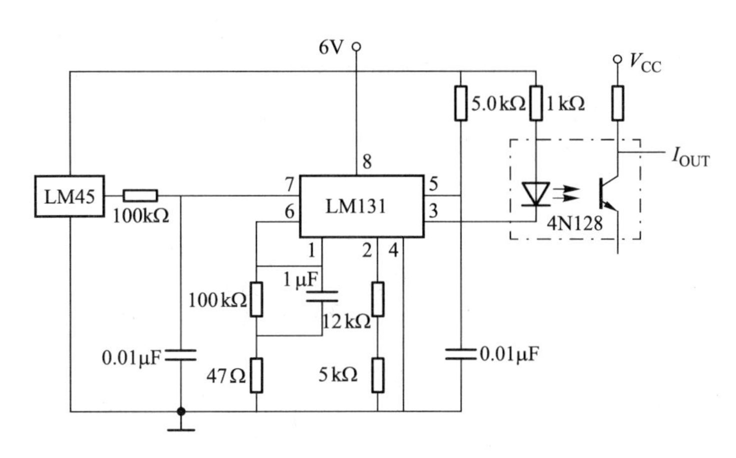

图 2.1.17　温度/频率变换电路

2）AD590 集成温度传感器

AD590 是美国模拟器件公司生产的单片集成双端感温电流源,实际上是一种输出量为电流的集成温度传感器。它的主要特性参数如下:

电源电压范围	4～30 V
测温范围	－55～＋150℃
输出电阻	710 MΩ
正向最高承受电压	44 V,反向电压－20 V
灵敏度	1 μA/K

共有 I、J、K、L、M 五挡精度。M 挡精度最高,在－55～＋150℃范围内,非线性误差为 ±0.3℃。

AD590 是一种电流器件,在被测温度一定时,相当于一个恒流源。AD590 输出电流(μA)等于器件所处环境的热力学温度(K)。例如,在室温 25℃时,其输出电流 $I=(273+25)$ μA = 298 μA。其封装和外形如图 2.1.18 所示。

图 2.1.18　AD590 封装与外形图

图 2.1.19(a)为 AD590 基本应用电路,由于 AD590 相当于一个电流值随温度变化的恒流源,因此串上一个阻值为 1 kΩ 的电阻后,这个电流信号就可以变为电压信号输出。由于器件在制造中性能和参数难免会有差异,因此在使用前要先对电路进行调整。先用标准温度

计测出当前温度为 T℃，然后调整可变电阻使 $U_o = 273.2 + T$（mV）。这种电路在 T℃ 附近有较高的精度。在实际应用中还应对 U_o 加一级电压跟随器，以减少后级电路对检测电路的影响。

图 2.1.19(b) 为改进型的应用电路。AD581 为高精度稳压器，输出电压 10 V，OP07 为运放，被接成电流放大的形式，对 AD590 的输出电流进行放大输出。调整 R_{P1} 可微调 AD590 的输出零点，调整 R_{P2} 可调整运放增益。反复调整 R_{P1} 和 R_{P2}，使电路在 0℃ 时输出为 0 mV，100℃ 时为 100 mV。这个电路可以达到较好的测量精度。

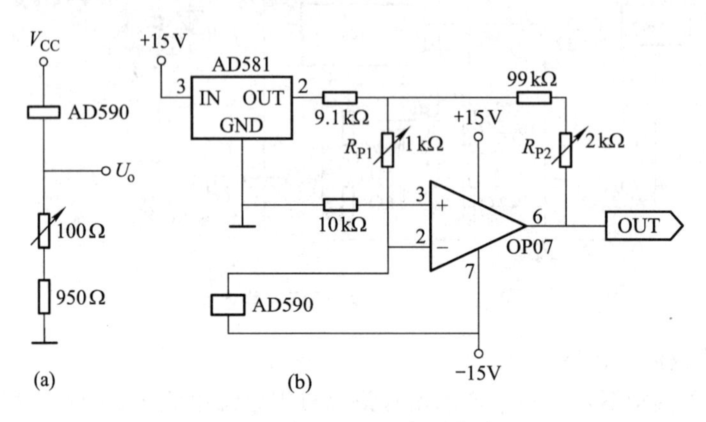

图 2.1.19 AD590 应用电路

图 2.1.20 所示电路可以测量千米之外的温度。当温度为 −55 ~ +100℃ 时，电路的输出电压以 100 mV/℃ 的规律变化，输出为 −5.5 ~ +10 V。电路中测温元件采用 AD590，其温度变化的输出电流经屏蔽线，并通过屏蔽线两侧的 RC 环节滤除干扰，再流过 1 kΩ 电阻，产生 1 mV 的电压加在放大器的正端输入。AD590 的直接输出为绝对温度，为了以摄氏温度读出，需要在放大器的负端加上 273.2 mV 电压，这一电压由 LM1403 经电阻分压产生。实际应用中，屏蔽线只能一端接地，若两端同时着地，将形成噪声电流串至芯线引起干扰。

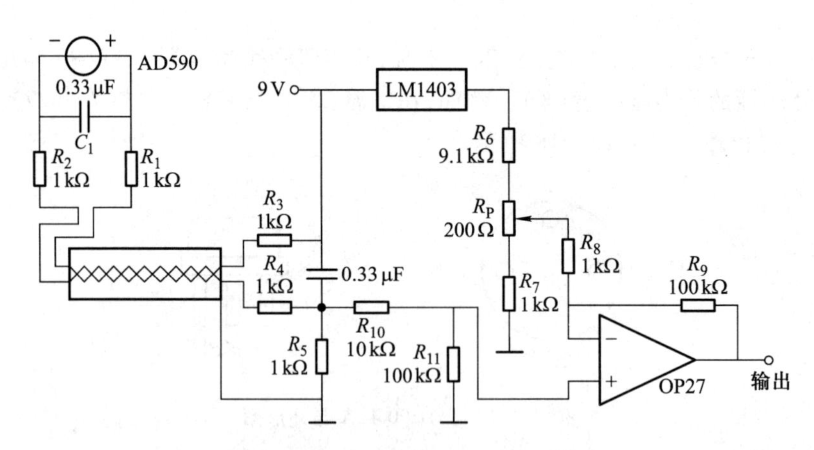

图 2.1.20 AD590 远程测温电路

3）DS1820 温度传感器

DS1820 是美国 DALLAS 半导体公司生产的数字式温度传感器，它体积非常小巧，全部传

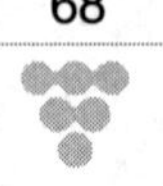

感元件及转换电路集成在一只三极管大小的集成电路内。与其他温度传感器相比，DS1820 具有以下特性：

① 使用方便，不需要任何外围元件。

② 使用单线接口方式。DS1820 在与微处理器连接时仅需要一条口线即可实现微处理器与 DS1820 的双向通信。测量结果以 9 位数字量方式串行传送。

③ 支持多传感器组网功能，多个 DS1820 可以使用一条总线进行工作，实现多点测温。

④ 温度范围 -55 ~ +125℃，固有测温分辨率 0.5℃。

图 2.1.21 为 DS1820 的封装图，在使用中只需要三个引脚：V_{DD}为电源，DQ 为数据输入/输出端，GND 为地线。DS1820 也可采用从数据线供电的方式，这样仅需两条引线。此外，DS1820 中还有一个 E^2PROM，用户可以设置最高和最低告警温度，当测量结果在极限温度之外时可以向主机发送告警信号。DS1820 的详细使用可以参考有关文档资料。

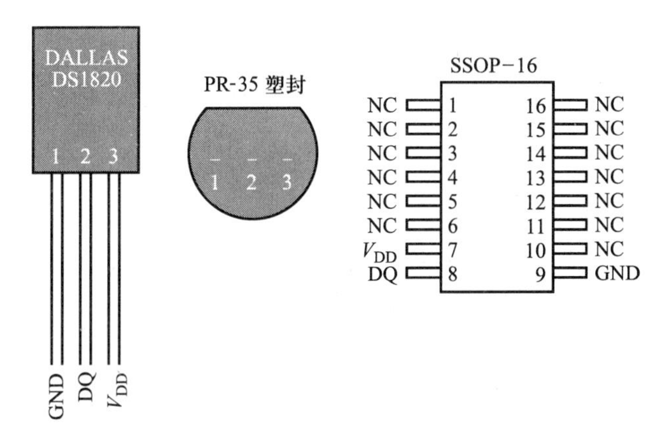

图 2.1.21 DS1820 的封装图

四、光电传感器

1. 基本原理与典型电路

光电传感器是将光信号转换为电信号的一种器件，简称光电器件。它的物理基础是光电效应，光电器件具有响应快、结构简单、可靠性高等优点，在现代测量和控制系统中得到广泛应用，在电子设计竞赛中也有频繁的使用。光电器件主要包括光电管、光电倍增管、光敏电阻、光电二极管、光电晶体管和光电池等。

光敏电阻是用光电导体制成的光电器件，它相当于一个电阻，没有极性，电阻值随光强变化而变化。在使用时，光敏电阻的两端可以施加交流电压，也可以施加直流电压。

光敏电阻在全暗条件下呈现的电阻值称为暗电阻，暗电阻通常很大，阻值往往在兆欧级。在某一光照条件下光敏电阻呈现的阻值，称为该光照条件下的亮电阻。与暗电阻相比，亮电阻小得多，在普通白天室内的亮度下，亮电阻往往可以降到 1 kΩ 以下。可见光敏电阻的灵敏度是相当高的。光敏电阻的光谱特性很好，光谱响应从紫外区一直到红外区。

光电二极管的结构与一般二极管相似，只是它的 PN 结可直接接收光照射。光电二极管在使用时接成反向偏置状态。没有光照时只有很小的反向漏电流通过二极管，表现出的电阻

很大。当有光照射 PN 结时,PN 结附近载流子浓度增加,反向电流增大,电阻减小。

图 2.1.22 为光电二极管的典型应用电路,其中比较器可选用 LM311 等器件,R_1 可根据具体情况适当取值,一般为 1 ~ 20 kΩ。该电路在强光下输出高电平,弱光下输出低电平,强弱光的临界值可通过 R_{P1} 调节。

光电三极管也和一般晶体管很相似,但其基极一般不引出。与光电二极管相比,光电三极管不仅能将光信号转化为电信号,还能将信号电流放大,具有更高的灵敏度。光电三极管的应用电路与光电二极管类似,但要注意光电三极管有 NPN 型和 PNP 型之分,图 2.1.23 为 NPN 型光电三极管的应用电路。

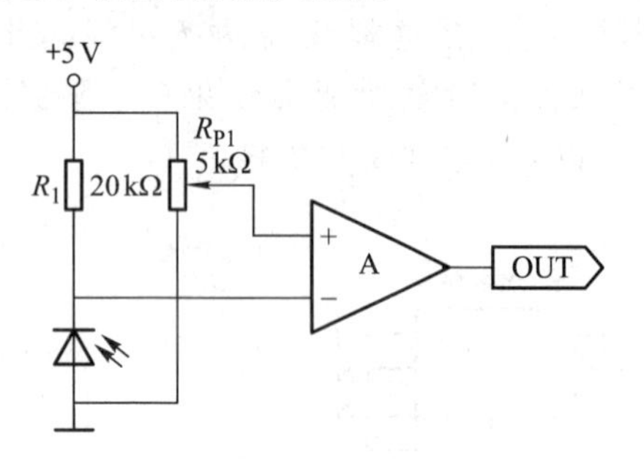

图 2.1.22　光电二极管应用电路

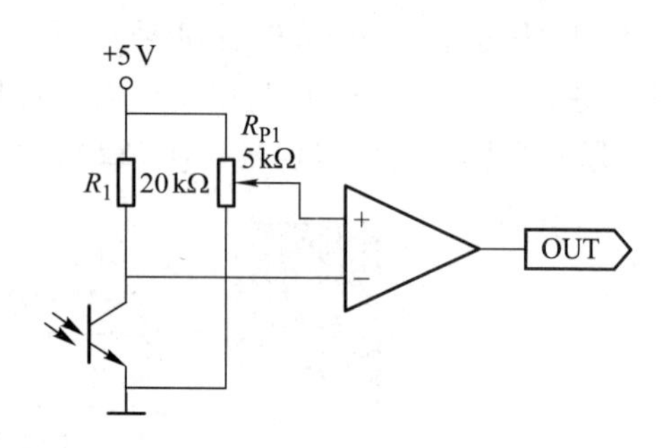

图 2.1.23　光敏三极管应用电路

根据对光的敏感波段不同,光敏电阻、光电二极管、光电三极管有对可见光敏感的型号,也有对红外光敏感的型号,但它们在使用上都是类似的。在检测中选用对红外光敏感的光电器件,可以很好地排除可见光的干扰。

光电传感器根据检测模式的不同有以下几种使用形式:

① 反射式。光电传感器将发光器与光敏器件置于一体内,发光器发出相应的光线,靠物体的反射进行检测。

② 透射式。光电传感器将发光器与光敏器件置于相对的两个位置,检测物位于发光器件与光敏器件之间,靠物体的阻挡进行检测。

③ 聚焦式。光电传感器将发光器与光敏器件聚焦于特定距离,只有当被检测物体出现在聚焦点时,光敏器件才会接收到发光器发出的光束。

2. 常用光电传感器介绍

1) ST178

ST178 是一种反射式红外光电传感器,它由一个高发射功率红外发光二极管和一个高灵敏度光电晶体管封装在一个塑料外壳里组成,一般检测距离可达 4 ~ 10 mm。图 2.1.24 为 ST178 的外形和引脚图。

使用 ST178 来检测黑线时,要注意黑线宽度不能太小,否则无法检测,一般能检测到的黑线最小宽度约等于传感器的宽度。

2) ST120

ST120 是一种直射式光电传感器,其外形和引脚如图 2.1.25 所示。它同样集成了一个高发射功率红外发光二极管和一个高灵敏度光电晶体管,发射管和接收管经过了对准,当光槽中无障碍阻隔时光路是通的。ST120 的光束很小,只有 0.4 mm,可以分辨出很小的间隙。

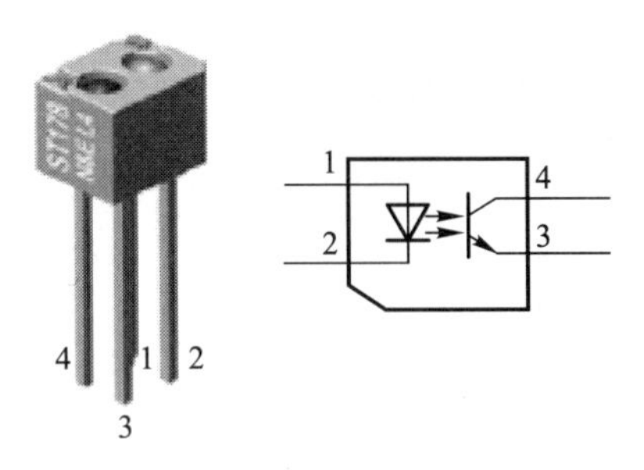

图 2.1.24　ST178 外形和引脚图

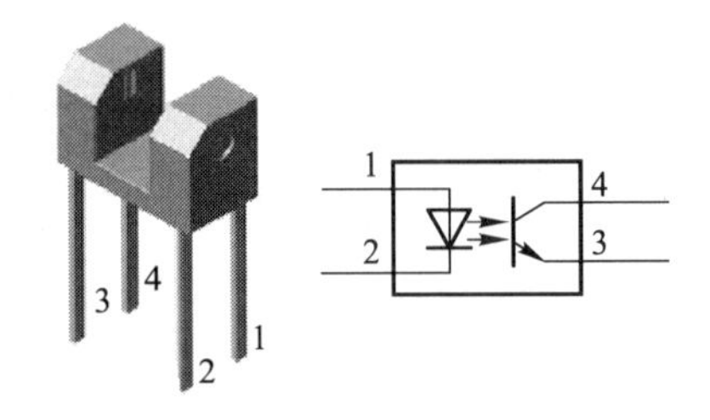

图 2.1.25　ST120 外形和引脚图

图 2.1.26 为这两种器件的典型应用电路。调节 R_{P1} 可改变发射管的发光强度，达到调节检测灵敏度的目的，在多个传感器同时使用时，由于器件制造存在差异，因此可以考虑为每个传感器分别设置灵敏度调节。R_2 为保护电阻，防止发射管电流过大。R_1 的阻值可影响接收管的灵敏度，通常可选 10 ~ 50 kΩ。检测的信号经滞回比较器 7414 整形后可直接输入单片机或 FPGA。

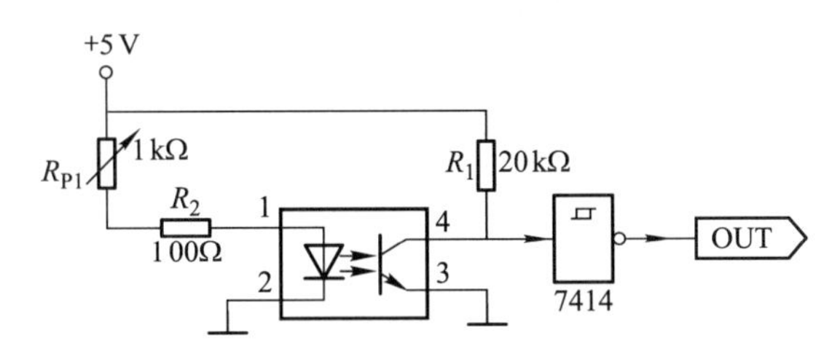

图 2.1.26　ST178/ST120 典型应用电路

3）红外一体化接收头

在实际应用中，为了更好地去除环境光的影响和其他干扰，通常使用调制过的红外光。例如，红外遥控器将遥控信号（二进制脉冲码）调制在 38 kHz 的载波上，经缓冲放大后送至红外发光二极管，转化为红外信号发射出去；接收后经过放大、滤波，将非 38 kHz 的干扰信号滤掉，再经过解调，就可还原出原来的信号。这样可较好地排除环境和其他光源的干扰，提高了接收的可靠性和传输距离。

红外一体化接收头在一个体积很小的器件上集成了红外接收、放大、滤波、解调和整形电路，并且只有三个引脚，一个电源，一个地，一个输出。使用非常简单方便。其内部结构原理图如图 2.1.27 所示。一般接收头的中心频率有 32.7 kHz、36.7 kHz、37.9 kHz、40.0 kHz、56.7 kHz 等多种类型。图 2.1.28 为几种常见接收头的引脚和外形图。

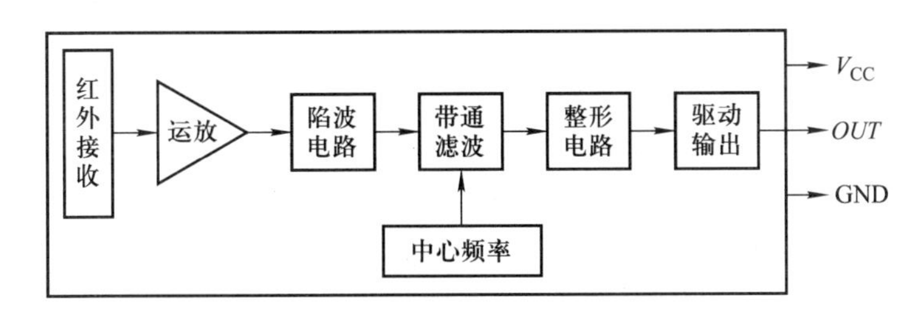

图 2.1.27　红外一体化接收头内部原理图

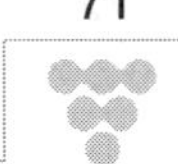

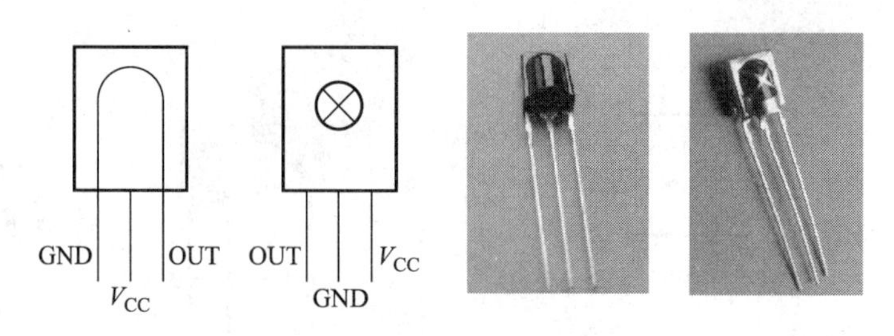

图 2.1.28　红外一体化接收头引脚和外形图

红外一体化接收头的典型应用电路如图 2.1.29 所示，电路输出解调后的数据信号。本电路比较适合红外遥控和通信，略作修改也可用于障碍物的检测。和直接使用未经调制过的红外光相比，探测的距离更远，抗干扰能力更强。

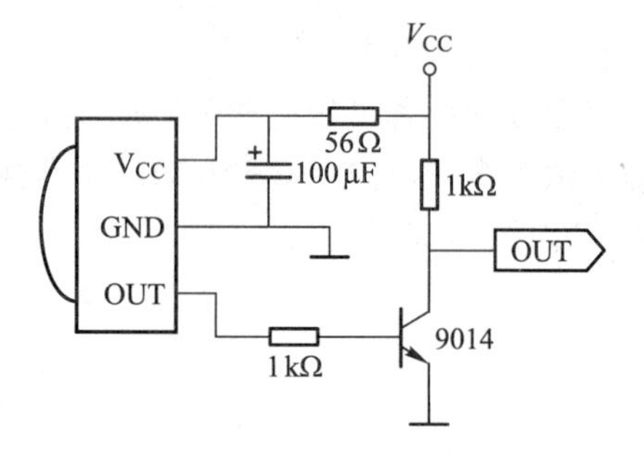

图 2.1.29　红外一体化接收头应用电路图

用于障碍检测时，发光管和接收头的位置可以按反射式放置，也可按透射式放置。红外发光管持续发出调制后的红外光。对于反射式放置来说，当前方某一距离有障碍物阻挡时，接收头接收到反射的调制红外光，输出对应的电平，从而辨别障碍物的存在，其工作原理如图 2.1.30 所示。

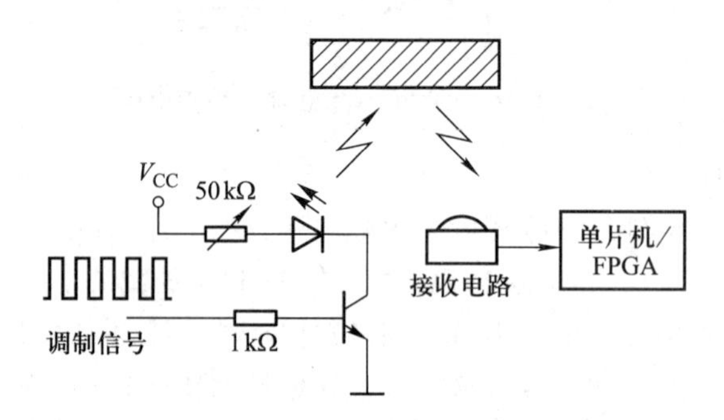

图 2.1.30　红外一体化接收头的障碍检测电路

用于红外遥控和通信时，接收的数据还经过了相应编码，可输入单片机进行进一步的解码。

3. 光电传感器使用注意事项

光电传感器在使用时除了要选择合适的电路之外，还有若干的注意事项，需注意多方面的细节，才能达到事半功倍的效果。

① 选择合适的发光强度。发光器件的光强度可以通过选择适当的型号、改变加在发光器的限流电阻或者在发光器和光电器件的外面加上聚光装置来调节。

② 注意检测对象对检测效果的影响。不同物体表面对光线的反射能力不同，同一物体不同的检测角度也会影响检测效果，设计和制作时应做充分考虑。

③ 选择合适的安装位置和安装形式。传感器的安装对检测来说非常重要，只有在正确的安装前提下，传感器才能有效地发挥作用。例如，对反射式光电传感器来说，需根据具体条件，

仔细调整发光管的角度，发光管与接收管的距离，发光管与检测对象之间的距离等，这些都需要在现场反复进行调试。

五、超声波传感器及其应用电路

超声波传感器是利用超声波的特性研制而成的传感器。超声波是指频率在 20kHz 以上的声波。超声波传感器可以用来测量距离、探测障碍物、区分被测物体的大小等。

1. 基本原理及其特性

超声波检测装置包含一个发射器和一个接收器。发射器向外发射一个固定频率的声波信号，当遇到障碍物时，声波返回被接收器接收。

超声波探头可由压电晶片制成，超声波探头既可以发射超声波，也可以接收超声波。小功率超声波探头多做探测用，有多种不同的结构。40 kHz 超声波探头如图 2.1.31 所示，型号为 TCT40 - 2F(发射器)和 TCT40 - 2S(接收器)，两者外形相同。

构成超声波探头的晶片的材料可以有许多种。晶片的大小，如直径和厚度也各不相同，因此每个探头的性能是不同的。超声波传感器的主要性能指标如下。

1) 工作频率

工作频率就是压电晶片的共振频率。当加到晶片两端的交流电压的频率和晶片的共振频率相等时，输出的能量最大，灵敏度也最高，如图 2.1.32 所示。

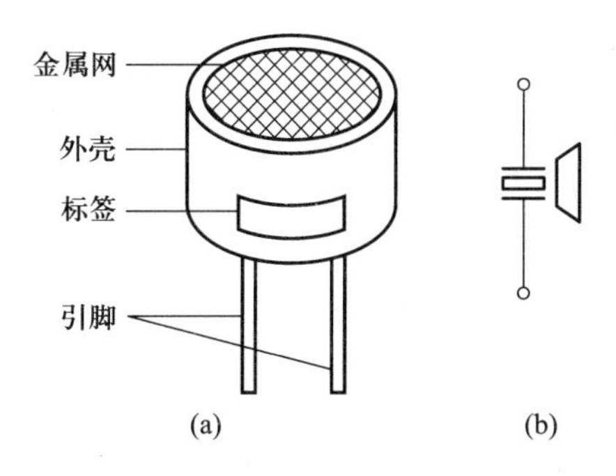

图 2.1.31 TCT40 超声波探头外形及符号

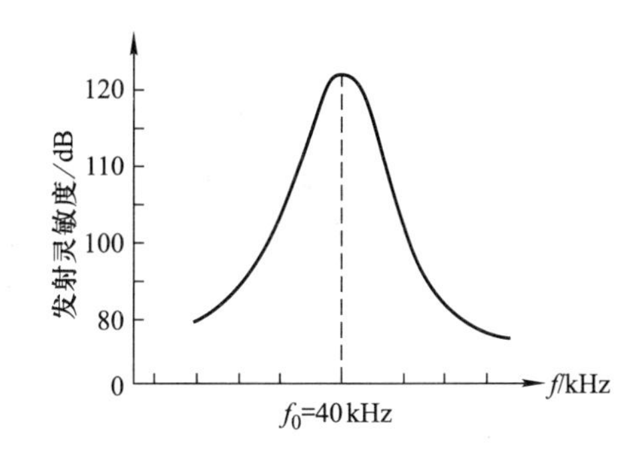

图 2.1.32 超声波发射器的频率特性

2) 工作温度

由于压电材料的居里点一般比较高，特别是诊断用超声波探头使用功率较小，所以工作温度比较低，可以长时间地工作而不失效。

3) 灵敏度

灵敏度主要取决于制造晶片本身。机电耦合系数大，灵敏度高；反之，灵敏度低。

2. 超声波传感器的基本发射/接收电路

1) 超声波传感器的发射电路

超声波发射电路包括超声波发射器、40 kHz 超音频振荡器、驱动(或激励)电路，有时还包括编码调制电路，设计时应注意以下两点：

① 普通用的超声波发射器所需电流小，只有几毫安到十几毫安，但激励电压要求在 4 V

以上。

② 激励交流电压的频率必须调整在发射器中心频率 f_0 上，才能得到高的发射功率和高的效率。

图 2.1.33(a)所示电路是用两只低频小功率三极管 9013 组成的振荡、驱动电路。三极管 VT_1 和 VT_2 构成两级放大器，又由于超声波发射器 ST 的正反馈作用，使这个原本是放大器的电路变成了振荡器，同时超声波发射器可以等效为一个串联 LC 谐振电路，具有选频作用。电路不需要调整，超声波发射器在电路中同时担当能量转换、选频、正反馈三个任务。图 2.1.33(b)中用电感取代(a)图中的 R_3，这样可以增大激励电压。

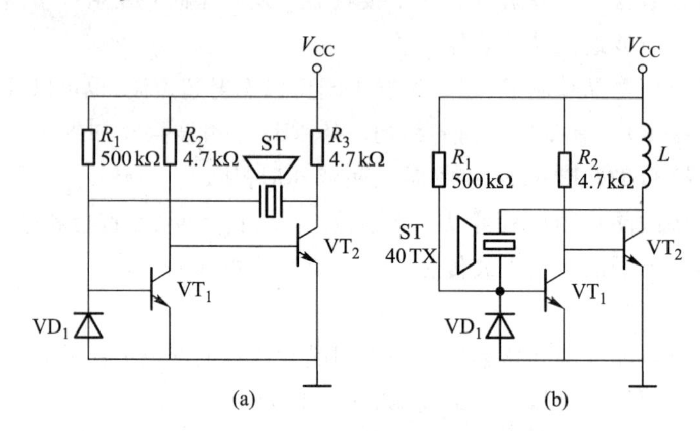

图 2.1.33 三极管组成的超声波发射电路

图 2.1.34 中使用与非门组成了超声波发射电路，其中 G_3 为驱动器，电路的振荡频率 f_0 近似等于 $1/(2.2RC)$，调制信号由 G_2 输入。在图 2.1.35 所示电路中，555 定时器、R_1、R_2 和 C_1 组成多谐振荡器，当调制信号为高电平时，启动振荡器输出 40 kHz 的频率信号。

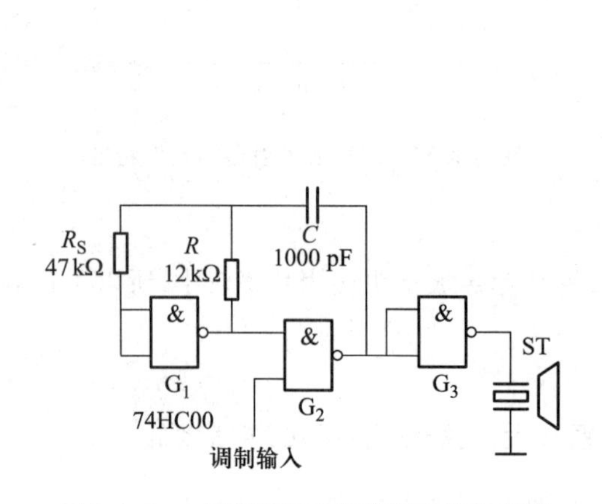

图 2.1.34 与非门组成的超声波发射电路

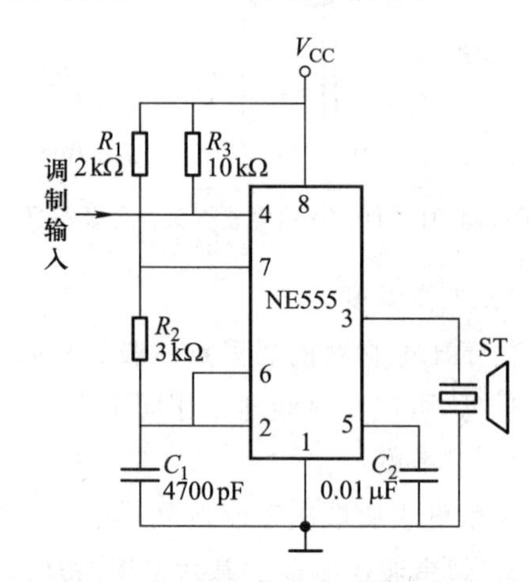

图 2.1.35 555 定时器组成的超声波发射电路

LM1812 组成的超声波发射电路如图 2.1.36 所示。LM1812 为一种专门用于超声波收发的集成电路，它既可以用作发射电路，又可以用于接收放大电路，主要取决于引脚 8 的接法。第 1 引脚接 L_1、C_1 并联谐振槽路以确定振荡器频率。输出变压器接在 6、13 引脚间，电容 C_2

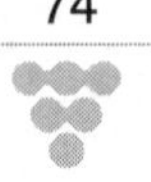

起退耦、滤波及信号旁路作用。C_3 应与变压器二次绕组谐振于发射载频，变压器的变比大致为 $N_1:N_2=1:2$，当然超声波发射器也可接在 6、13 引脚间，但发射功率小。

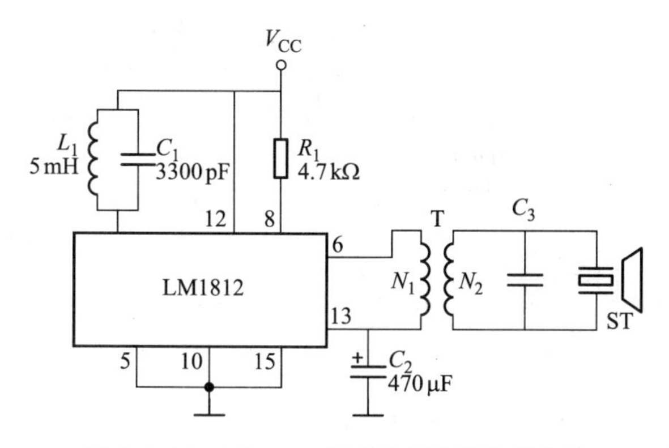

图 2.1.36　LM 1812 组成的超声波发射电路

2）超声波传感器的接收电路

由 LM1812 组成的超声波接收电路如图 2.1.37 所示。引脚 8 接地，使芯片工作于接收模式。输出信号可以从第 16 引脚输出或从 14 引脚输出，注意第 14 引脚输出是集电极开路形式，结构形式与发射电路的功率输出级相同。

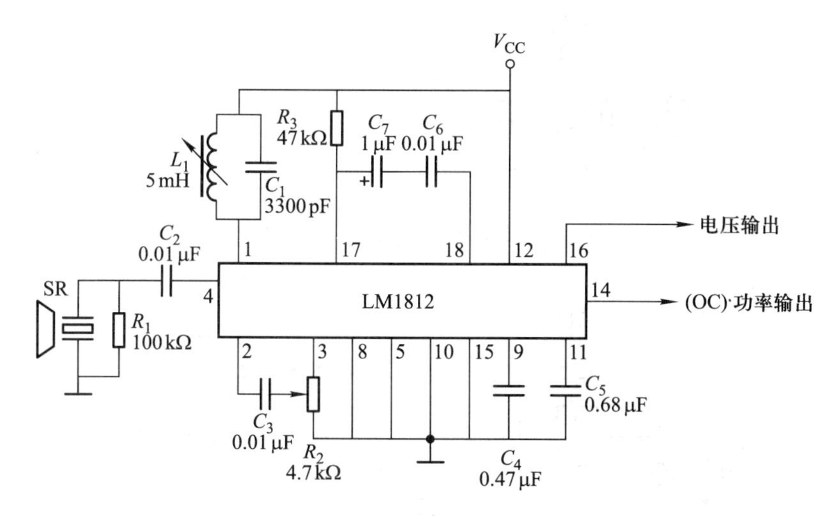

图 2.1.37　LM1812 组成的超声波接收电路

由三极管构成的超声波接收放大电路如图 2.1.38 所示，VT_1、VT_2 和若干电阻、电容组成两级阻容耦合交流放大电路，最后从 C_3 输出。

由运算放大器组成的超声波接收放大电路如图 2.1.39 所示，R_2、R_3 组成分压电路，使同相输入端的电位为 1/2 电源电压。

图 2.1.40 所示电路中使用 CMOS 非门作为放大器，它具有输入阻抗高、功耗低、成本低、电路简单等优点，C_f 为防止高频自激而设，容量约取 1 000 pF，具体数值在调整时确定。

也可以采用 FPGA 或者微控制器来产生 40 kHz 频率的方波，其精度和稳定度都比较高。FPGA 或者微控制器的时钟频率是由晶振产生，频率为 40 kHz 的方波可以通过分频得到。FPGA

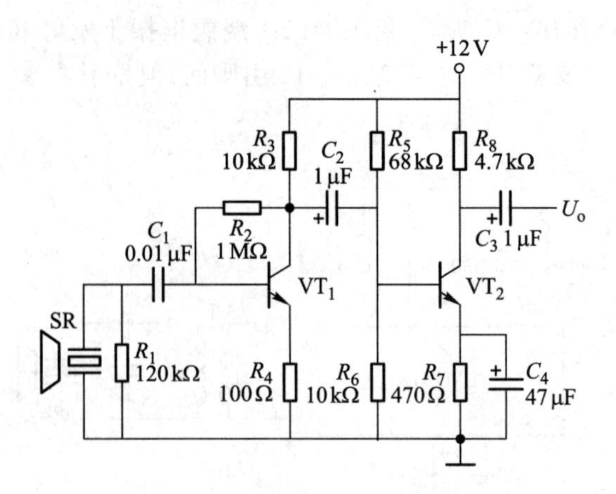

图 2.1.38　三极管组成的超声波接收放大电路

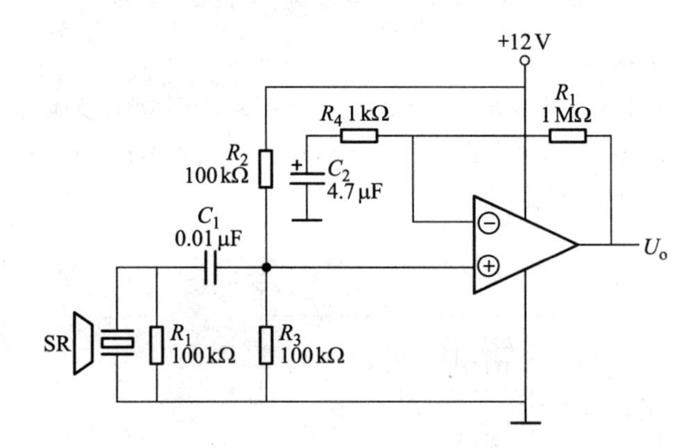

图 2.1.39　运算放大器组成的超声波接收放大电路

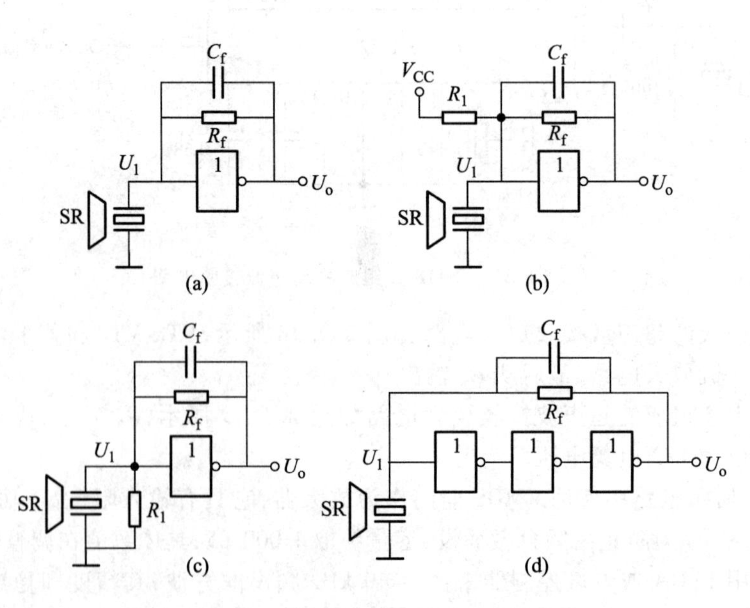

图 2.1.40　CMOS 非门电路组成的超声波接收电路

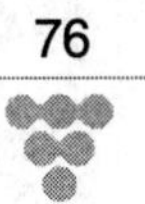

或者微控制器输出的 40 kHz 方波,通过 74HC14 功率放大后加在发射管的两端,最后发射出去。电路如图 2.1.41 所示。

3. 集成的超声波传感器及超声波传感模块

集成的超声波传感器将发射和接收部分集成在一起,由发射器发出的一个超声波脉冲作用到物体的表面上,经过一段时间后,被反射的声波(回声)又重新回到接收器上,根据声速和时间就可以计算超声波传感器到反射物之间的距离。

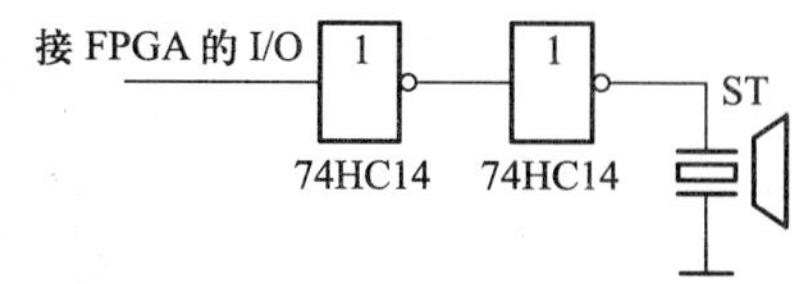

图 2.1.41 超声波发射电路

集成的超声波传感器主要有两种外形,如图 2.1.42 所示。一种是长方六面体的塑料外壳,另一种是螺纹管 M30 类型。它们都具有开关量和模拟量两种信号输出类型,下面以图尔克(天津)传感器有限公司的 RU100 - M30 - AP8X - H1141 型超声波传感器为例说明其主要参数性能:

开关距离　　20 ~ 100 cm 连续可调

标准检测物体　　$2 \times 2\ cm^2$

工作电压直流　　20 ~ 30 V

输出状态　　ON

外部接线如图 2.1.43 所示。

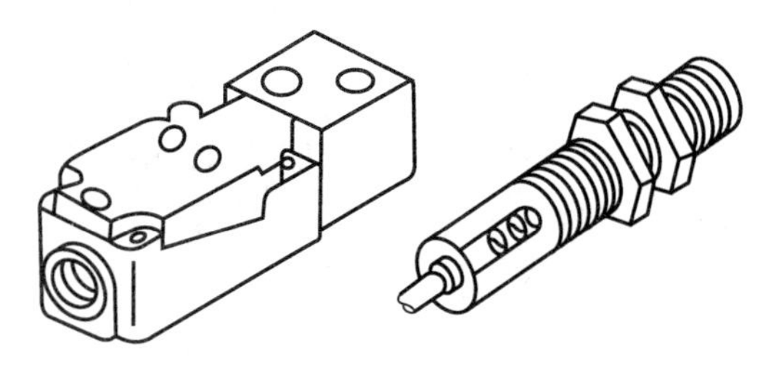

图 2.1.42 集成的超声波传感器外形

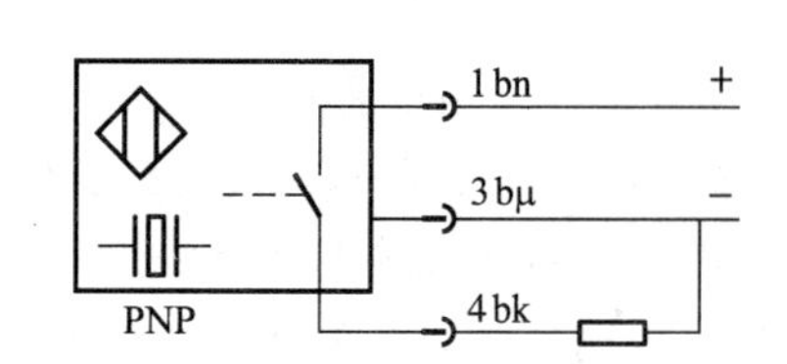

图 2.1.43 RU100 - M30 - AP8X - H1141 型超声波传感器接线图

使用中还有许多超声波传感器模块可供选用,如图 2.1.44 所示。这些模块将相应的传感器和检测电路制成一个模块,许多模块采用数字接口,可直接和单片机通信;有的模块还集成了测距功能,可直接读出障碍物的距离。与以上的超声波电路相比,超声波模块一般功能比较完善,可靠性比较高,使用方便。

4. 超声波传感器应用注意事项

① 干扰的抑制。选择最佳的工作频率,外加干扰抑制电路或者用软件来实现抗干扰。减小金属振动、空气压缩等外部噪声对信号探测产生的影响。

② 环境条件。超声波适合在“空气”中传播,不同的气体中会有不同程度的影响,空气的湿度和温度都对超声波的传播有影响。

要注意防水,一般的雨和雪等不会对超声波传感器有很大的影响,但是要防止水直接进入传感器内。

超声波传感器的探测对象很多,但是被探测物体的温度对探测结果有很大的影响,一般探测高温物体时距离会减小。

图 2.1.44　超声波传感器模块

③ 安装情况。由于超声波传感器由两部分组成，所以安装是一个很重要的问题。如果发射器和接收器安装不够平行，就会减小探测距离；安装得太近，接收器会直接接收到发射器发出的而不是被测物体反射的信号；如果安装得太远，就会形成很大的死区，减小探测距离，一般安装距离取 2 ~ 3 cm 为佳。

六、气体传感器

气体传感器是指能将被测气体浓度转换为与其成一定关系的电量输出的装置或器件。气体传感器的种类很多，一般来说应满足以下几个条件：

① 能检测特定气体的允许浓度和其他基准设计浓度，并能及时做出响应；

② 对被测气体以外的共存气体或物质不敏感；

③ 性能长期稳定性好；

④ 重复性好；

⑤ 维护方便。

半导体气体传感器是利用半导体气敏元件同气体接触，造成半导体性质发生变化，借此检测特定气体的成分及其浓度。大体上可分为电阻式和非电阻式。电阻式半导体气体传感器是用氧化锡、氧化锌等金属氧化物材料制作的敏感元件，利用其阻值的变化来检测气体的浓度。非电阻式半导体气体传感器主要有多孔质烧结体、厚膜及薄膜等几种，根据气体的吸附和反应，利用半导体的功函数对气体进行直接或间接的检测。

图 2.1.45 给出了几种常见气体传感器的外形。

需要指出的是，对大部分情况来说，利用气体传感器精确地确定气体的浓度并不是一件容易的事，常见的使用是气体告警，当某种气体浓度超过一定限度时给出相应的告警信号。

气体传感器内部往往具有加热电阻丝，一方面烧灼元件表面的油垢或污物，另一方面可起加速被测气体吸脱过程的作用。因此气敏元件一般具有加热引脚，其上施加的电压决定了敏感元件的工作温度，是影响气体传感器各种特性的一个不可忽视的因素。图 2.1.46 所示为气体传感器的内部结构和引脚。

图 2.1.45　几种常见气体传感器的外形

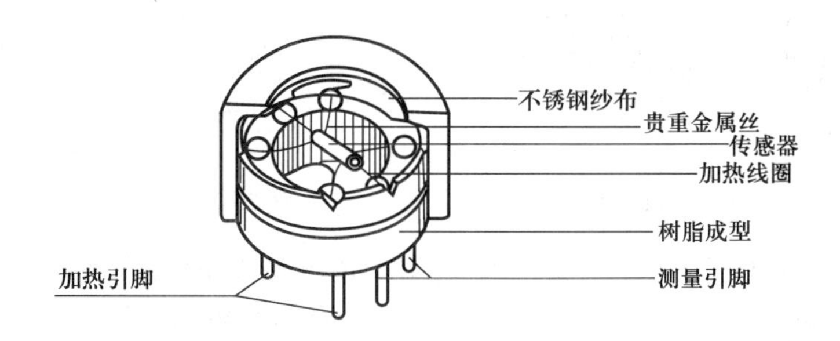

图 2.1.46　气体传感内部结构和引脚

TGS813、TGS803、QM－N5、MQ211 等为几种常见的气体传感器型号，它们主要对可燃性的气体和气雾敏感。其中 TGS813 是一种用途较为广泛的通用传感器，它是一种氧化锡类气体传感器，对甲烷、丙烷、丁烷的灵敏度很高，对天然气、液化气的监测效果也很理想，可以用作家庭和工业上的可燃气体泄漏报警。

表 2.1.1 列出了 TG813 的基本性能和参数。图 2.1.47 所示为 TG813 的引脚和外形，其中引脚 2、6 为加热引脚。

图 2.1.48 为 TGS813 的基本测量电路。U_C 为测量电压，必须为直流，最高可达 24 V。U_H 为加热电压，直流或交流均可，要求为 5 V 恒压。R_L 为负载电阻，最小值不能低于 0.45 Ω。

表 2.1.1　TG813 基本性能和参数

标准封装			塑料、SUS 双重金属网	
对象气体			可燃性气体	
检测范围			$500\times10^{-6}\sim10\ 000\times10^{-6}$	
标准回路条件	加热器电压	U_H	5.0 V ±0.2 V　DC/AC	
	回路电压	U_C	MAX　24 V	$P_S\leq15$ mW
	负载电阻	R_L	可变	$P_S\leq15$ mW

续表

<table>
<tr><td rowspan="5">标准试验条件下的电学特性</td><td>加热器电阻</td><td>R_H</td><td colspan="2">30 Ω ± 3.0 Ω(室温)</td></tr>
<tr><td>加热器功能</td><td>P_H</td><td colspan="2">835 mW ± 90 mW
U_H = 5.0 V</td></tr>
<tr><td>传感器电阻</td><td>R_S</td><td colspan="2">甲烷 1 000 ppm 中　5 ~ 15 kΩ</td></tr>
<tr><td colspan="2" rowspan="2">灵敏度(R_S 的变化率)</td><td rowspan="2">0.6 ± 0.05</td><td>$R_S(CH4:3\ 000 \times 10^{-6})$</td></tr>
<tr><td>$R_S(CH4:1\ 000 \times 10^{-6})$</td></tr>
</table>

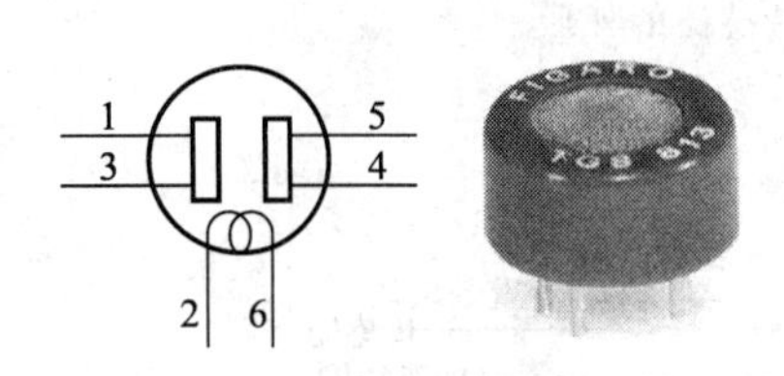

图 2.1.47　TGS813 引脚和外形

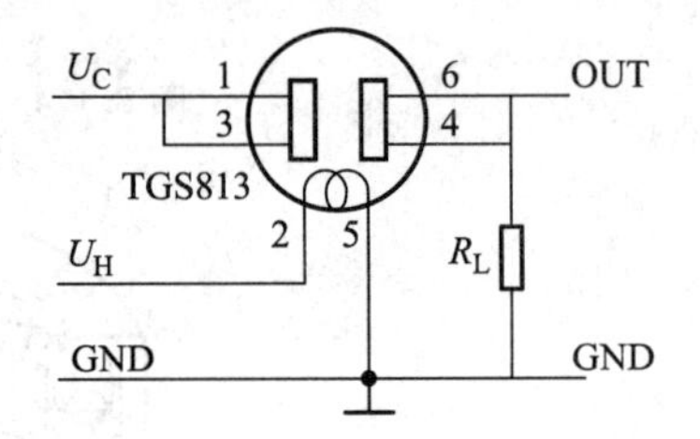

图 2.1.48　TGS813 基本测量电路

图 2.1.49 为气体传感器的一个应用电路，调节 R_P 可以调节检测的阈值，当检测到易燃气体时，电路输出低电平，加上报警电路即可构成一个气体告警电路。使用中若发现 R_P 不易调节，可适当改变 R_2 和 R_3 的值。另外，传感器在刚开始工作时，需要一段稳定时间，一般为几分钟，达到稳定状态之后才能正常工作。

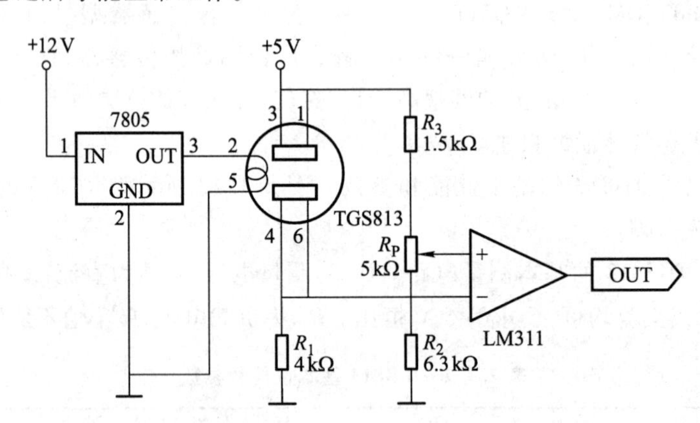

图 2.1.49　可燃气体告警应用电路

2.1.3　电机与驱动电路

一、直流电动机

电机是一种将电能转换为机械能或将机械能转换为电能的装置，在各个领域都有广泛的应用。电机有多种不同的类型，常见电机的分类如下：

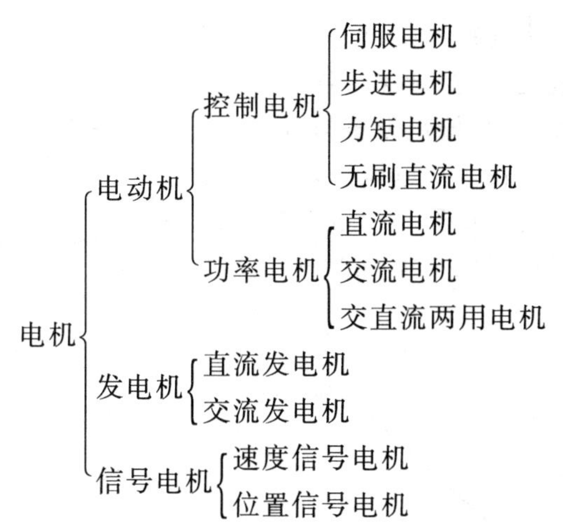

1. 直流电机的结构与工作原理

直流电机是电机的主要类型之一，由于它具有良好的调速性能，在许多调速性能要求较高的场合得到广泛应用。在电子制作中也较多涉及直流电机的使用。直流电机按其控制性能分类主要有普通直流电机、直流伺服电机，按有无电刷可分为有刷直流电机、无刷直流电机，按励磁类型可分为永磁直流电机和励磁直流电机等。这里主要介绍普通有刷永磁直流电机。

如图 2.1.50 为普通永磁有刷直流电机的基本工作原理图，当电枢绕组两端施加电压 U_a 时，电枢中流过电流 I_a，由于磁场的作用电枢将会受到电磁力，产生转矩 M 使转子转动。同时电枢转动也在切割磁场，产生反电动势 E_a，换向器和电刷的作用是及时地使电流换向，以便转子能持续地转动。当直流电机通电转动到达一定的稳定状态后，电机转速 n 为一个恒定值。描述直流电机稳态特征的基本方程为

$$U_a = E_a + I_aR_a \qquad E_a = C_e\Phi n$$

$$M = C_m\Phi I_a \qquad M = M_o + M_L$$

式中，Φ 为磁通，C_e 和 C_m 为常数；R_a 为电枢电阻。

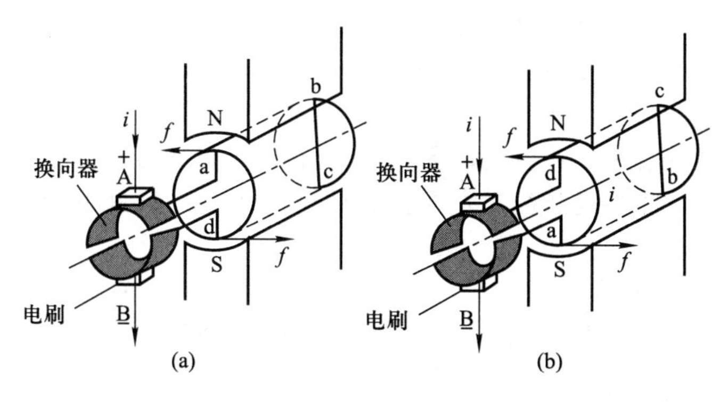

图 2.1.50　直流电机基本工作原理图

直流伺服电机的工作原理和基本结构与普通直流电机基本相同，但它的转动惯量更小，运动更加稳定精确，具有更好的控制性能。图 2.1.51 为两种直流电机的实物图。

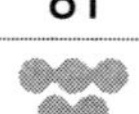

永磁直流电机的主要优点有：响应迅速，起动和制动转矩大，过载能力强；调速范围宽，调速特性好。由直流电机的稳态基本方程可知，电机输出力矩与电枢电流成正比，如图 2.1.52(a)所示；在电枢电压一定的情况下，直流电机的转速与负载成线性关系。在电机的负载－转速曲线中，直线越陡，说明电机的机械特性越软，反之则越硬，如图 2.1.52(b)所示。

图 2.1.51　直流电机实物图

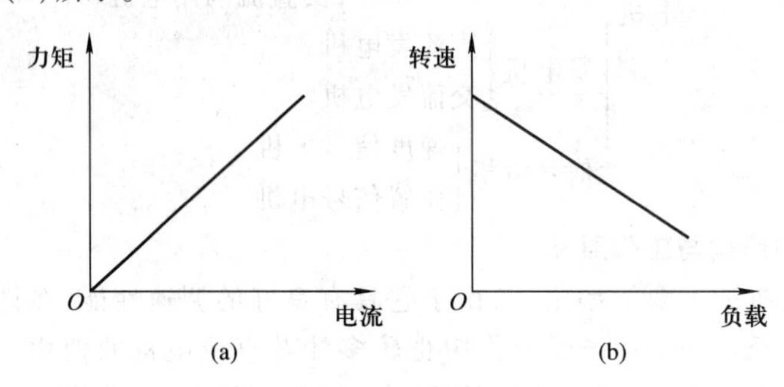

图 2.1.52　直流电机特性曲线

直流电机的调速方法通常有以下三种：

① 变电枢电压调速。这种方式具有起动力矩大、阻尼效果好、响应速度快、线性度好等优点，应用较多。

② 变磁通调速。实际上就是改变励磁磁场的大小，对于励磁电机来说，改变励磁电压就可以进行变磁通调速。这种调速方式调速范围小，而且会使电机的机械特性变软，一般只作为变电枢电压调速的辅助方式。

③ 串电阻调速。这种调速是保持输入电压不变，在电枢回路中串入电阻来进行调速。这种方式会引起电机的机械特性变软，功耗增大，一般应用不多。

2. 直流电机的驱动

对直流电机进行调速和控制，需经过直流电机的驱动电路，驱动电路实际上就是一个大功率的放大器。直流电机的驱动电路有线性驱动型和开关驱动型。

线性驱动器实际上是一个线性功放，图 2.1.53 为这种驱动方式的工作原理图。处理器输出的控制信号经 D/A 转换为电压信号，驱动器将这个信号进行线性功率放大后提供给电机。由于驱动器上通过的电流和压降都比较大，因此这种驱动方式最大的缺点就是功耗大，效率低。但由于线性功放不存在高频的开关动作，因此输出电压平稳，与 PWM 等开关式驱动方式相比，电磁噪声和干扰要小得多。

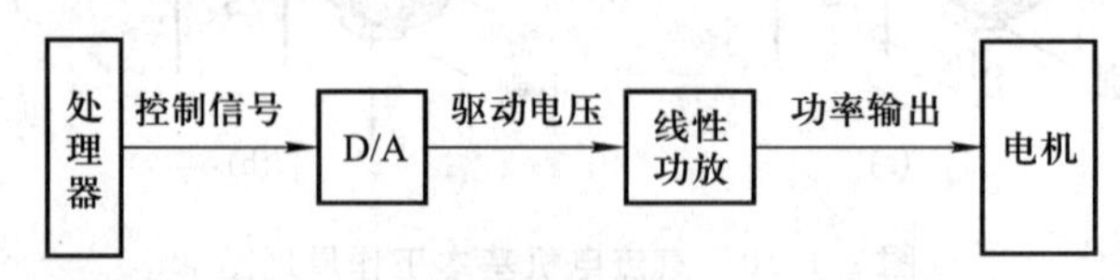

图 2.1.53　线性功率驱动工作原理图

开关驱动是利用大功率晶体管的开关作用，将恒定的直流电源电压转换为一定的方波电压加在电机电枢上。与线性驱动方式不同，在这种驱动方式下，驱动器的功率管工作在开关状

态，当器件开通时，器件的电流很大但压降却很小；器件关断时，压降很大电流却很小。因此驱动器的功率消耗小，发热量少，效率较高。通过控制开关的频率和脉宽，可以对电机的转动进行控制。

PWM 正是一种开关驱动方式，是直流电机最重要也是最常用的驱动控制方式。采样控制理论中有一个重要结论：冲量相等而形状不同的窄脉冲加在具有惯性的环节上时，其效果基本相同，这正是 PWM 控制技术的理论基础。

PWM 的全称是脉冲宽度调制。采用 PWM 进行电机的调速控制，实际上是保持加在电机电枢上的脉冲电压频率不变，调节其脉冲宽度。电机是一个惯性环节，它的电枢电流和转速均不能突变，很高频率的 PWM 波加在电机上，效果相当于施加一个恒定电压的直流电，如图 2.1.54 所示，这个电压可以由脉冲的宽度调节。围绕 PWM 还有许多其他的调速方式，如 PFM（脉冲频率调节）、SPWM、随机 PWM 等。

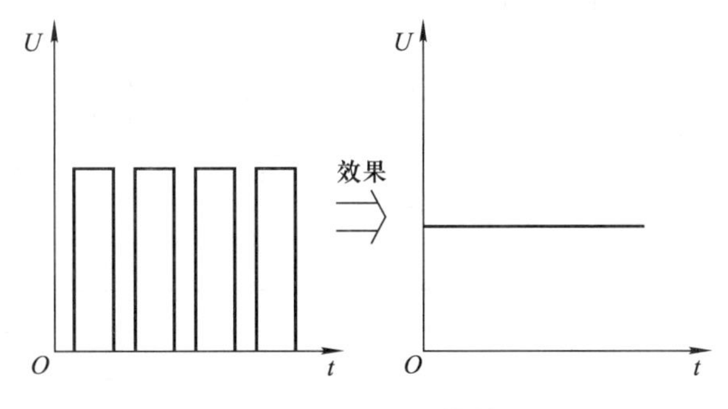

图 2.1.54　PWM 原理图

PWM 驱动方式易于与处理器接口，使用简单，性能较好。相应的驱动电路有多种形式，最常用的一种是 H 桥电路。

图 2.1.55 为 H 桥驱动电路的工作原理图。同一侧的晶体管不能同时导通。当 VT_1 和 VT_4 导通，VT_2 和 VT_3 截止时，电流由正电源流经 VT_1，从电机正极流入电机，再经由 VT_4 流入地，此时电机正向运转。同样，当 VT_2 和 VT_3 导通时，电流由负极进入电机，电机反向运转。当 VT_1 和 VT_3 或 VT_2 和 VT_4 同时导通时，电机处于制动（刹车）状态。电路中二极管主要起续流保护作用，由于电机具有较大的感性，电流不能突变，若突然将电流切断，将在功率管两端产生很高的电压，损坏器件。

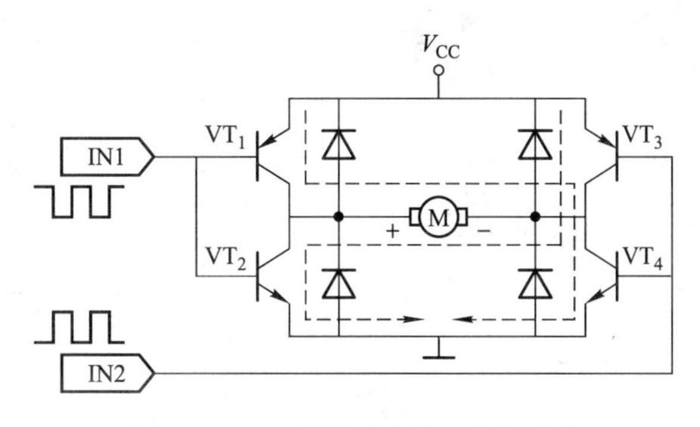

图 2.1.55　H 桥驱动电路工作原理图

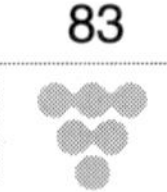

H 桥电路可以使用分立元件制作,也可以选用集成的 H 桥电路。从制作的简单性、工作的可靠性、使用的方便性等方面来说,选用 H 桥芯片是一个更好的选择。集成 H 桥芯片有很多型号,可满足不同的需求,下面介绍几种较常用的芯片。

3. 常用 H 桥芯片介绍

1) L298

L298 是著名的 SGS 公司的产品,内部包含 4 通道逻辑驱动电路,具有两套 H 桥电路。图 2.1.56 为 L298 的内部原理图。

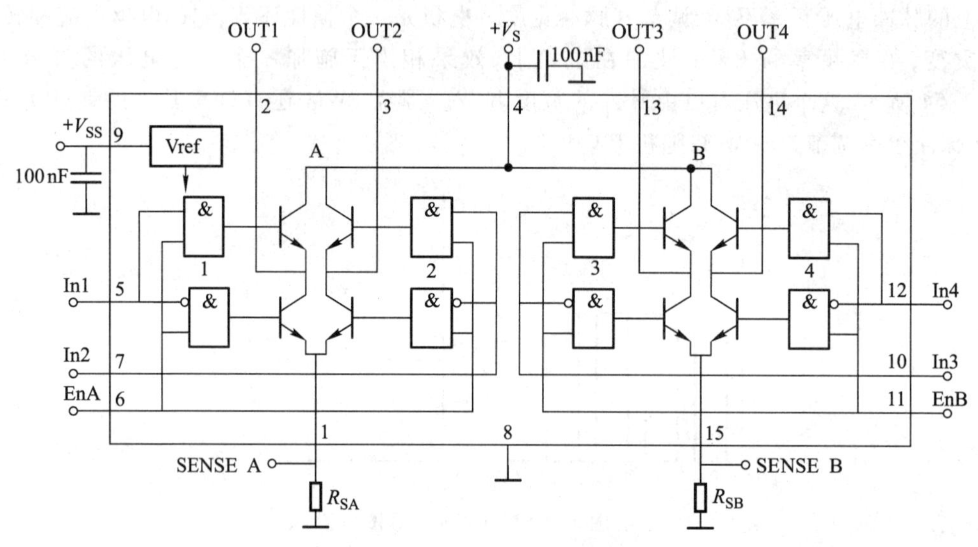

图 2.1.56　L298 的内部原理图

芯片的主要特点是:

电压最高可达 46 V;总输出电流可达 4 A;较低的饱和压降;具有过热保护;TTL 输出电平驱动,可直接连接 CPU;具有输出电流反馈,过载保护。

L298 具有 Mutiwatt15 和 PowerSO20 两种封装,其引脚和外形如图 2.1.57 所示。表 2.1.2 列出了 L298 的引脚符号及功能。

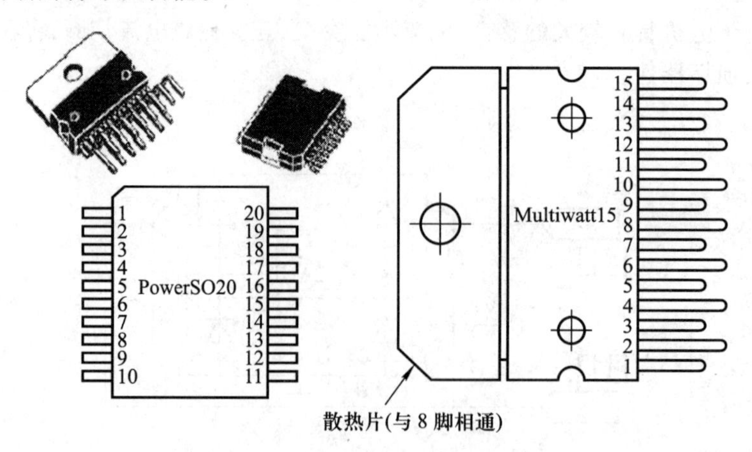

图 2.1.57　L298 的引脚和外形

表 2.1.2　L298 引脚符号及功能

引　脚			功　能
MW.15	PowerSO		
1、15	2、19	SEN1、SEN2	分别为两个 H 桥的电流反馈脚,不用时可以直接接地
2、3	4、5	1Y1、1Y2	输出端,与对应输入端(如 1A1 与 1Y1)同逻辑
4	6	V_S	驱动电压,最小值需比输入的低电平电压高 2.5 V
5、7	7、9	1A1、1A2	输入端,TTL 电平兼容
6、11	8、14	1EN、2EN	使能端,低电平禁止输出
8	1、10、11、20	GND	地
9	12	V_{CC}	逻辑电源,4.5～7 V
10、12	13、15	2A1、2A2	输入端,TTL 电平兼容
13、14	16、17	2Y1、2Y2	输出端
—	3、18	NC	无连接

图 2.1.58 为 L298 的典型应用电路,L298 需要两个电压,一个为逻辑电路工作所需的 5 V 电压 V_{CC},另一个为功率电路所需的驱动电压 V_S。为保护电路,需加上续流二极管,二极管的选用要根据 PWM 的频率和电机的电流来决定,二极管要有足够迅速的恢复时间和足够大的电流承受能力。

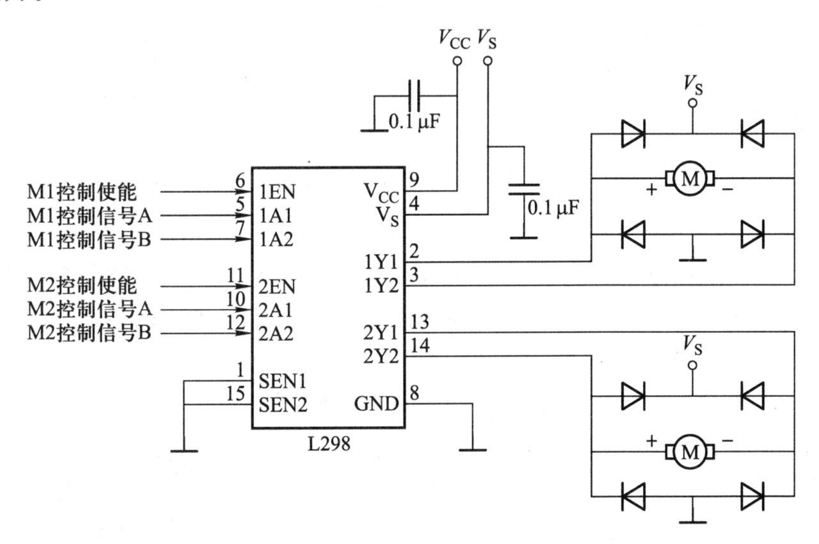

图 2.1.58　L298 应用电路

驱动电路的输入可直接与单片机或 FPGA 的引脚相连,但为了进一步提高电路的抗干扰能力,也可以使用光耦,对控制电路和驱动电路进行电气隔离。要注意在这种情况下,控制电路和驱动电路应使用不同的电源供电,而且这两部分电路不要共地,否则将不能很好地起到隔离效果。

实际上,L298 是一个 4 通道逻辑驱动电路,即将逻辑控制电平进行功率放大,变为可以用于功率驱动的电压。因此除了电机以外,还有很多用途。例如,驱动灯泡、电磁铁等。

根据控制信号的不同输入方式,电路主要有以下几种控制方法。

① 使能端输入使能信号,控制输入端 A 输入 PWM 信号,控制输入端 B 输入方向信号。

这种方式实际上是一种“单极性”PWM 控制方式,在一个 PWM 周期内,电动机电枢只承受单极性的电压。电机的选择方向由方向信号决定,电机的速度由 PWM 决定,PWM 占空比 0 ~ 100% 对应于电机转速 0 ~ MAX。

② 使能端输入使能信号,控制输入端 A 输入 PWM 信号,控制输入端 B 输入 PWM 的反相信号。

这种方式实际上是一种“双极性”PWM 控制方式,在一个 PWM 周期内,电机的电枢承受双向极性的电压。电机的速度和方向均由 PWM 决定。PWM 占空比 50% 对应电机转速为 0,占空比 0 ~ 50% 对应电机转速 - MAX ~ 0,50% ~ 100% 对应电机转速 0 ~ + MAX。相对于单极性控制方式,这种方式一般具有较好的动态性能。

③ 使能端输入 PWM 信号,控制输入端 A 和控制输入端 B 输入控制电机状态的信号。电机状态参见表 2.1.3。

表 2.1.3　控制信号及电机状态

使能端	控制 A	控制 B	电机状态
高电平	高电平	低电平	正转
	低电平	高电平	反转
	同高或同低		刹车
低电平	任意	任意	自然停转

2）L293

L293 也是著名的 SGS 公司的产品,与 L298 类似,内部同样包含 4 通道逻辑驱动电路。其后缀有 B、D、E 等,除 L293E 为 20 引脚外,其他均为 16 引脚。

芯片的主要特点有:驱动能力大,单路输出电流额定 1 A;过载能力强,可承受 2 A 的瞬时电流;电压范围 4.5 ~ 36 V;逻辑电路与驱动电路分开供电;内置 ESD(静电放电)保护;较低的饱和压降;TTL 输出电平驱动,可直接连接 CPU;工作温度 0 ~ 70℃。

L293 封装为 16 脚双列直插,图 2.1.59 为其引脚图和逻辑原理图,具体应用和 L298 类似。

3）MC33887

MC33887 是一个使用 MOSFET 管驱动的单 H 桥芯片,内部具有完善的驱动控制和保护电路,专门用于直流电机的驱动。其驱动额定电流高达 5 A,导通电阻小,发热小,效率高,使用也非常简单方便。

芯片的主要特点有:驱动电压 5 ~ 40 V;桥路导通电阻仅 150 mΩ,具有较低的压降;总输出电流可达 5 A;输出短路保护;输入 TTL、CMOS 电平兼容,可直接连接 CPU;具有睡眠省电模式;具有故障报警功能。

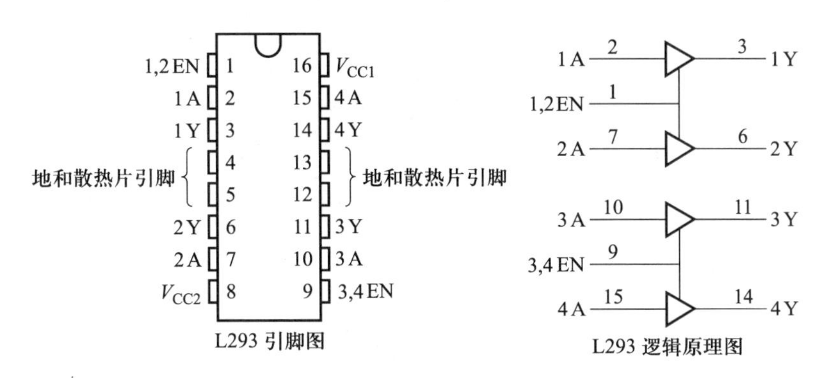

图 2.1.59 L293 引脚图和逻辑原理图

MC33887 常用的封装为 PowerSO20,图 2.1.60 为芯片的外形和引脚图。表 2.1.4 列出了 MC33887 的引脚功能。

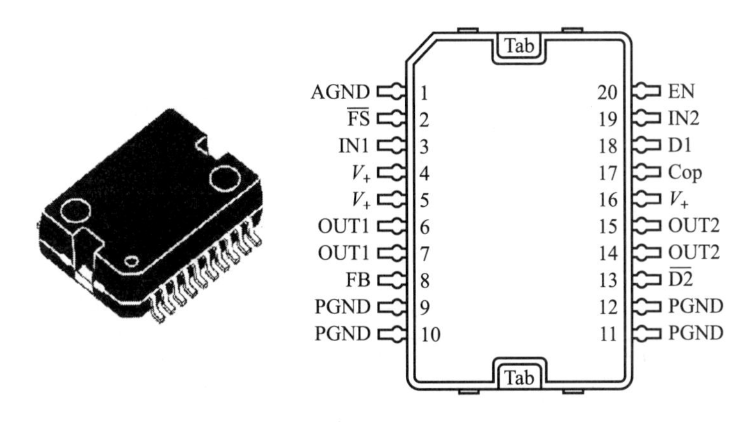

图 2.1.60 MC33887 外形和引脚图

表 2.1.4 MC33887 引脚功能

引 脚		功 能
1	AGND	模拟地
2	$\overline{FS}$	故障报警,使用时需加上拉电阻,低电平为报警
3	IN1	输入端 1,OUT1 与其同逻辑
4、5、16	$V+$	正电源,5 ~ 40 V
6、7	OUT1	输出端 1,与 IN1 同逻辑
8	FB	电流反馈
9 ~ 12	PGND	数字地
13	$\overline{D2}$	输出禁止,低电平有效,此时两个输出都变为三态
14、15	OUT2	输出端 2,与 IN2 同逻辑
17	Cop	内部电荷泵的外接电容引脚

续表

引 脚		功 能
18	D1	输出禁止,高电平有效,此时两个输出都变为三态
19	IN2	输入端2,OUT2与其同逻辑
20	EN	使能端,高电平为正常工作,低电平为睡眠模式
Tab	Tab	散热片,应与模拟或功率地相连

图2.1.61为MC33887的典型应用电路图。具体应用中,在进行电路板布线时应考虑芯片的散热问题,可在芯片的底部放置一块大小适当的覆铜板,有利于芯片的散热。

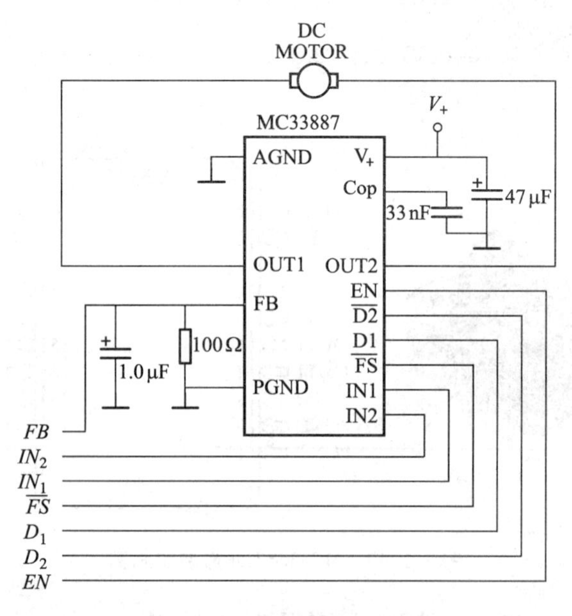

图2.1.61 MC33887典型应用电路

各种H桥芯片的应用都比较类似。由于H桥驱动使用比较频繁,因此可以将相关的电路事先做成功能比较完善、工作比较可靠的驱动模块,方便竞赛时直接使用,这样不仅可以节省大量的制作时间,还可提高作品的可靠性。图2.1.62为一个利用L298制作的、包含了光耦隔离的驱动模块,使用非常方便。

图2.1.62 L298驱动模块

4. 齿轮减速直流电机

一般电机直接输出的转速比较高,力矩不大,具体应用中往往需要借助减速器变速。齿轮减速直流电机是带有减速器的直流电机,在选用时根据需要选用合适的电机,再配上恰当的减速器。图2.1.63为齿轮减速电机的实物图。齿轮减速电机的选用可以按图2.1.64所示的步骤进行。

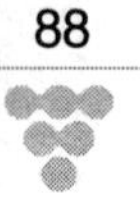

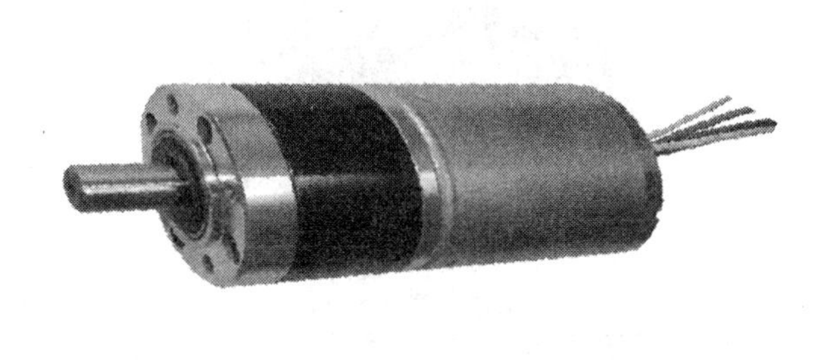

图 2.1.63　齿轮减速电机实物图

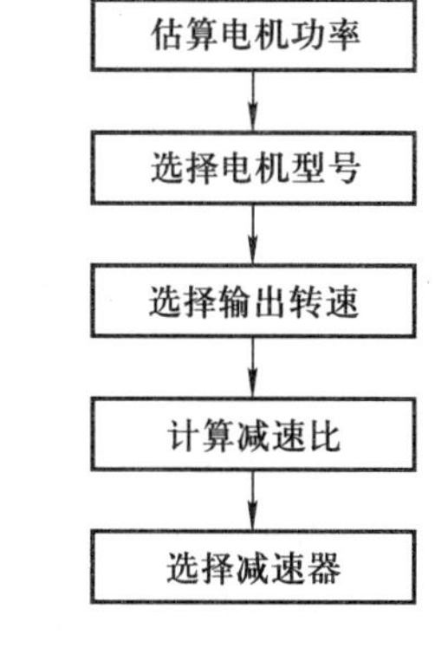

图 2.1.64　齿轮减速电机的选用流程

二、步进电机

1. 步进电机概述

步进电机是一种将电脉冲信号转换为相应的角位移的电磁机械装置。当给步进电机输入一个电脉冲信号时，电机的输出轴就转动一个角度，这个角度称为步距角。与直流电机不同，要使步进电机连续地转动，需要连续不断地输入电脉冲信号，而直流电机只需加上直流电压即可连续地转动。

步进电机具有良好的控制性能，在正确的使用下，其转动不受电压波动和负载变化的影响，也不受温度、气压等环境因素的影响，仅与控制脉冲有关。步进电机的主要特点有：

① 输出转角与输入脉冲严格成比例，时间上与脉冲同步；

② 响应迅速，起动、停止时间短；

③ 转角输出精度高，仅有相邻的转角误差，无积累误差；

④ 调速范围宽，可实现平滑无极调速。

由于步进电机可实现精确步进，且可直接接受数字量，因此它的应用领域很广泛，在工业和日常生活中都有大量的应用，在电子设计竞赛中也经常涉及，训练中应引起足够的重视。

2. 结构和工作原理

步进电机的结构类型很多，分类方式也很多，通常按力矩产生的原理来分有反应式和激磁式；按输出力矩的大小来分有伺服式和功率式；按各相绕组的分布来分有径向分相式和轴向分相式。目前我国使用的多为反应式步进电机。

步进电机可分为定子和转子两部分，定子又分为定子铁心和定子绕组。与直流电机不同，步进电机没有电刷和换向器，没有机械触点，工作更为可靠，寿命更长。图 2.1.65 为一台四相可变磁阻步进电机的结构图。

图 2.1.66 为三相反应式步进电机的工作原理图。该电机定子有 A、B、C 三相，转子上有 4 个齿。当 A 相绕组通以直流电时，转子齿 1、3 在磁力线的作用下迅速与 A 相磁极对齐。此时，若绕组保持通电，则转子在对齐后停止转动；若 B 相绕组通电 A 相断电，则磁极 B 又将距它最近的一对齿 2、4 吸引过去，使转子逆时针转过 30°。接着 C 相通电 B 相断电，转子又逆时针转过 30°，依次反复按 A→B→C→A 的顺序通电，转子就一步步按逆时针的方向转动。

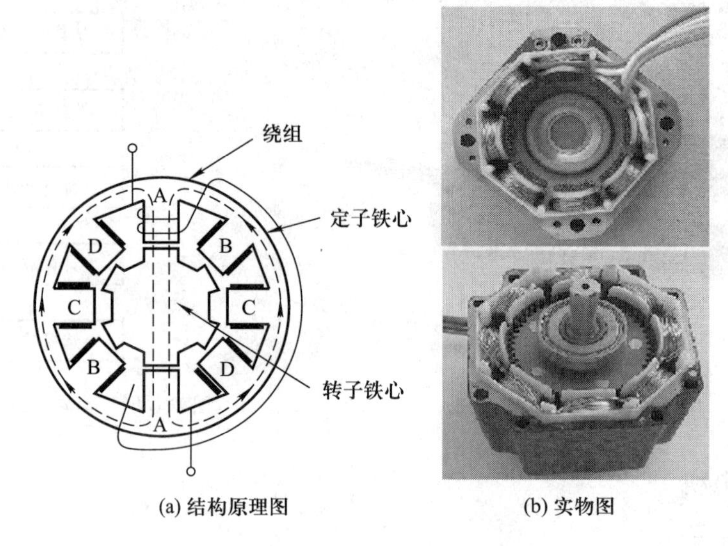

(a) 结构原理图　　(b) 实物图

图 2.1.65　步进电机结构图

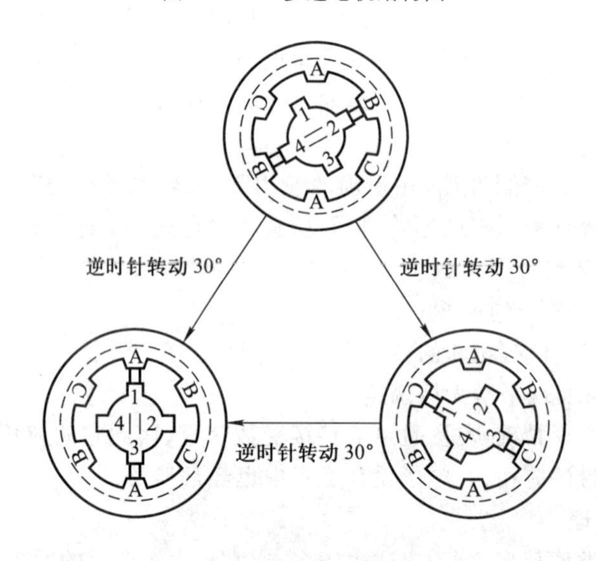

图 2.1.66　步进电机工作原理图

要想改变电机的转动方向,不能像直流电机那样通过改变电压极性来改变,而要通过改变通电的顺序来改变,如按 A→C→B→A 的顺序通电。步进电机绕组通电状态每改变一次,转子转过的角度称为步距角。以上这种每次只有一相绕组通电的工作方式,称为三相三拍工作方式。此外,电机还可以使用双三拍和三相六拍的工作方式。双三拍方式的通电顺序为:正转 AB→BC→CA,反转 BA→AC→CB,这种方式的步距角与三相三拍相同。三相六拍方式的通电顺序为:正转 A→AB→B→BC→C→CA,反转 A→AC→C→CB→B→BA,这种方式的步距角为三相三拍的一半,可实现步距角细分。双三拍和三相六拍工作比较稳定,是三相步进电机常用的工作方式。

3. 步进电机的特性

步进电机作为执行元件,其性能直接影响系统的各项性能。步进电机的工作性能通常用下列指标衡量,分别是静态矩角特性、起动力矩、突跳频率、矩频特性、步距精度。

1)静态矩角特性

当步进电机有外加电压但不改变通电状态时,转子处于不动状态,即静态。如果在电机轴上外加一负载转矩 T,转子将按某方向转过一个角度 θ,此时转子所受的电磁力矩称为静态转矩,角度称为失调角。静态转矩与失调角之间的对应关系称为矩角特性。

步进电机的单向矩角特性如图 2.1.67 所示,其中 T_{max} 为步进电机在此时能够承受的最大静负载。在静态稳定区内,去除外力矩后,转子仍能回复到稳定的平衡位置。

2)起动力矩

图 2.1.68 为一个三相步进电机的矩角特性图,A 相和 B 相的矩角特性交点所对应的转矩 T_q 称为起动力矩。步进电机的起动力矩决定了电机的负载能力,当励磁电流从一相切换到另一相时,为保证转子能够转动,电机所承受的负载必须小于起动力矩。不同相数步进电机的起动力矩是不同的。

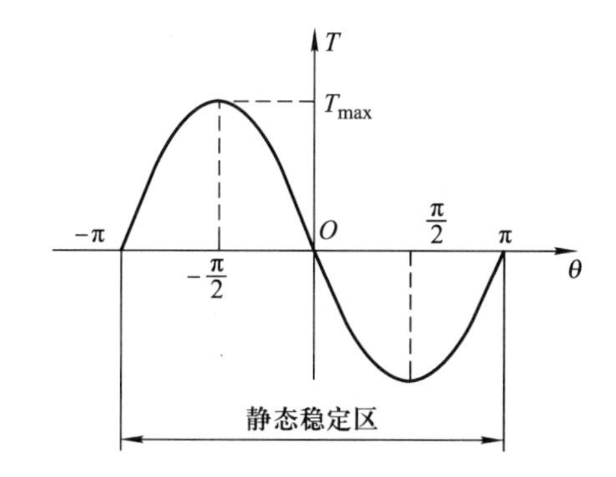

图 2.1.67 步进电机单相矩角特性

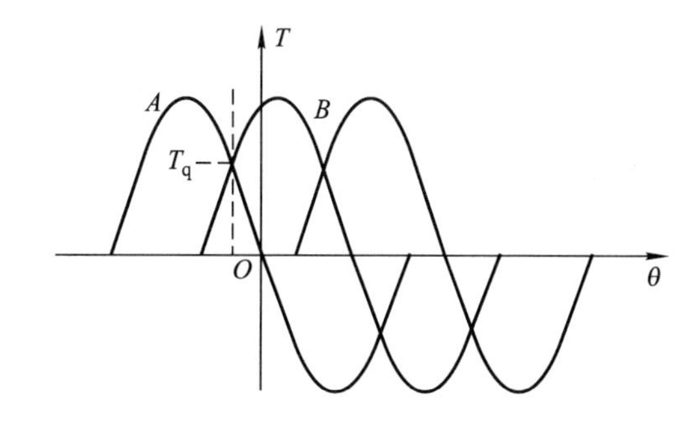

图 2.1.68 步进电机起动力矩的确定

3)突跳频率

步进电机由静止突然起动,保证转子进入不丢步正常运行所允许的最大脉冲频率值称为突跳频率。电机空载时称为空载起动(突跳)频率,带负载时称为负载起动(突跳)频率。若步进电机变速时,空载脉冲的频率大于起动频率,则电机会发生丢步,不能正常工作。步进电机的起动频率比稳定运行时的最大工作频率要小得多,为 1 000 ~ 3 000 Hz。随着负载的惯性加大,起动频率将有所下降。

4)矩频特性和动态转矩

当步进电机运转时,若输入脉冲的频率逐步增加,则电机所能承受的转矩将逐步下降。脉冲频率和转矩的关系曲线即为电机的矩频特性。不同频率下电机产生的转矩称为动态转矩,如图 2.1.69 所示。

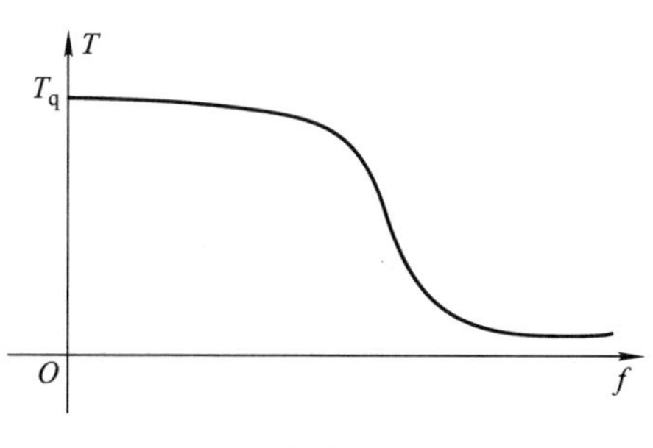

图 2.1.69 步进电机矩频特性

5)步距精度

步进电机的步距精度是实测的步距角度相对于理论的步距角度的差。步距精度是步进电机的一项主要指标,不仅影响到伺服系统的精度,而且影响到

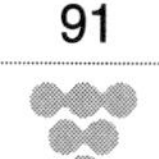

步进电机本身的动态特性。步进电机的步距误差与步距积累误差是不同的，步进电机没有积累误差，转子转过 360°后，电机的积累误差将为 0。

4. 步进电机的驱动

步进电机的驱动和控制方法与直流电机不同。直流电机只需通上直流电源即可连续不断地转动，调节电压的大小可以改变电机的转速。步进电机接受的是数字量，转速的大小由外加的脉冲频率决定，电压的大小与转速的快慢无关，但与电机输出的力矩有关。

步进电机的驱动器一般由控制器和功率放大器组成，如图 2. 1. 70 所示。控制器一般包括脉冲分配器和加减速控制器两部分，在简单的应用中，也可以只有脉冲分配器。

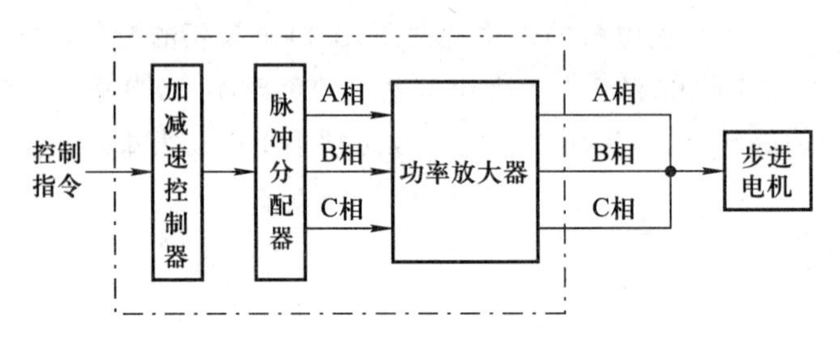

图 2. 1. 70　步进电机驱动器结构图

1）脉冲分配器

脉冲分配器又称环行分配器，它的作用是根据指令把脉冲信号按一定的逻辑关系加到功率放大器上，使各相绕组按一定的顺序和时间导通与切断，并根据指令使电机正转或反转，实现确定的运行方式。如在三相步进电机中，控制器在控制脉冲的控制下，按照三相六拍的方式，分别按 A→AB→B→BC→C→CA 的顺序给各相绕组通电，即可使电机正向运转。脉冲的频率决定转速，通电顺序决定转向。

脉冲分配器可以用硬件的方式实现，也可以用软件的方式实现。用硬件方式实现时，可选用专用集成电路控制芯片，如 L297 等。L297 是一款为两相步进电机设计的环分控制芯片，与 L298 配合，可以实现步进电机的驱动控制。L297 可以实现脉冲的环分、转向的控制、无细分/二细分方式的选择等功能。此外还具有电流保护能力，可防止电机过流。另外，若采用软件的方式实现环分，可使用单片机或 FPGA，通过程序实现，相比之下，这种方式更为简单易行。根据具体情况，还可使用同一个单片机，既实现系统的控制，又完成电机的驱动，大大简化了电路，如图 2. 1. 71 所示。

2）加减速控制器

加减速控制器是为了避免当控制指令变化太快时，步进电机由于自身和负载的惯性不能正确地跟踪指令频率，发生丢步现象而设置的。其工作原理是，指令脉冲在进入脉冲分配器之前，先由较低的频率逐渐升高到工作频率，或由较高的频率逐渐降低。在简单的应用时，如果电机负载惯性不是太大，或电机速度的变化不是特别快，也可以省略加减速控制器。

3）功率放大器

步进电机的功率放大器与直流电机类似。实际上，直流电机的功率放大就相当于步进电机单相的功率放大。功率放大器可以用 H 桥来实现，将多个 H 桥合在一起使用，就可构成步进电机的功率放大器。

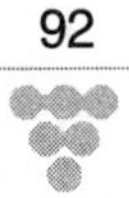

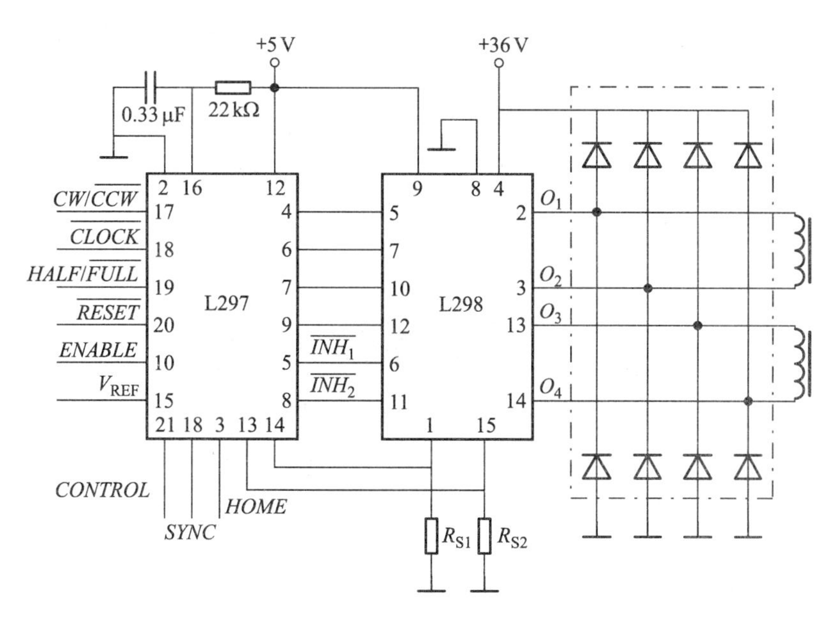

图 2.1.71　L297 应用电路

步进电机的驱动还可选用专用的驱动器或驱动模块。专用的步进电机驱动器一般功能设计比较完善,可靠性高,保护电路齐全,使用比较方便,价格通常也较高。图 2.1.72 为步进电机驱动器的实物图。

三、伺服舵机

伺服舵机又称舵机,是一种将电机、减速器、位置传感器、检测控制电路、驱动电路做在一起的位置伺服驱动器。其内部已经做好了位置伺服控制系统,可以直接接收位置信号,并转动到指定的位置。舵机的应用很广泛,在航模、机器人上都可以看到它的应用。其实物图和内部结构分别如图 2.1.73 和图 2.1.74 所示。

图 2.1.72　步进电机驱动器实物图

图 2.1.73　伺服舵机实物图

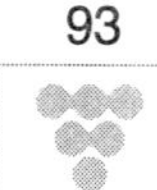

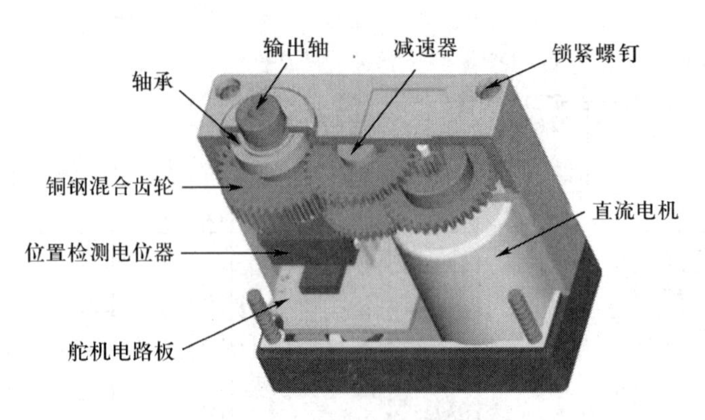

图 2.1.74　舵机内部结构

舵机的尺寸比较小巧，约为 20 mm×30 mm×15 mm。一般都能提供较大的力矩，响应速度也比较快，如有的舵机可以提供 0.12 s/60°的转速，扭矩可达 1.6 kg/cm。舵机的运动范围一般不超过 360°，不能做连续的旋转。

舵机的控制比较简单，一般使用 5 V 电源，不需要外加驱动电路。转角的控制只需通过一根线，利用脉冲的宽度控制转角。舵机的控制信号如图 2.1.75 所示，脉冲的周期一般为 15 ~ 20 ms，脉宽一般为 1 ~ 5 ms。脉宽对应的转角在不同的舵机上一般不同，如有的舵机 1 ms 脉宽对应顺时针极限转角，1.5 ms 脉宽对应中间转角，2 ms 脉宽对应逆时针极限转角，即使是同一型号的不同舵机，这个关系也可能有所不同，转角与脉宽大致成线性关系。

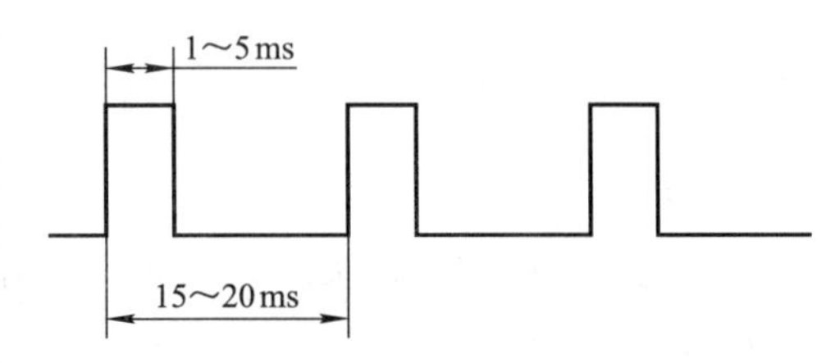

图 2.1.75　舵机的控制信号

舵机一般具有三根引线，一个电源，一个地线，一个控制信号线，使用十分简单方便。控制线可以直接与单片机的 I/O 口相连，不需外加隔离。

舵机的控制精度一般不是很高，对于一般的应用还是足够的。不同类型的舵机，其扭矩、速度、精度可能差别很大，要根据具体需要选用。

2.1.4　继电器电路

一、普通电磁继电器

电磁继电器出现较早，应用也比较广泛。电磁继电器实际上就是一个使用电流控制的机械开关。典型的电磁继电器结构如图 2.1.76 所示，主要由弹簧、线圈、铁心、触点等构成，当线圈通过电流时，电磁力驱动摇臂运动，达到控制触点吸合或松开的目的。使用继电器可以利用较小的电流控制较大的电流，还可以实现控制电路和功率电路的电气隔离。电磁继电器的电流驱动能力较大，开关电阻较小，工作可靠。

电磁继电器主要有以下几种类型：

（1）直流电磁继电器：控制电流为直流的电磁继电器。

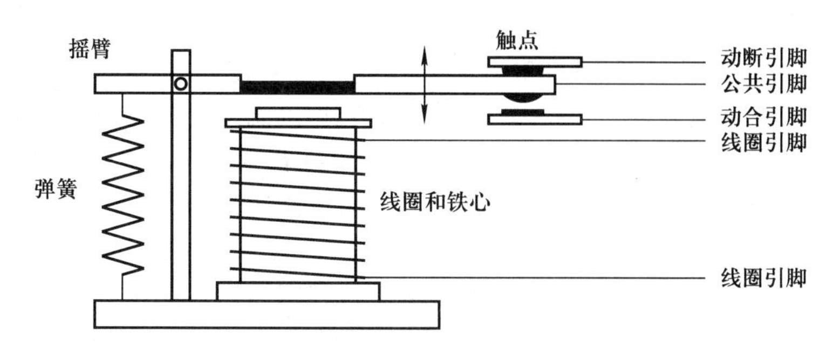

图 2.1.76　电磁继电器结构原理图

（2）交流电磁继电器：控制电流为交流的电磁继电器。

（3）磁保持继电器：将磁钢引入磁回路，继电器线圈断电后，继电器的衔铁仍能保持在线圈通电时的状态，具有两个稳定状态。

（4）极化继电器：状态改变取决于输入激励量极性的一种直流继电器。

（5）舌簧继电器：利用密封在管内、具有触点簧片和衔铁磁路双重作用的舌簧的动作来开、闭或转换线路的继电器。

电子设计竞赛中使用较多的是直流电磁继电器，继电器的型号很多，但使用方法是类似的。一般继电器有 5 个引脚，其中两个为线圈引脚，输入控制电流，一个公共引脚，一个动合引脚，一个动断引脚。常见电磁继电器的外形如图 2.1.77 所示。

对于一般的 5 引脚电磁继电器，可以使用万用表来测定其引脚，两两一组测量两个引脚之间的电阻，阻值为数十欧到数百欧的两个引脚为线圈，阻值为零的两个引脚为公共引脚和动断引脚；将继电器的线圈通上电流，继电器吸合后能听到一声清脆的“嗒”声，这时再次测量线圈以外的三个引脚间的电阻，阻值为零的两个引脚为公共引脚和动合引脚，结合前面的测量即可将继电器的全部引脚判定出来。

一个典型的电磁继电器驱动电路如图 2.1.78 所示。由于一般继电器线圈的电流较大（约一百到几百毫安），不能直接由单片机等芯片驱动，因此需要加上一个三极管驱动。电路中 VD_1 为续流二极管，防止继电器突然关断时线圈两端产生过大的电压损害晶体管，R_L 为负载。

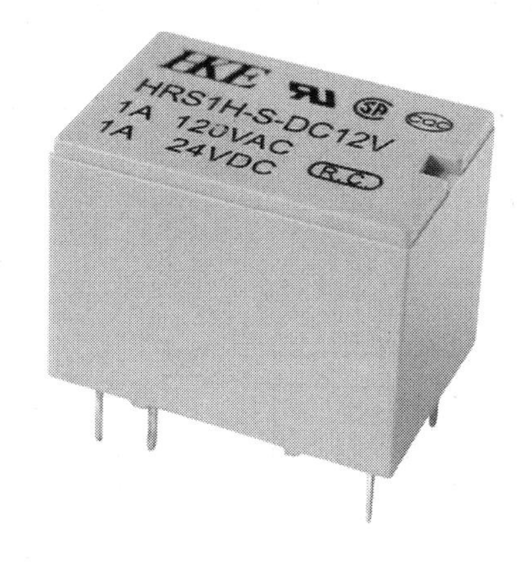

图 2.1.77　电磁继电器外形图

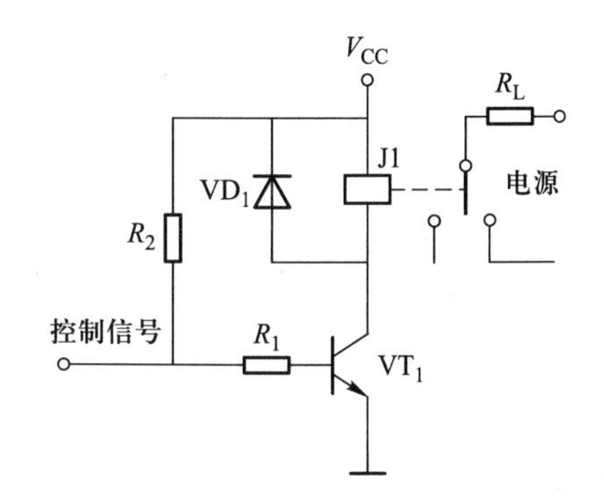

图 2.1.78　典型的继电器驱动电路

二、固态继电器

普通继电器由于具有机械运动和触点，因此具有动作速度慢、不能频繁动作、寿命短等缺点。除普通的电磁继电器外，还有一种新型的继电器，即固态继电器(SSR)。固态继电器是一种无触点通断型电子开关，它将MOSFET、GTR、普通晶闸管或双向晶闸管等组合在一起，与触发驱动电路封装在一个模块中，并将驱动电路与输出电路隔离，克服了传统继电器的固有缺点，应用日益广泛。

固态继电器一般具有4个端脚，其中两个端子为控制输入端，另外两个端子为输出受控端。为实现输入与输出之间的电气隔离，SSR器件采用高耐压的专用光耦合器。当输入信号有效时，主电路呈导通状态；无信号时，呈阻断状态，可以实现类似电磁继电器的开关功能。

SSR可以分为直流控制直流输出SSR、交流控制交流输入/输出SSR、直流控制交流输出SSR。交流SSR又有单相和三相之分。安装方式有印制板安装方式和平面安装方式两种。

固态继电器的使用与普通继电器类似，但还有以下注意事项：

① 对印制板安装方式的SSR，在布置印制板的输入控制与输出功率线时，应充分考虑到输入与输出间绝缘电压的要求，输入与输出线之间应留有充分的绝缘距离。

② 使用平面安装方式的SSR时，应确保所使用安装表面的平面度小于0.2 mm，其表面应光滑，表面粗糙度应小于0.8 μm。

③ SSR的控制方式有过零控制及移相控制两种，用户使用时要正确地选用型号，以免出错。使用移相控制的交流SSR时，应注意对电网的谐波影响，必要时应接入串联滤波器。

④ 选用SSR要留有足够的安全裕量，以防负载短路或瞬时过电压引起的冲击，并应在输出端与负载之间串联适量的快速熔断器，在控制感性负载或容性负载时，一定要考虑负载的启动特性。

⑤ 对电流较大(一般大于40 A)的SSR，一般在使用中需加风扇散热，要特别注意。安装平面与SSR之间的接触热阻及散热问题，可以在散热面涂上硅脂后再安装。

⑥ 对内部未集成*RC*吸收网络的SSR，使用中应在外部并接*RC*吸收电路。*RC*吸收网络中*R*与*C*之间及*RC*与SSR之间的引线要尽可能短。

⑦ 在高温环境中SSR要降额使用。

固态继电器的外形如图2.1.79所示。典型应用电路如图2.1.80～图2.1.83所示。

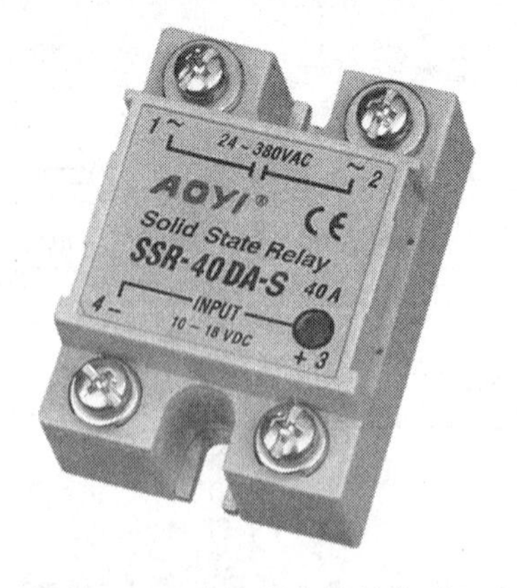

图2.1.79　固态继电器的外形图

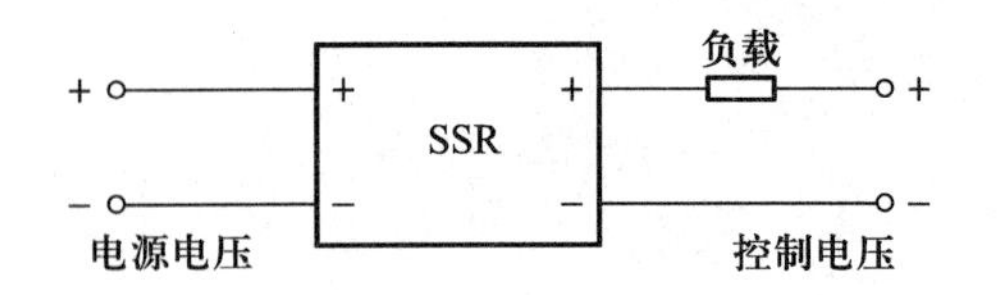

图2.1.80　直流SSR应用电路

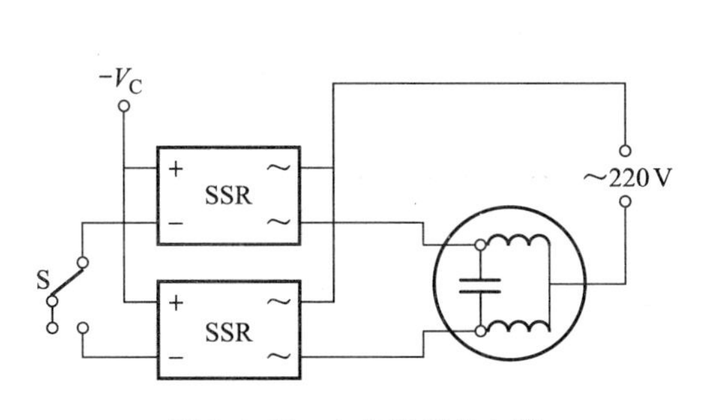

图 2.1.81　电机正反转电路

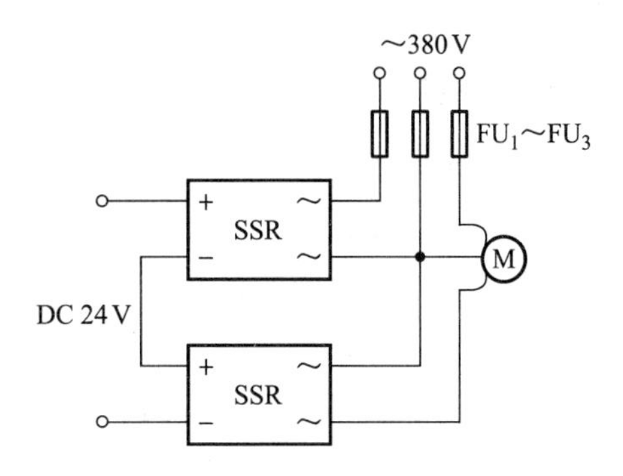

图 2.1.82　三相电机控制电路

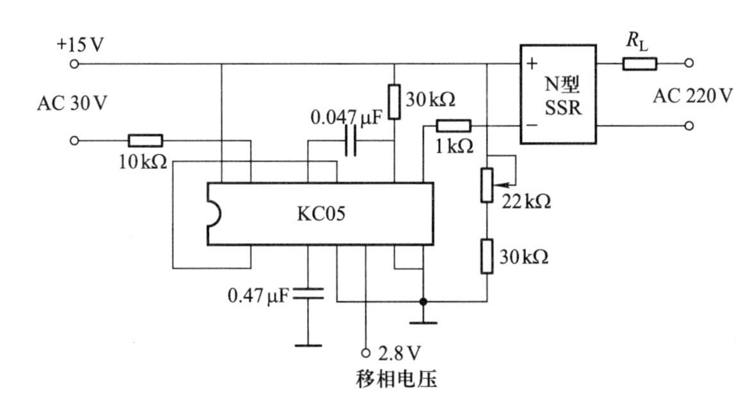

图 2.1.83　用单电源移相触发电路的移相控制型 SSR 调压电路

2.2　水温控制系统设计
(1997 年全国大学生电子设计竞赛 C 题)

一、任务

设计并制作一个水温自动控制系统,控制对象为 1 L 净水,容器为搪瓷器皿。水温可以在一定范围内由人工设定,并能在环境温度降低时实现自动控制,以保持设定的温度基本不变。

二、要求

1. 基本要求

(1) 温度设定范围为 40 ~ 90℃,最小区分度为 1℃,标定温度小于等于 1℃。

(2) 环境温度降低时(如用电风扇降温)温度控制的静态误差小于等于 1℃。

(3) 用十进制数码管显示水的实际温度。

2. 发挥部分

(1) 采用适当的控制方法,当设定温度突变(由 40℃ 提高到 60℃)时,减小系统的调节时间和超调量。

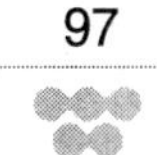

（2）温度控制的静态误差≤0.2℃。

（3）在设定温度发生突变（由40℃提高到60℃）时，自动打印水温随时间变化的曲线。

三、评分标准

	项　　目	得分
基本要求	设计与总结报告：方案设计与论证，理论分析与计算，电路图，测试方法与数据，对测试结果的分析	50
	实际制作完成情况	50
发挥部分	减小调节时间和超调量	20
	温度控制的静态误差≤0.2℃	10
	实现打印曲线功能	10
	特色与创新	10

2.2.1 题目分析

根据题目的具体要求，经过阅读思考，可对题目的具体任务、功能、技术指标等做出如下分析。

一、任务和功能

实际上题目的任务就是要设计一个温控系统，系统的功能是温度测量和温度控制。

在测温部分，要求测量40～90℃的温度范围，还规定了测量的精度需高于1℃，测温的结果要求显示。由于题目出题时间较早，因此题目中规定的显示方式显得过时，在此将予以忽略。

在控温部分，要求系统能够将水温调节到给定的温度，并进行保温。题目并未规定温度调节时间的长短，但显然调节时间越短越好。

题目没有具体给出加热的器具和方式，因此选手必须自行选择和制作加热装置，然后才能真正进行电路制作。

在发挥部分，还要求提高温控系统的控制性能，缩短调节时间，提高控制精度，增加打印功能。

二、主要性能指标

（1）测温范围：40～90℃，可以大于此范围；

（2）测温精度：1℃，扩展0.2℃；

（3）保温精度：1℃，扩展0.2℃。

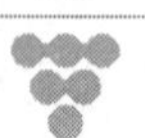

2.2.2 方案论证

对题目进行深入的分析和思考,可将整个系统分为以下几个部分:测温电路、控制电路、功放电路和加热装置。系统框图如图 2.2.1 所示。

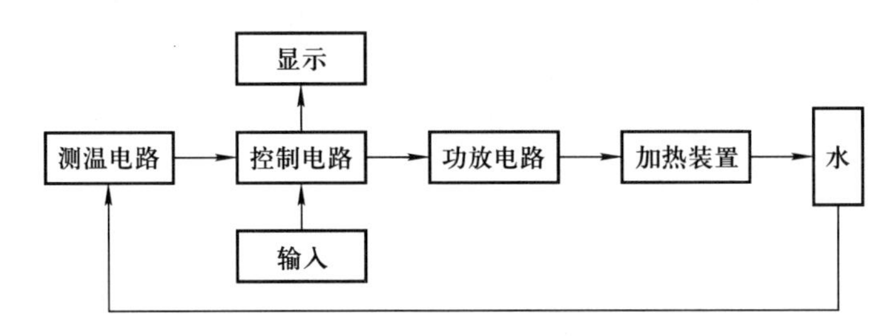

图 2.2.1 水温控制系统框图

一、控制电路的方案选择

控制可以用硬件的方式实现,也可以用软件的方式实现。具体方案有三种。

方案一:可以使用运放等模拟电路搭建一个控制器,用模拟方式实现 PID 控制,对于纯粹的水温控制,这是足够的。但要附加显示、温度设定等功能,还要附加许多电路,稍显麻烦。同样,使用逻辑电路也可实现控制功能,但总体的电路设计和制作比较烦琐。

方案二:可以使用 FPGA 实现控制功能。使用 FPGA 时,电路设计比较简单,通过相应的编程设计,可以很容易地实现控制、显示、键盘等功能,是一种可选的方案。但与单片机相比,价格较高,显得大材小用。

方案三:可以使用单片机同时完成控制、显示、键盘等功能,电路设计和制作比较简单,成本也低,是一种非常好的方案。

二、测温方式和电路的选择

可以使用热敏电阻作为测温元件。热敏电阻精度高,需要配合电桥使用,要实现精确测量需要配上精度较高的电阻。此外还需要制作相应的调理电路。

可以使用热电偶作为测温元件。热电偶在工业上应用非常广泛,测温精度高,性能可靠,是最常用的测温元件之一,并有专门的热电偶测温电路。但对于电子制作来说,许多选手可能对热电偶感到陌生,且不易及时买到适用的器件。

还可以使用半导体集成温度传感器作为测温元件。半导体集成温度传感器的应用也很广泛,它的精度、可靠性都不错,价格也适中,使用比较简单,是一个较好的选择。

三、加热方案和功放电路的选择

首先要选择好加热的装置。根据题目,可以使用电热炉进行加热,控制电炉的功率即可控制加热速度。当水温过高时,一般不能对水进行降温控制,而只能关掉电炉,让其自然冷却。在制作中,为了达到更好的控制效果,也可以放置一个小风扇,当加热时开启电炉,关闭风扇,当水温超高时关闭电炉,开启风扇加速散热。

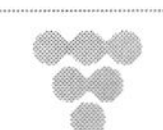

还要选择加热的电源。由于加热的功率较大,因此不宜用电池类器件作为电源,应当选用市电。使用市电作为电源时,可以将其变为低压直流电后使用,也可以直接使用 220 V 交流电,这两种方式的功率驱动方式有较大的不同。一般直接使用 220 V 交流电比较适宜,能够简化电路的设计。

可以使用继电器控制加热器的工作,如果温度太低,则控制继电器吸合,加热器工作,温度太高则继电器断开,加热器停止加热。由于继电器采用的是机械动作,存在触点,因此吸合频率不能很高,不能频繁动作。在控温精度要求比较高、系统惯性不是特别大的情况下,不宜采用继电器。

也可以使用晶闸管控制加热器的工作。晶闸管是一种半控器件,应用于交流电的功率控制有两种实现方式,一是通过控制导通的交流周期数达到控制功率的目的,二是采用控制导通角的方式。它们的电压波形如图 2. 2. 2 所示。

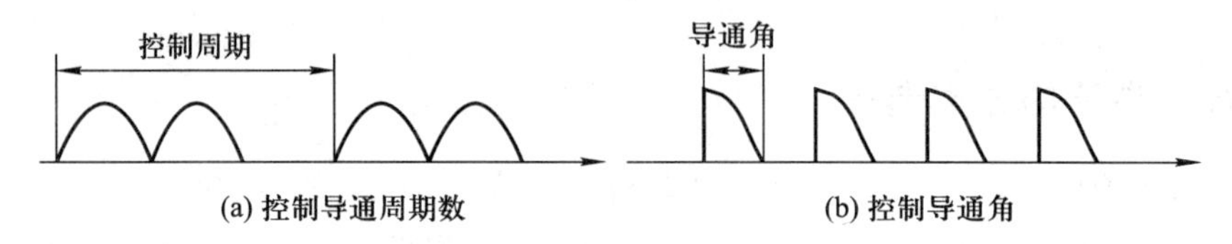

图 2. 2. 2　交流电的晶闸管控制

采用控制导通交流周期数的方式时,为了达到控制的精度,需要在一个较多的周期数中控制导通的数目,不适用于动态性能较高的控制。水温控制系统实际上具有较大的惯性,可以考虑这种控制方式。

采用控制导通角的方式时,由于对每个周期的交流电都进行控制,因此响应速度比较高,另外由于导通角连续可调,因此控制的精度也比较高。对于电路制作来说,这两种方式的制作难度差别不大。

还可以使用固态继电器控制加热器工作。固态继电器使用非常简单,而且没有触点,可以频繁动作。可以使用类似 PWM 的方式,通过控制固态继电器的开、断时间比来达到控制加热器功率的目的。

四、打印方案

在扩展部分中要求温度数据的打印,通常有两种实现方法。

一是给系统加上一个微型打印机,由单片机控制打印机工作。这需要选手比较熟悉打印机的使用方法,单片机软件设计的任务量加大了。

二是单片机与计算机通信,将测温数据传输给计算机后利用计算机的打印功能打印数据。这种方法需要解决单片机与计算机的通信问题,通常的办法是使用 RS－232 串口。

2. 2. 3　硬件设计

一、测温电路

综合考虑,测温电路使用半导体温度传感器作为敏感元件。一是选手比较熟悉,二是其应

用比较广泛，容易买到。传感器可以选用 AD590 集成温度传感器，这是一种应用较多的温度传感器，其性能基本能满足题目的要求。AD590 将温度转化为电流信号，但由于 A/D 转换大都需要电压信号，因此还需通过相应的调理电路，将电流信号转化为电压信号。AD590 测温电路如图 2.2.3 所示。

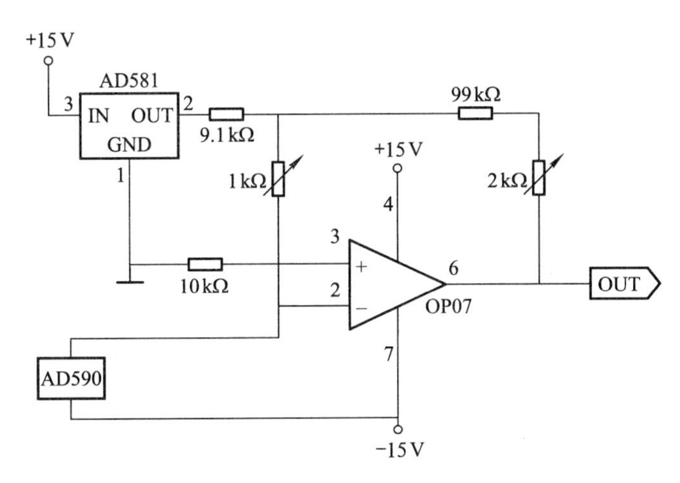

图 2.2.3 AD590 测温电路

由于这个电路输出的是电压信号，不能直接被单片机利用，因此需经过一个 A/D 转换器，将电压信号转换为数字量。A/D 转换器有很多类型，需要根据精度和转换速度来进行选择。题目要求的分辨率为 0.2℃，测温范围 40～90℃，因此总共有(90－40)/0.2＝250 级。如果选用 8 位的 A/D 转换器，可以获得 255 级的精度，基本可以满足题目要求。考虑各方面的影响，应该留出些余量，宜选用 10 位或 12 位的 A/D 转换器。在速度方面，由于控制对象是水，典型的慢系统，因此对转换速度方面没有特别苛刻的要求，一般转换时间在半秒之内都是可以接受的。

这里给出了一个最常用的 A/D 转换芯片 ADC0809 的应用电路，如图 2.2.4 所示。其中 *ALE* 为单片机的 *ALE* 信号，这里用作 ADC0809 的时钟。*START* 为 A/D 转换的启动信号，*OE* 为输出使能信号，*EOC* 为 ADC0809 的转换完成信号，这里接入单片机的中断。在转换之前需先发一个上跳信号启动转换，等转换完成后，ADC0809 向单片机发出一个中断信号(上跳沿，若单片机是下跳沿触发需加反相器)，单片机先将芯片输出使能，然后再从总线上读取数据。

还有一种方法是将电压转换为频率信号，单片机只需测出信号频率的大小就可以换算出电压，从而得到温度的大小。

另外，也可以直接选用带 A/D 转换的单片机，这样可以省出 A/D 转换电路的制作，简化了电路，提高了可靠性。带 A/D 转换的单片机有很多型号，如常用的 PIC16C711 内含有 4 路 8 位 A/D 转换，C8051F020 内含有一组 8 路 12 位 A/D 转换和一组 8 路 8 位 A/D 转换，凌阳 SPCE061A 单片机内含有 8 路 10 位 A/D 转换。

最简单的一种测温方式是使用 DS1820 数字式温度传感器，它无须其他的外加电路，直接输出数字量，可直接与单片机通信，读取测温数据，电路非常简单，如图 2.2.5 所示。它能够达到 0.5℃的固有分辨率，使用读取温度暂存寄存器的方法还能达到 0.2℃以上的精度。使用这样的电路主要的工作量就集中在于单片机软件的编程上。

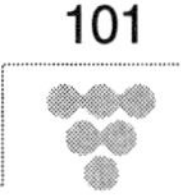

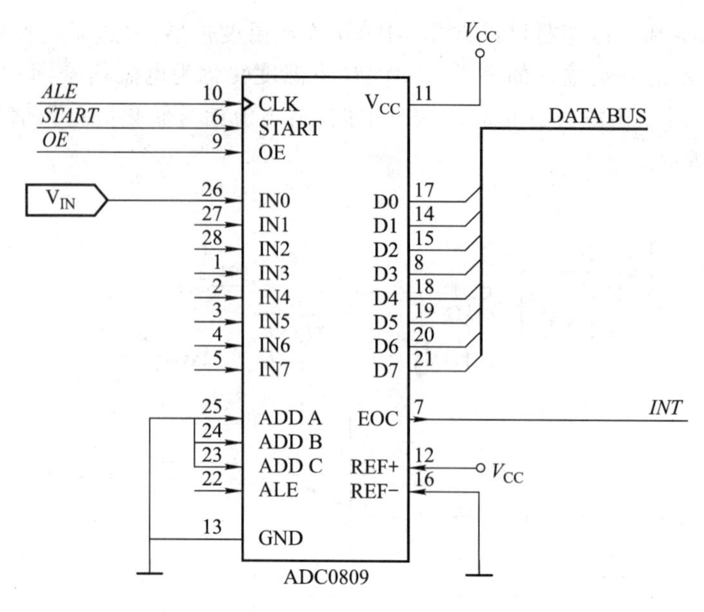

图 2.2.4　ADC0809 模/数转换电路

二、功放电路

由于本系统要控制电炉加热，功率较大，因此要借助功放电路。选用功放电路和器件时，要特别注意留足余量，以增加安全性。对于 220 V 的电压，选择器件的耐压至少要两倍以上，否则容易发生损坏。

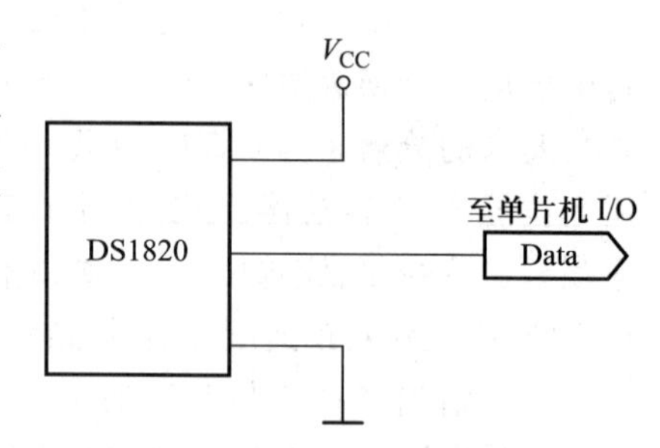

图 2.2.5　DS1820 测温电路

可以使用晶闸管制作功放电路，对于交流电的控制，应当选用双向晶闸管。图 2.2.6 为一个双向晶闸管 MAC223 的驱动应用电路。为了实现强电和弱电的电气隔离，电路中使用了光耦合，将控制电路和驱动电路隔离开。

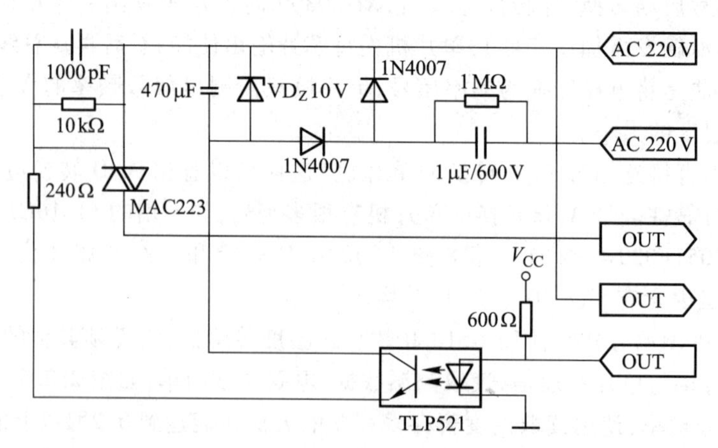

图 2.2.6　双向晶闸管 MAC223 驱动电路

也可使用专用的双向晶闸管光耦合驱动芯片，可简化电路的制作。MOC3041是一款专用的光耦合晶闸管驱动芯片，其内部集成了光耦合晶闸管驱动电路，可实现功放电路的隔离，无须外加光耦合，其电路如图2.2.7所示。

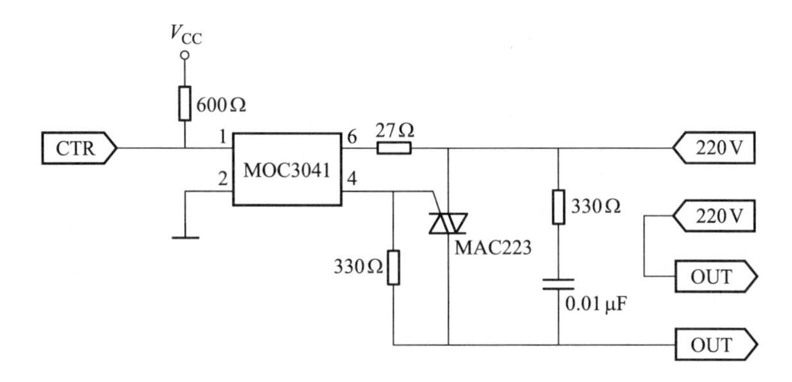

图2.2.7　采用光耦合电磁驱动的双向晶闸管功放电路

还有一种更为简便的驱动方法，就是使用电磁继电器，电路如图2.2.8所示。使用电磁继电器可以很容易地通过较高的电压和电流，在正常条件下，工作十分可靠。使用电磁继电器无须外加光耦，自身就可实现电气隔离。在使用电磁继电器的情况下，控制算法要做相应的修改，不能让电磁继电器频繁地动作。这种电路无法精确实现电炉功率的控制，电炉只能工作于最大功率或零功率，对控制的精度造成一定影响。但只要控制算法应用得当，用电磁继电器同样也可以达到很好的控制效果。

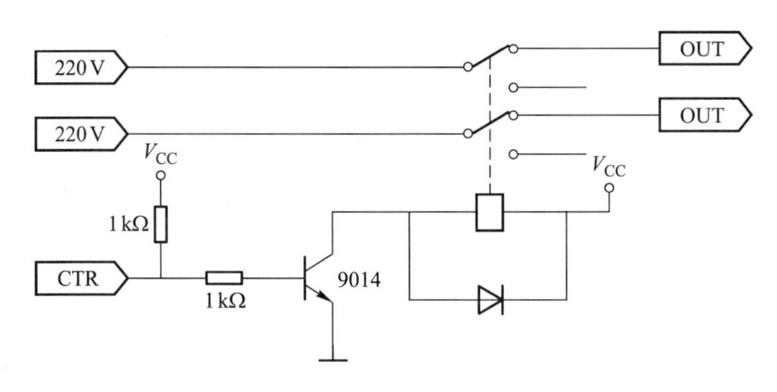

图2.2.8　使用电磁继电器的功率驱动电路

如果采用固态继电器代替电磁继电器，电路的实现也非常简单，而且还可以实现较为精确的控制，这是一种较好的方式。在选用固态继电器时，要特别注意器件的最大功率和最大电流，选用合适的器件。

三、交流过零检测电路

使用晶闸管驱动时，需要知道交流电过零的时刻，以便控制触发的延时，实现导通角的控制。因此，还需要一个交流过零检测电路。这个电路实际上就是一个整形电路，把正弦波整为方波，为单片机提供触发信号，如图2.2.9所示。

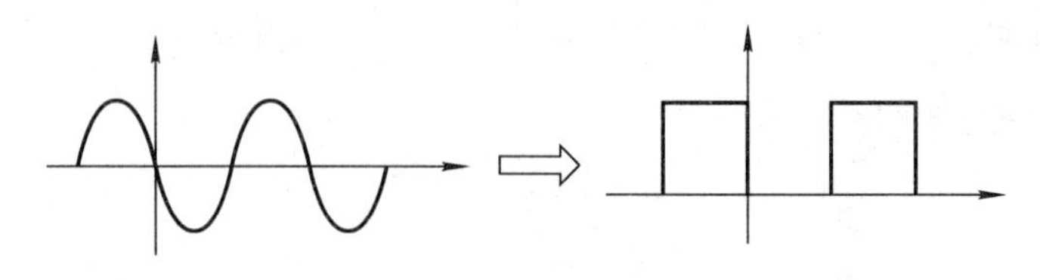

图 2.2.9　交流过零整形

图 2.2.10 为一个交流过零检测电路。由于市电电压较高，既危险又不方便使用，因此先用一个变压器将 220 V 市电变为 6 V 的低压交流电，经 VD_1 整流后经由 C_1、R_1、C_2 组成的网络滤波，再经 VD_Z 稳压后变为 5 V 的直流电。交流电信号经 R_2 送至 9014 基极。9014 在这里起一个比较器的作用，当交流电压为正时，晶体管饱和导通，电路输出低电平；当交流电压为负时，晶体管截止，电路输出高电平。通过调节 R_P 可以实现零点调整，使得交流电刚过零点时，电路恰好输出一个跳变。电路的输出可作为单片机的中断信号，单片机发生中断时，即为交流电过零的时刻，经过一个延时后再触发晶闸管，即可实现导通角的控制，从而控制加热的功率。

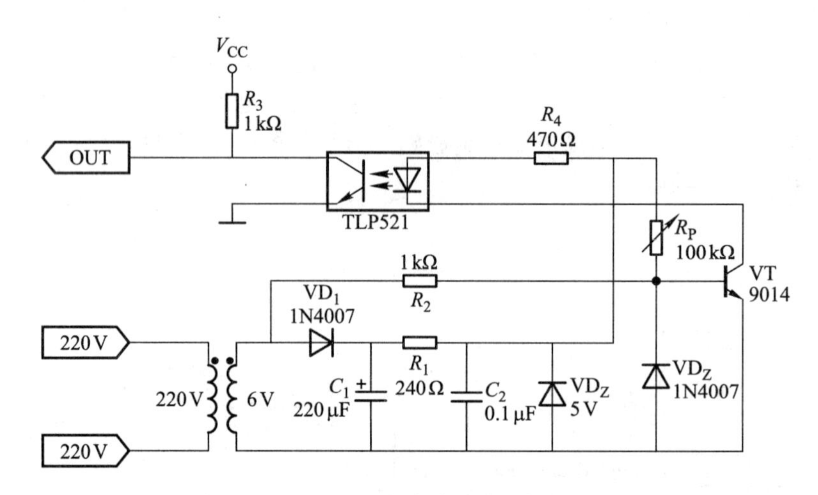

图 2.2.10　交流过零检测电路

四、控制、键盘和显示电路

这部分实际上是一个单片机最小系统的基本电路，可选用最常见的 51 系列单片机，足够满足系统的要求。

键盘可以选用常见的 4 ×4 扫描键盘，不过在这个题目中，其实只需要 3 ~5 个按键即可满足要求。本着简单实用的原则，这里选用了 5 个按键，分别用作温度粗加、温度细加、温度细减、温度粗减、温度设定的控制。

在显示方面，选用了常见的 128 ×64 液晶显示模块。通过相应的软件编程，可以实现非常美观、丰富的显示界面。液晶模块的使用一般也比较简单，只需要连接数据总线、选通端口和命令/数据端口即可使用。

五、通信电路

为完成打印功能，单片机需要与计算机进行通信。通信可以使用 RS－232 串行通信，由于 RS－232 电平与 TTL 电平不兼容，因此需要进行电平转换。这里采用 MAX232 电路进行电平转换，电路如图 2.2.11 所示。

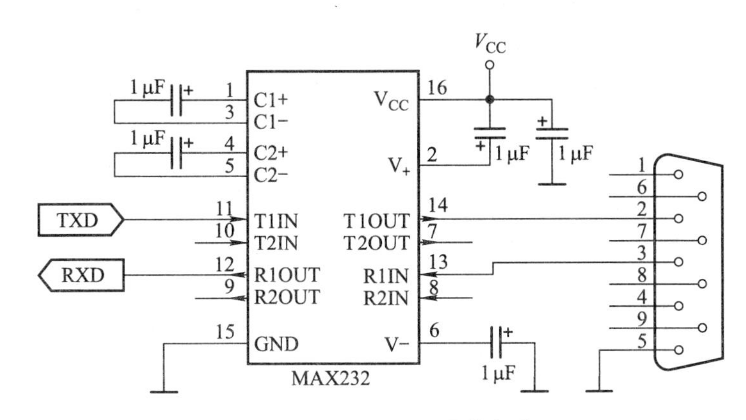

图 2.2.11　MAX232 通信电路

六、总体电路设计

本着简单、实用的原则，这里最后选用了一个比较典型的硬件方案：

测温电路选用 DS1820 集成数字测温电路；

功率控制电路选用晶闸管驱动加过零检测电路的方式；

控制芯片采用常见的 AT89S52；

显示方式采用 128×64 液晶显示；

键盘采用 5 键键盘；

采用 RS－232 串口与计算机通信。

2.2.4　软件设计

一、程序流程

主控程序的流程如图 2.2.12 所示。加热控制是在中断程序中完成的，中断信号由过零检测电路发出，程序流程如图 2.2.13 所示。晶闸管采用控制导通角的方式控制加热功率，因此需要控制延时触发的时间，延时由定时器完成，程序流程如图 2.2.14 所示。

二、控制算法

PID 控制是工业上应用最广泛的控制算法，对一般的控制来说，PID 算法不仅简单，而且实用，效果较好。PID 算法还具有一个非常实用的优点，那就是对各种控制对象具有非常广泛的适用性，通过现场的参数调试，可以达到比较好的控制效果。因此，从某种意义上说，PID 具有通用性。

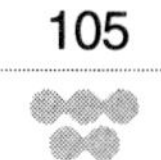

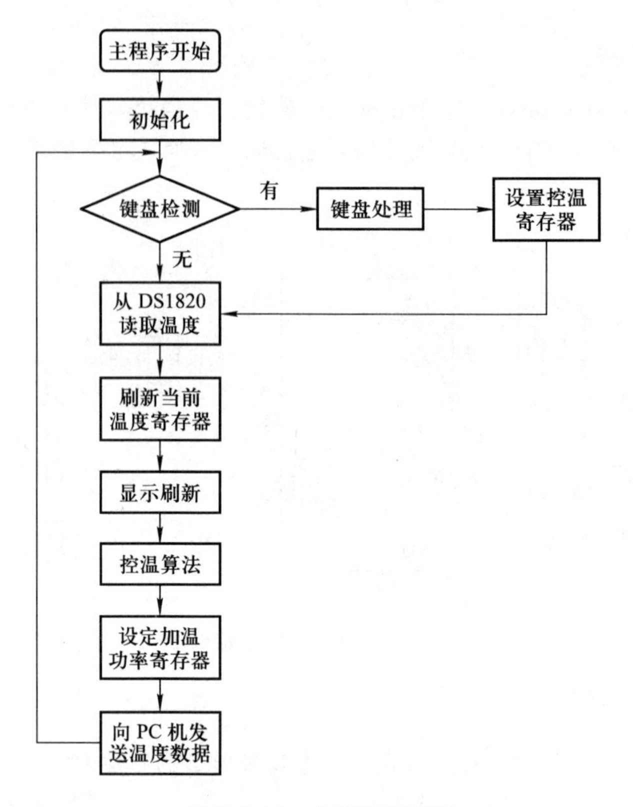

图 2.2.12　主程序流程图

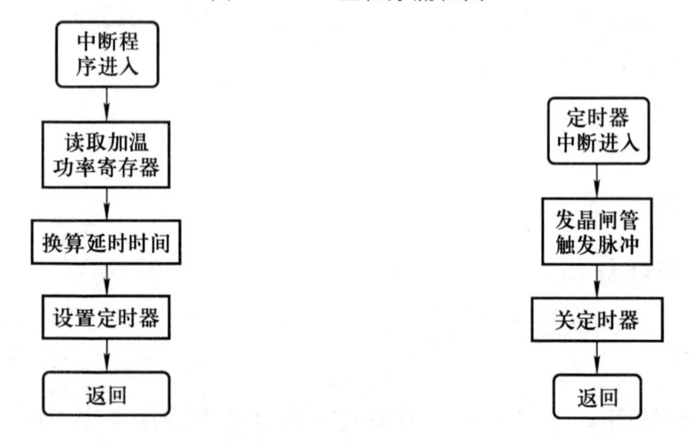

图 2.2.13　中断程序流程图　　　　图 2.2.14　定时器程序流程图

对本水温控制系统,同样也可以使用 PID 控制。具体算法可以表示如下:

$$e(i) = t_{测} - t_{设}$$

$$E = \sum e(i)$$

$$u(i) = KP\left\{e(i) + \frac{T}{T_{\mathrm{I}}}E + \frac{T_{\mathrm{D}}}{T}[e(i) - e(i-1)]\right\} + u_{o}$$

式中, $u(i)$为当前的功率输出。T 为采样时间,E 为误差积累。KP 为比例常数,T_{I} 为积分常数,T_{D} 为微分常数。根据具体系统,在调试中调节 3 个常数,可达到较好的控制效果。同时为

保证系统的稳定,改善控制性能,应对 E 进行限幅,当 E 大于某一值时,停止 E 的累加。

2.2.5 测试结果及结果分析

一、静态温度测量

测量方式:断开系统的加热装置,装入一定温度的水,保持环境温度和其他测量条件不变,利用标准的温度计测量水温,与系统给出的温度相比较。

由于在这种条件下,与测温速度相比,水温下降较慢,在测量中可认为是一个静态的过程,因此可以测出系统的静态温度测量效果。

测量仪器:DM6801 热电偶式数字温度计。

测量结果:见表 2.2.1。

表 2.2.1　测量结果数据

标准温度/℃	27.5	35.6	45.2	55.3	64.7	75.0	82.2
测量温度/℃	27.3	35.3	45.2	55.1	64.8	75.1	81.9
误差/℃	0.2	0.3	0.0	0.2	0.1	0.1	0.3

二、动态温控测量

测量方式:接上系统的加热装置,装入 1 L 室温的水,设定控温温度。记录调节时间、超调温度、稳态温度波动幅度等。

测量仪器:DM6801 热电偶式数字温度计。

测量条件:环境温度 24.2℃(附:加热电炉功率:1 000 W)。

测量结果:见表 2.2.2。在此仅以数值的方式给出测量结果,略去升温曲线图。调节时间按温度进入设定温度 ±0.5℃ 范围时计算。

表 2.2.2　测量结果数据

设定温度/℃	35	45	65	80
调节时间/min	8.2	9.5	11.0	12.5
超调温度/℃	1.8	2.0	2.3	2.5
稳态误差/℃	0.3	0.2	0.3	0.2

三、结果分析

由以上测量结果可见,系统性能基本上达到了所要求的指标。静态测温的精度主要由 DS1820 决定。DS1820 的精度比较高,这里采取了读取温度寄存器的办法,测温精度能够达到 0.2℃,再配合实际测量的修正,可以达到比较好的精度。

在控温指标中,影响系统性能的因素非常多。最关键的是加热系统本身的物理性质及控

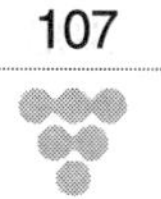

制算法。由于传感器必须加上防水设施,因此温度传感器难免会有迟滞,电炉加热本身的延迟、水对流传热等因素也会造成测温的延时,这些都会直接影响系统的控制性能。控制算法方面,需反复实验比较,在上升时间和超调量之间作权衡,选出综合效果较好的 PID 系数。

2.3 简易智能电动车
(2003 年全国大学生电子设计竞赛 E 题)

一、任务

设计并制作一个简易智能电动车,其行驶路线如图 2.3.1 所示。

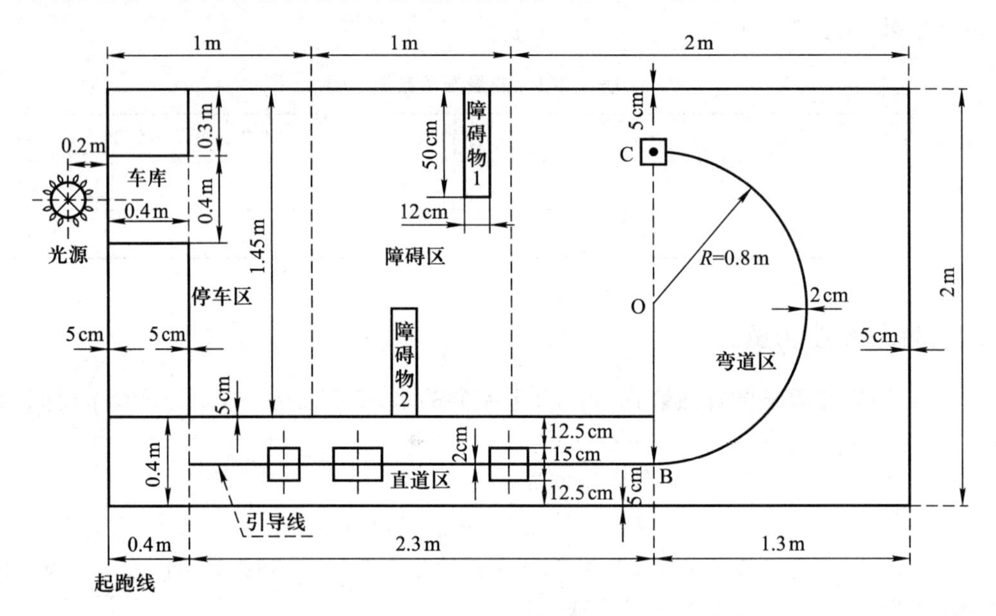

图 2.3.1 简易智能电动车行驶路线图

二、要求

1. 基本要求

(1) 电动车从起跑线出发(车体不得超过起跑线),沿引导线到达 B 点。在“直道区”铺设的白纸下沿引导线埋有 1 ~3 块宽度为 15 cm、长度不等的薄铁片。电动车检测到薄铁片时需立即发出声光指示信息,并实时存储、显示在“直道区”检测到的薄铁片数目。

(2) 电动车到达 B 点以后进入“弯道区”,沿圆弧引导线到达 C 点(也可脱离圆弧引导线到达 C 点)。C 点下埋有边长为 15 cm 的正方形薄铁片,要求电动车到达 C 点检测到薄铁片后在 C 点处停车 5 s,停车期间发出断续的声光信息。

(3) 电动车在光源的引导下,通过障碍区进入停车区并到达车库。电动车必须在两个障碍物之间通过且不得与其接触。

(4) 电动车完成上述任务后应立即停车,但全程行驶时间不能大于 90 s,行驶时间达到

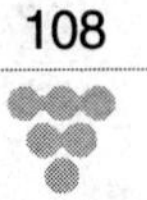

90 s时必须立即自动停车。

2. 发挥部分

(1) 电动车在“直道区”行驶过程中,存储并显示每个薄铁片(中心线)至起跑线间的距离。

(2) 电动车进入停车区域后,能进一步准确驶入车库中,要求电动车的车身完全进入车库。

(3) 停车后,能准确显示电动车全程行驶时间。

(4) 其他。

三、评分标准

	项　　目	满分
基本要求	设计与总结报告:方案比较、设计与论证,理论分析与计算,电路图及有关设计文件,测试方法与仪器,测试数据及测试结果分析	50
	实际完成情况	50
发挥部分	完成第(1)项	15
	完成第(2)项	17
	完成第(3)项	8
	其他	10

四、说明

(1) 跑道上面铺设白纸,薄铁片置于纸下,铁片厚度为0.5~1.0 mm。

(2) 跑道边线宽度5 cm,引导线宽度2 cm,可以涂墨或粘黑色胶带。示意图中的虚线和尺寸标注线不要绘制在白纸上。

(3) 障碍物1、2可由包有白纸的砖组成,其长、宽、高为50 cm×12 cm×6 cm,两个障碍物分别放置在障碍区两侧的任意位置。

(4) 电动车允许用玩具车改装,但不能由人工遥控,其外围尺寸(含车体上附加装置)的限制为:长度≤35 cm,宽度≤15 cm。

(5) 光源采用200 W白炽灯,白炽灯底部距地面20 cm,其位置如图2.3.1所示。

(6) 要求在电动车顶部明显标出电动车的中心点位置,即横向与纵向两条中心线的交点。

2.3.1 题目分析

对题目进行充分的分析和思考,将其中的目标、任务、指标归纳如下。

一、目标

设计制作一个智能小车,具有循线、金属检测、避障、寻光入库等功能。

二、任务

(1) 进行循线行进,包括直行和圆弧,并要检测线下安装的金属块。
(2) 避障,且障碍物的摆设不固定。
(3) 寻光源入库。
(4) 路程计算。

三、指标

(1) 检测出所有的金属块,以及它们的位置。
(2) 顺利避障,不应碰撞障碍物,尽可能不刮擦障碍物。
(3) 顺利入库,车体停放于车库黑线之内。
(4) 总耗时不超过 90 s,并尽可能减少耗时。

2.3.2 方案论证

一、循线检测

(1) 利用发光二极管和光电二极管构成检测电路。此方案的缺点在于其他环境的光源对光电二极管的工作产生很大的干扰,一旦外界光强改变,很可能造成误判和漏判,采用超高亮发光管可以在一定程度上提高抗干扰能力,但这又增加了额外的功耗。

(2) 利用红外发光管和红外光电管构成检测电路。此方案可以降低可见光的干扰,灵敏度高,同时其尺寸小、质量轻、价格也低廉,且电路简单,安装方便。

红外光检测电路又有调制型和非调制型之分:调制型发出的红外光是调制后的红外光,抗干扰能力更强,检测更加可靠,但电路相应也复杂一些。非调制型红外发光管保持常亮,通过反射光的有无来检测黑线。

相比之下,未经调制的检测方案电路简单,对于小车的应用已经能够胜任,采取一些其他的防干扰手段,如加遮光罩等,能够达到很好的检测效果。

综合考虑,选择非调制型的红外检测方案。

二、金属检测

金属检测要使用金属传感器。可以自制金属传感器,也可以选用集成的金属传感器。集成金属传感器不仅性能可靠,而且使用非常简单,直接输出数字信号,大大简化了电路的制作。

三、障碍检测

障碍检测可以使用超声波,也可以使用红外光,甚至还可以使用机械接触的方法,这些方法都有各自的优缺点。推荐使用超声波和红外光的方法,其检测灵敏可靠。这里选用了红外光检测,与循线检测不同的是,选用了调制后的红外光进行障碍检测。

四、驱动方式选择

小车使用的电机大多数都为小型直流电机,选用最常用的电机驱动控制方式,PWM + H

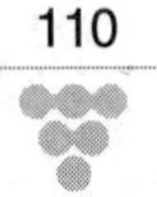

桥驱动。这种方法性能较好，而且电路和控制都比较简单。

五、光源检测

光源检测要使用光电器件，常见的光电器件有光电电阻、光电二极管、光电三极管等。为了检测光源的方位，下面介绍两种办法：

（1）使用两个光电管，当光源在中间时，两个光电管的输出相同，如图 2.3.2（a）所示。否则它们的输出就会存在差值，根据这个差值，可以对小车进行调整。

（2）可以使用光电管阵列，将许多的光电管按一定方式排列起来进行检测，图中排列成一个放射状，如图 2.3.2（b）所示。

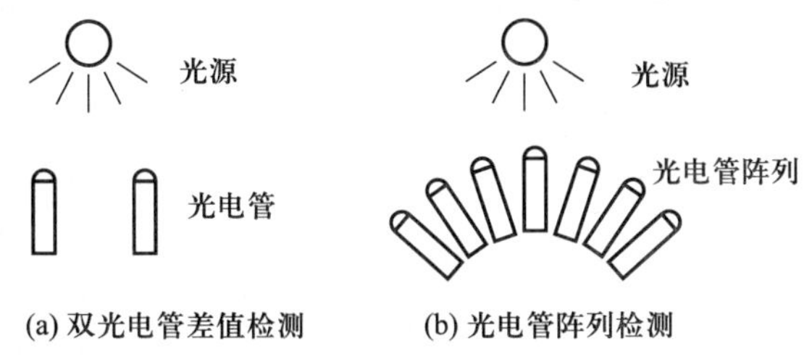

图 2.3.2　光源检测方案

只要使用得当，这两种办法都可以达到很好的检测效果，制作难度也都不高。这里选用了方法（2），这种方法比较容易保证检测的效果。

六、小车本体的选择

小车是整个系统的基础，小车的性能非常重要。考虑到电子设计竞赛的具体情况，一般不可能重新设计制作小车，因此小车一般使用现成的玩具车进行改装。

由玩具车改装的小车性能受玩具本身的影响，尤其转向性能对小车的总体性能的影响很大。常见的遥控小车如图 2.3.3（a）所示。图中后轮为驱动轮，前轮为转向轮，前轮的转向系统比较简单，具有左、中、右三个位置，转向角度不可调，因此小车的转弯半径也不可调。较好一些的小车使用舵机来驱动转向轮，转向角度可以进行调整，控制转弯的半径，这样的小车控制起来要灵活些。

此外，也可以选择使用差动运动结构的小车，如图 2.3.3（b）所示。这种小车一般具有两个轮子，依靠轮子的速度差进行转向。当两边轮子的速度相同时向前运动，速度不同时进行转弯。这种小车的运动最为灵活，转弯灵敏，控制性能较好。

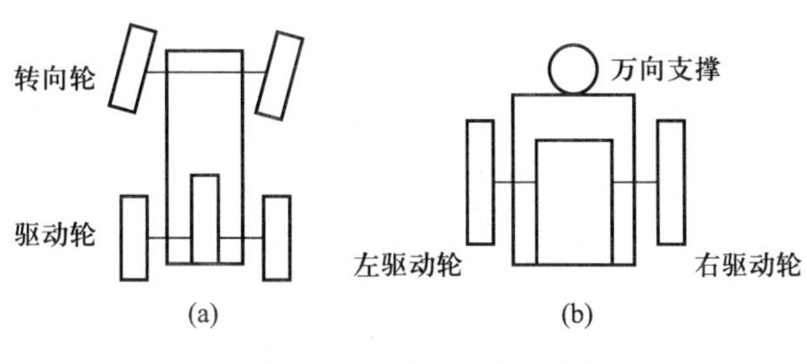

图 2.3.3　常见小车车体

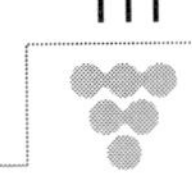

另一方面，选用小车时要注意小车的速度，切勿盲目选择速度较快的小车。主要由于控制方面的原因，当小车的行驶速度太快时，不易控制它的转弯和避障，为了降低小车的行驶速度，只好降低电机的电压。一般小车的驱动力本身就不太大，降压之后就更显“疲软”，在小车速度变慢的同时，驱动力也相应下降了，经常发生速度时快时慢的情况。因此宜选择速度比较适中、驱动力大的小车。

要根据实际情况来选择车体，在能购买到的小车中挑选性能较好的。这里选用了一种安装了舵机转向结构的遥控小车进行改装。

七、距离和速度测量

距离的测量可以通过测量轮子的转动圈数再经过换算得到。一般可以使用光电的方法测量，也可以通过磁钢和霍尔传感器来测量。

采用光电的方法测量转动时，需要在小车上安装码盘。在本设计中小车使用的是自制的码盘，如图 2.3.4 所示。可以采用反射的方式检测，车轮每转动一圈，可以检测到 12 个信号，若小车轮子直径为 5 cm，则每检测到一次转动信号，对应的移动路程为 1.3 cm，测量的精度足够满足题目要求。另外，码盘的分度不可过密，否则不能正确地检测出来。

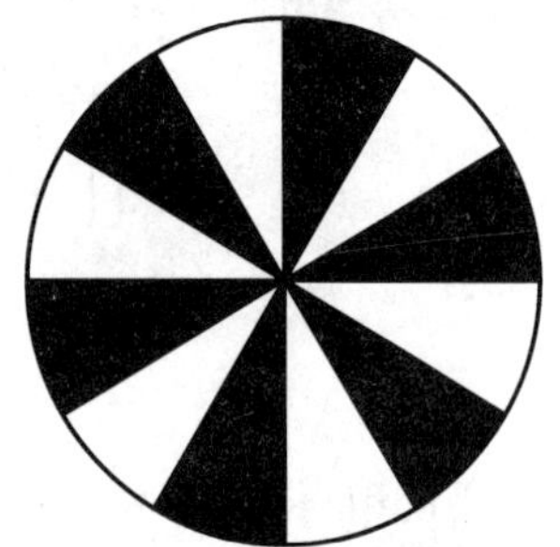

图 2.3.4 检测码盘

也可在车轮上安装磁钢，利用霍尔传感器进行测量，磁钢每经过一次传感器，输出一个信号，与码盘类似。

2.3.3 硬件设计

小车的硬件设计和制作主要包括电路的制作和小车的改装。小车的改装主要有结构的改装及传感器的安装。

一、循线检测电路

传感器检测电路如图 2.3.5 所示，调节 R_{P_1} 可以改变检测的灵敏度。本题设计了 6 个传感器，使用 6 套这样的电路，每个都可以独立地调节灵敏度。6 个光电传感器排成一排，组成一个传感器阵列，如图 2.3.6 所示。调试时要分别调节各个传感器检测电路的灵敏度，使它们均衡，以每个传感器都能检测到黑线为标准。

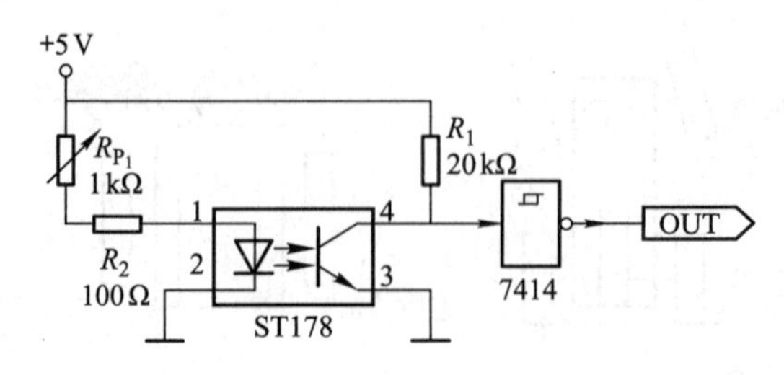

图 2.3.5 传感器检测电路

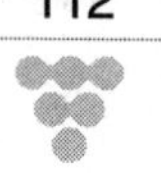

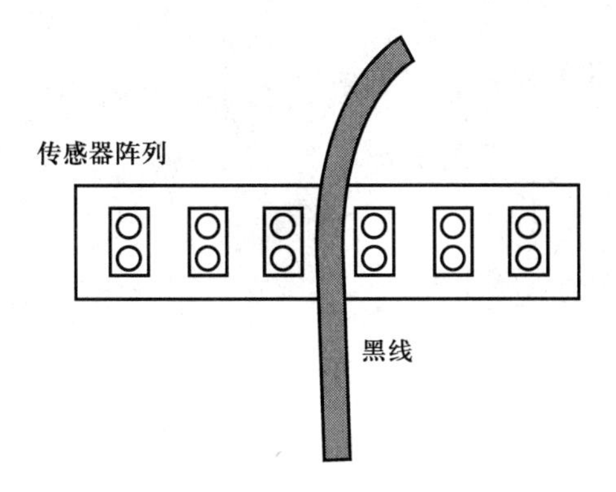

图 2.3.6　循线传感器布局图

二、金属传感电路及安装

金属传感使用集成金属传感器。集成金属传感器只有三根引线,两根为电源线,一根为输出线,使用非常简单,具体电路如图 2.3.7 所示。

传感器安放在车的前部,离地 1 cm,这样有利于可靠地检测金属片,如图 2.3.8 所示。

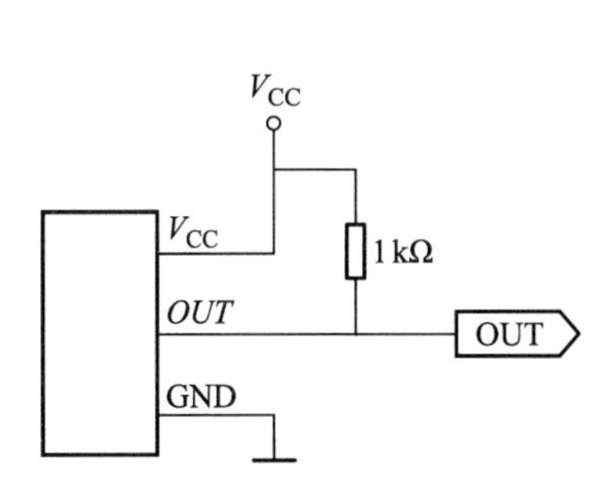

图 2.3.7　金属传感器连接电路图

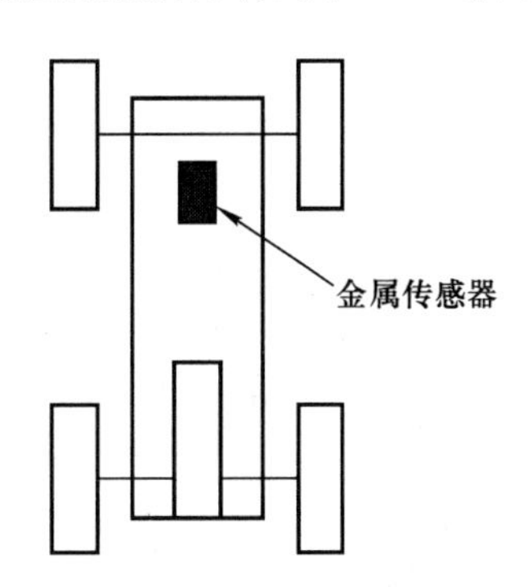

图 2.3.8　金属传感器安装位置

三、光源检测

光源的检测选用了光电二极管,与室内的光照相比,200 W 的白炽灯亮度很大,使用光电二极管可以很容易检测出来。

采用了 7 个光电管组成光电管阵列进行检测,实物如图 2.3.9 所示。在光电管的外面加上了一个遮光罩,使得一个光电管只对一个小角度内的强光源敏感。光电电路如图 2.3.10 所示,共需要 7 个这样的电路。

光电管阵列可以安装在小车的顶部,最好是在靠近车头的位置,如图 2.3.11 所示。由于在转弯时,车子的前部转过的角度较大,因此安装在靠近车头的位置有利于提高光源搜索的效率。我们曾做过实验,同一辆小车,将光电管阵列分别安装在中部与前部,尽管两者的位置相差仅仅 5 cm,前部安装的入库准确性比中部安装的提高了一倍多。

图 2.3.9　光电管阵列实物图

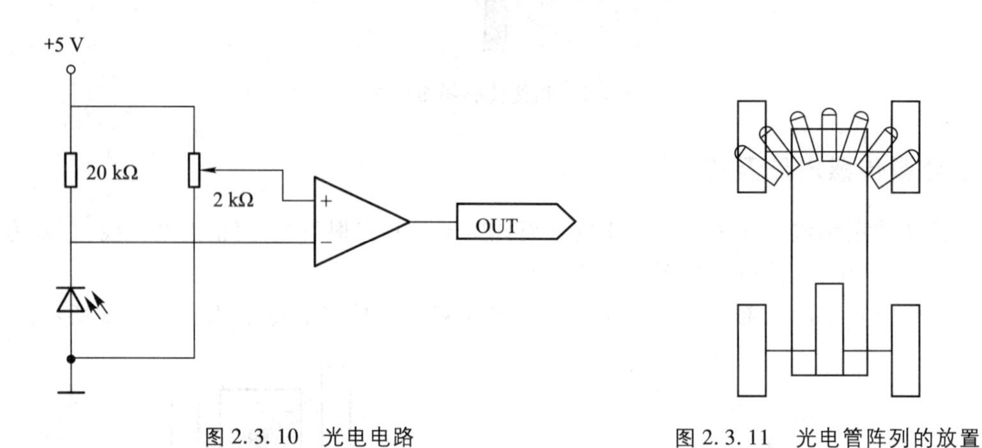

图 2.3.10　光电电路　　　　图 2.3.11　光电管阵列的放置

四、障碍检测电路

障碍检测选用了红外检测的方式，由于要检测前方 7 ~ 8 cm 的障碍物，因此使用调制后的红外光比较合适，抗干扰能力强，在一般的室内光照条件下可以正常地工作。

要说明的是，红外检测电路有已做好的成品模块，可以直接选用，工作可靠，使用也很简单。

这里采用红外一体化接收头和 555 电路来制作检测电路，电路如图 2.3.12 和图 2.3.13 所示。其中 R_{P1} 用于调整红外光的载波频率，应调整为 40 kHz，R_{P2} 用于调整发光管的强度，可以达到调整检测距离的目的。

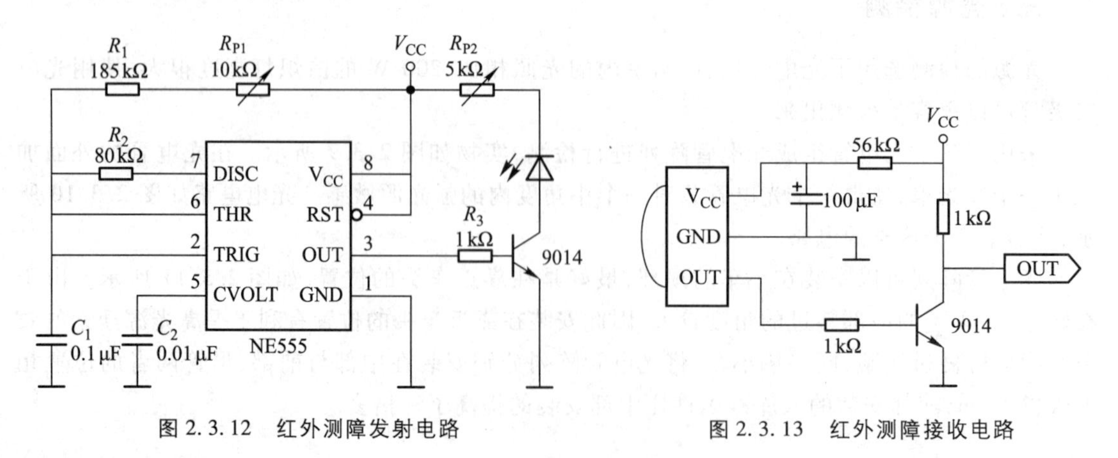

图 2.3.12　红外测障发射电路　　　　图 2.3.13　红外测障接收电路

五、电机驱动

小车电机的驱动采用 L298 集成 H 桥芯片。L298 中有两套 H 桥电路，这里只使用了其中一套，电路如图 2. 3. 14 所示。为达到较好的控制效果，同时减少小车的总耗时，在循线、避障和入库时需要采用不同的速度，使用 PWM 方式可以很容易地实现调速。PWM 信号由单片机的硬件产生，使用非常方便。由于电路总体上并不复杂，驱动电路的控制输入端也可不经光耦合隔离，直接与单片机引脚相连。

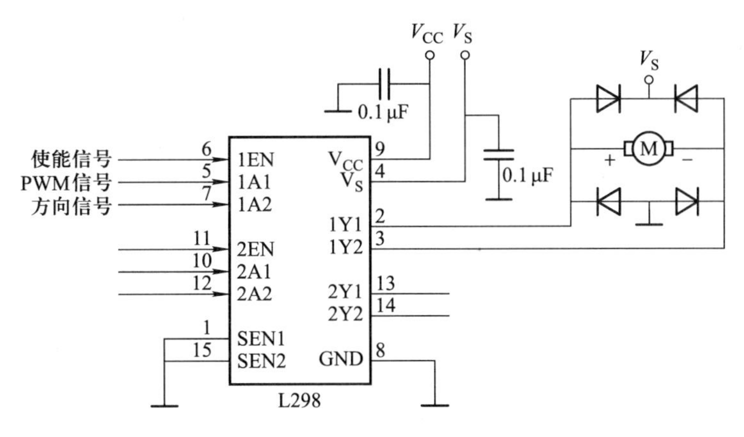

图 2. 3. 14　电机驱动电路

六、电源电路

小车上自带了 9. 6 V 的动力镍氢电池组，可以用来给电机提供电力，经过稳压后还能给控制系统提供电源，电源电路如图 2. 3. 15 所示。本系统所用的电池组电力比较充沛，电池容量高达 1 800 mA · h，一次充满电后可以给整个系统提供很长时间的电力，避免了频繁地更换电池，提高了可靠性。

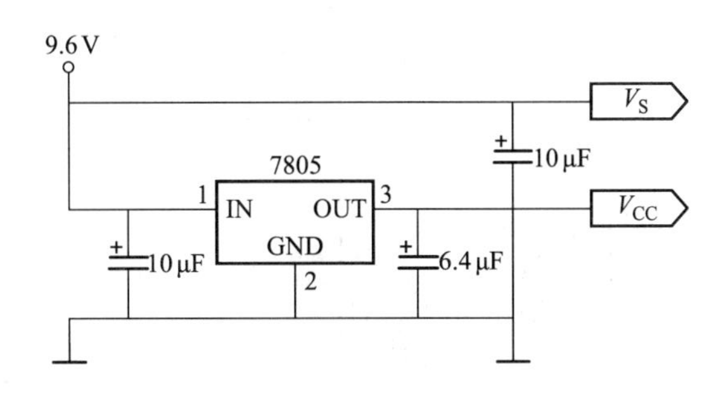

图 2. 3. 15　电源电路

七、主控电路

小车的控制由单片机完成。单片机要完成路程计算、电机控制、循线控制、避障控制和入库控制等工作。考虑到电机的控制要用到 PWM 波形，而 AT89S51 等单片机本身不能产生

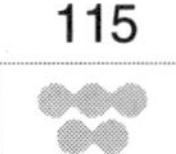

PWM,需要外加电路或使用软件的方式实现,应用稍有不便,因此选用了一款自带 PWM 模块的单片机——P89C51RD2。

P89C51RD2 的指令系统与 80C51 兼容,引脚与 AT89S51 兼容,在 6 时钟模式下,运行速度比 AT89S51 系列快一倍。其内部资源非常丰富,具有 64 KB ROM、2 KB RAM,有 4 组 8 位 I/O 口、3 个 16 位定时/计数器、多个中断源、4 个中断优先级嵌套中断结构、1 个增强型 UART,片内振荡器及时序电路,可以使用硬件的方式产生 PWM 波,非常适合用作电机控制。

循线检测和光源检测的传感器数目比较多,因此使用总线的方式将它们连接到单片机上。要注意这些模块的输出要经过三态门后才能连接到总线之上。主控电路如图 2.3.16 所示。

图 2.3.16 中 *LCD* 为液晶显示模块的数据总线,*LCD_CS* 为其片选信号线。*TRACK* 为循线检测模块的数据总线,*TRACK_CS* 为其片选信号线。LIGHT 为光源检测模块的数据总线,*LIGHT_CS* 为其片选信号线。*Block* 为测障模块的输入,*Wheel* 为码盘信号输入,*Metal* 为金属传感信号输入。*MOTOR_PWM* 为电机 PWM 信号输出,*MOTOR_DIR* 为电机方向信号的输出。*LED* 为一发光指示管的控制端,*BB* 为一蜂鸣器的控制端。*Servo* 为转向舵机的控制信号线。

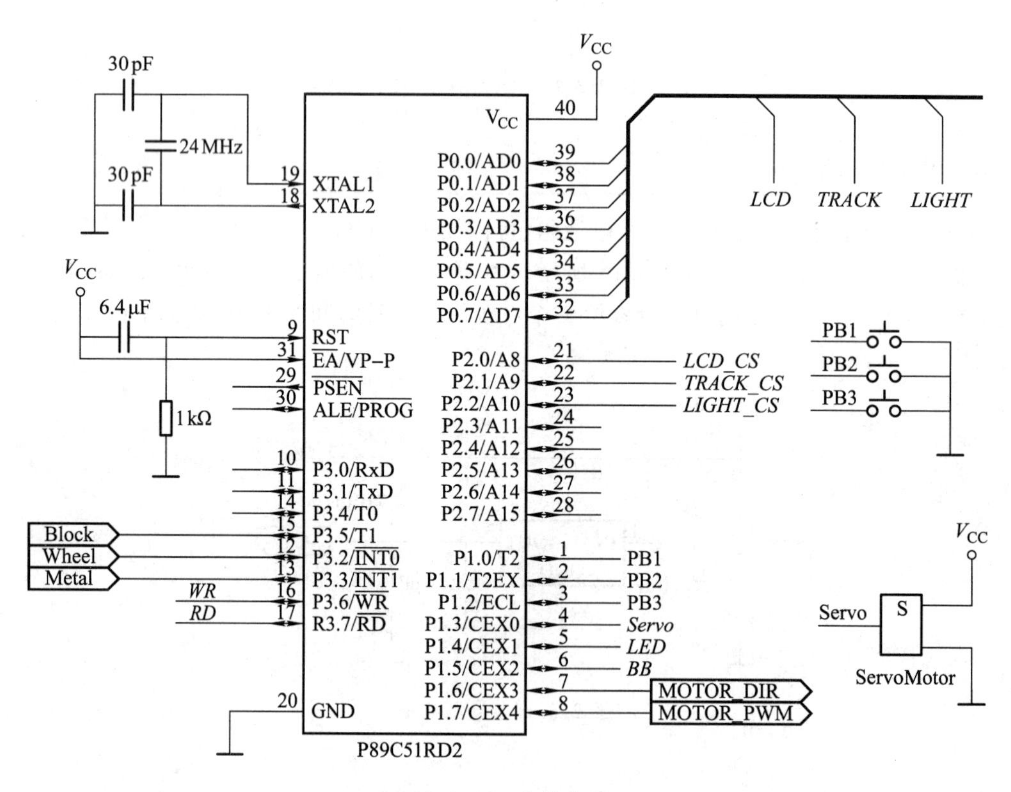

图 2.3.16 主控电路

其中 PWM 信号由单片机内部模块产生,码盘和金属传感器采用中断方式工作,其余引脚均使用 I/O 方式工作。

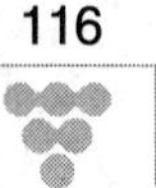

2.3.4 软件设计

一、循线算法设计

采用传感器的布局，可以将黑线位置用数字标记，如图 2.3.17 所示。

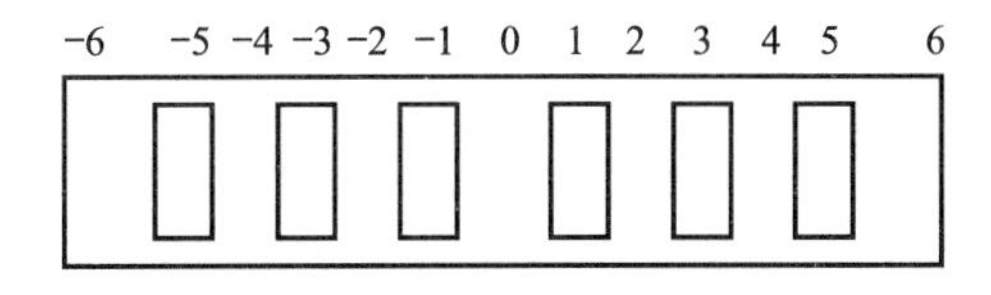

图 2.3.17 黑线位置的标定

可见，这个传感器阵列可以给出 13 级的黑线位置，与适当的循线算法配合，足够循线控制使用。

在初始状态下，黑线应位于传感器的中间，此时 6 个传感器都检测不到黑线。用白色表示未检测到黑线，黑色表示检测到。当黑线从中间逐渐往右移动时，对应的传感器状态和黑线位置如图 2.3.18 所示。左移的情况可以类推。

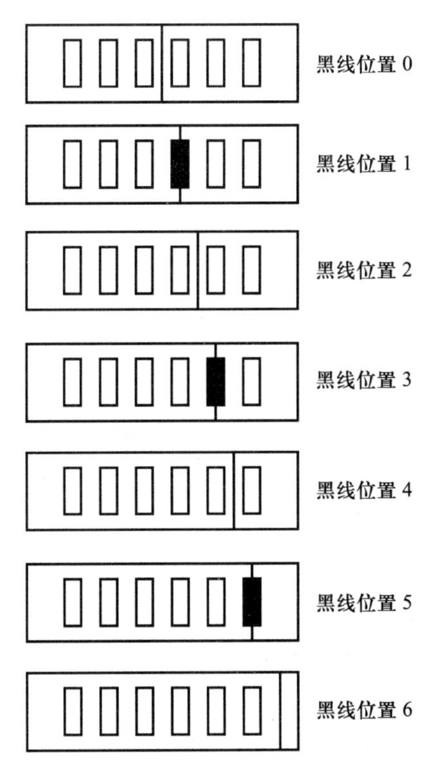

图 2.3.18 传感器状态图与黑线位置

从图 2.3.18 中可以看出，对于黑线位置 0、2、4、6，它们所对应的传感器状态都是一样的，必须借助历史的传感数据才能确定出具体的位置。因此要特别注意的是，在这种检测方式中，单片机对循线检测数据的采样速率必须足够快，否则如果漏掉其中一个状态，将导致错误的结果。

取得黑线的位置后,就可以根据黑线偏离的程度控制舵机的转角,从而调整小车的转向,使其转回中间的位置。纠偏算法很多,最简单的一种就是将舵机的转角直接与黑线的位置构成比例。这种简单的控制算法可靠而实用,不过在较大的转弯处容易产生振荡的情况,车子要来回摆几次才能回到黑线上,摆动的幅度过大时,还容易导致小车无法返回。

二、避障算法设计

避障的问题可以很复杂,为了简化设计、编程及调试,宜使用一种比较简单的解决方法。结合竞赛要求,注意到障碍的具体布局是上下各有一障碍,因此小车首先可以直行进入障碍区,检测到障碍后左转,并开始寻光源入库,若再次检测到障碍,则向右转。

这个避障的程序不能保证对所有的障碍物布局情况都能顺利地避障,但对大多数的情况确实能有效地进行避障。障碍物的检测距离和小车的转弯半径对避障的效果有较大的影响,根据具体的调速情况,应调整并选择一个合适的检测距离。

三、寻光源入库算法设计

寻光源入库的问题同样也可以很复杂,仍然提倡使用一种比较简单的解决方法。光源传感阵列也由 7 个光电管组成,如图 2. 3. 19 所示,与循线不太一样的是,光电管排列比较紧密,给出的是 9 级光源方位。

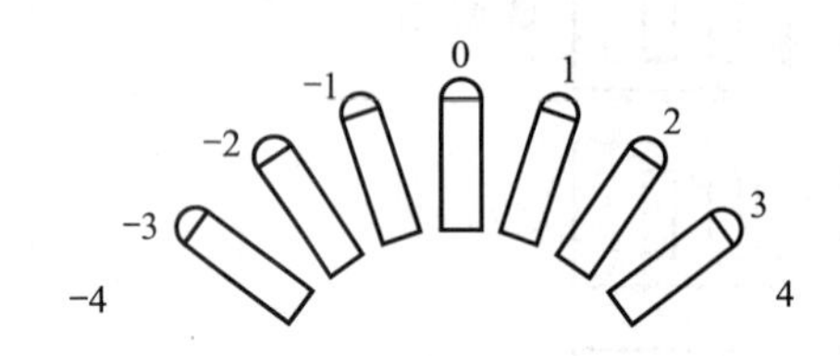

图 2. 3. 19 光源位置定位

与循线类似,可以使用一种简单的算法进行寻光源,即直接使舵机的转角与光源的位置成比例。在检测入库情况时,可以使用循线传感器,检测是否到达底端的黑线。

四、控制总流程

控制程序主要按照“循线→停车→避障→寻光→停车”的程序运行,控制总流程如图 2. 3. 20 所示。

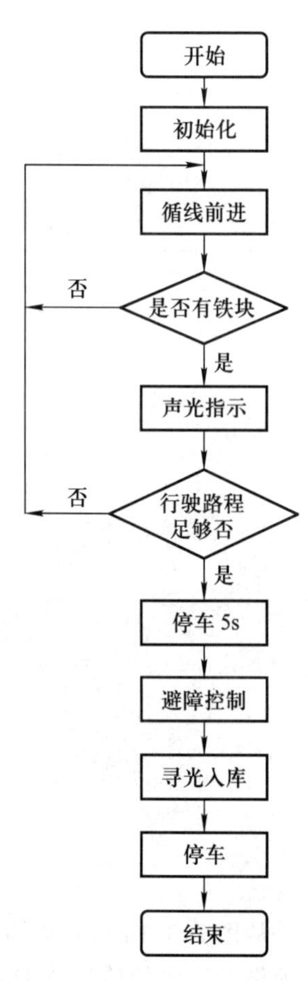

图 2. 3. 20 控制总流程图

2. 3. 5 测试结果及结果分析

最后的测试显示,本小车达到了较好的性能。小车的电源一次充满电后,连续进行了 20 次的测试,其中有 15 次是将障碍物随机放置。

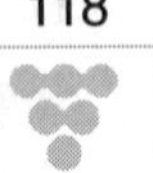

小车完成全部动作的平均耗时是 17 s,最少的时间是 14 s,其中循线行进平均耗时 3.5 s。在 20 次运行中,有一次入库失败,一次车体轻擦障碍,其余情况均良好。小车的性能总体较好。

分析小车的性能,影响小车性能的因素除电路设计外,主要还有以下几点:

1) 小车车体本身的性能

这点对小车总体性能的影响很大,在进行改装前务必选择性能较好的小车。

2) 传感器的安装和布局

检测效果的好坏,不仅取决于相应的检测电路设计,也在很大程度上受传感器安装方式的影响,只有安装和布局模式合理,才能更好地发挥其作用。同时,不同的布局,也可能要求不同的检测方式和电路设计。

传感器的布局一般还要在调速中进行调整,在设计时要充分考虑,给今后的调整留下空间。

3) 控制算法

在硬件的基础上,控制算法影响着最后的性能。如果前期的硬件制作比较到位,性能较好,控制算法就有了一个较高的起点,容易达到较好的性能。这时可以考虑比较复杂一些的控制方法,可以应用若干人工智能的知识,使小车更好地完成任务。

2.4 自动往返小车

(2001 年全国大学生电子设计竞赛 C 题)

一、任务

设计并制作一个能自动往返于起跑线与终点线间的小汽车。允许用玩具汽车改装,但不能用人工遥控(包括有线和无线遥控)。

跑道宽度 0.5 m,表面贴有白纸,两侧有挡板,挡板与地面垂直,其高度不低于 20 cm。在跑道的 B、C、D、E、F、G 各点处画有 2 cm 宽的黑线,各段的长度如图 2.4.1 所示。

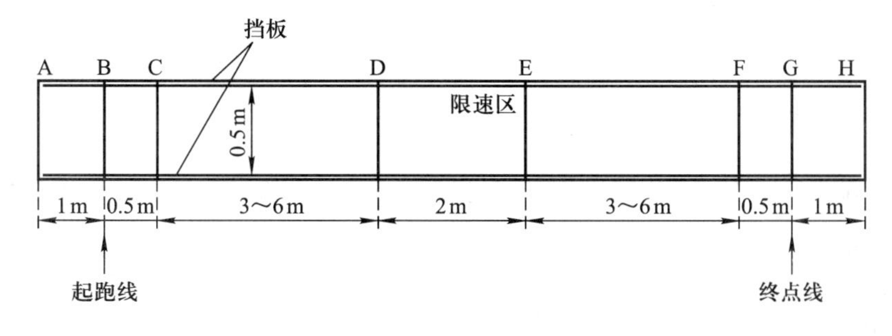

图 2.4.1 自动往返小车跑道顶视图

二、要求

1. 基本要求

(1) 车辆从起跑线出发(出发前,车体不得超出起跑线),到达终点线后停留 10 s,然后自动返回起跑线(允许倒车返回)。往返一次的时间应力求最短(从合上汽车电源开关开始计时)。

(2) 到达终点线和返回起跑线时,停车位置离起跑线和终点线偏差应最小(以车辆中心点与终点线或起跑线中心线之间距离作为偏差的测量值)。

(3) D～E 间为限速区,车辆往返均要求以低速通过,通过时间不得少于 8 s,但不允许在限速区内停车。

2. 发挥部分

(1) 自动记录、显示一次往返时间(记录显示装置要求安装在车上)。

(2) 自动记录、显示行驶距离(记录显示装置要求安装在车上)。

(3) 其他特色与创新。

三、评分标准

项目与指标		满分
基本要求	设计与总结报告:方案比较、设计与论证,理论分析与计算,电路图及有关设计文件,测试方法与仪器,测试数据及测试结果分析	50
	实际制作完成情况	50
发挥部分	完成第(1)项	15
	完成第(2)项	25
	完成第(3)项	10

四、说明

(1) 不允许在跑道内外区域另外设置任何标志或检测装置。

(2) 车辆(含在车体上附加的任何装置)外围尺寸的限制:长度≤35 cm,宽度≤15 cm。

(3) 必须在车身顶部明显标出车辆中心点位置,即横向与纵向两条中心线的交点。

2.4.1 题目分析

与简易智能小车相比,这个题目显得比较简单。对题目的目标、任务、要求分析如下。

一、目标

设计和制作一个往返小车。小车的任务是按指定要求往返通过各个区域,并力求时间最短。

二、任务

(1) 跑道内行驶。由于跑道两边有挡板,因此小车一般无法冲出跑道,只需行进即可。但为了提高行驶的速度,也可以加上检测控制措施,使小车不与挡板接触。

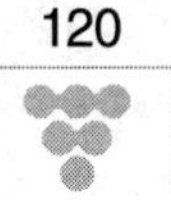

（2）检测相应的标志线，区分不同的区域。区分区域的关键是要正确检测出每一条标志线，主要依靠标志线的计数来划分区域。

（3）按照指定要求行车，限速区限速，终点停车，往返行进。

（4）行车时间和距离的测量显示。

三、要求

（1）行车时间尽可能短。

（2）限速区限时 8 s。

2.4.2 方案论证

本题总体来说是比较简单的，很多地方都可以直接使用智能小车中的设计。

一、小车行驶方案

小车在跑道中行驶时，由于跑道较长，而且小车不一定能严格沿着直线行驶，因此很可能会碰到两侧的挡板，如果没有相应的措施，容易使小车的行驶速度受到影响。主要的解决方法有两种，即被动式和主动式。

1）被动式

这种方法比较简单，直接在车的前端加上导向杆即可，如图 2.4.2 所示。当小车撞到挡板时，导向杆与挡板接触，使小车贴着挡板行进。由于小车还会倒车行驶，因此在小车的后部也应装上导向杆。为了减少摩擦，还可在导向杆的端部装上导向轮。这种方法虽简单，但可靠、实用，是一种较好的办法。

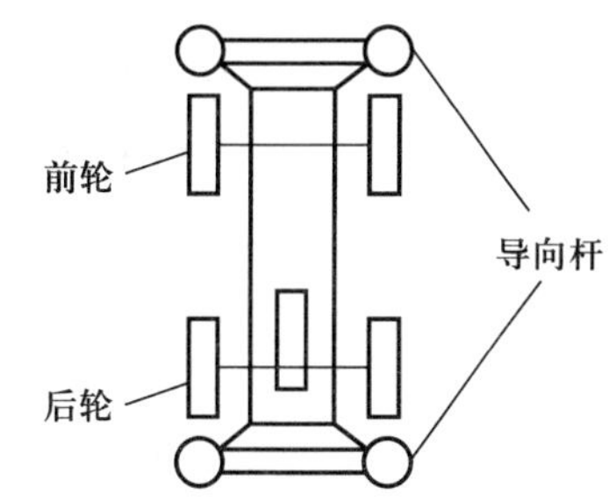

图 2.4.2　小车与导向杆

2）主动式

这种方式需要检测小车与挡板间的距离，当距离过近时，控制小车稍作转向，避免小车撞到挡板。

由于这种方法避免了小车与挡板的摩擦碰撞，因此如果使用得当，有利于小车行驶速度的提高。但与被动式相比，这种方法要复杂很多。

首先要测量出小车与挡板间的距离，测量的方法也有很多，一般有机械式、红外式、超声式等。

机械式的方法是使用两个碰撞开关，分别装在车头两侧，当开关接触到挡板时发出一个信号，使小车做出相应的纠正动作。这种方法在检测上是很可靠的，但不足之处是存在碰撞开关与挡板的摩擦。

红外式的方法是利用红外线检测小车与挡板间的距离，当距离过近时发出相应的信号，这是一种无接触的检测，与智能小车中的避障检测十分类似。

超声式的方法也是一种无接触的检测，是利用超声波检测小车与挡板间的距离。超声检测不仅可以在距离过近时发出信号，甚至还能给出距离值，十分有利于小车的行驶控制，但相应地检测电路也要复杂一些。

同时还应注意的是，如果只在小车的一侧安装检测装置，还不能取得较好的效果，最好能在两侧都装上检测装置。

总体分析，选择了使用红外式检测的主动式行驶方式。

二、其他方案选择

小车还有黑线检测、路程计算、电机控制、电源等方案的选择，具体可以参照智能小车的方案选择。在黑线检测中，由于此题的检测任务比较简单，因此只需安装一个检测管即可。

2.4.3 硬件设计

本往返小车的硬件设计几乎都可以借用智能小车中的设计。其中在挡板检测中，由于检测距离不是很长，也可以使用未经调制的红外光，电路与黑线检测所使用的相同，适当调整检测距离即可。小车的传感器布局如图 2.4.3 所示。

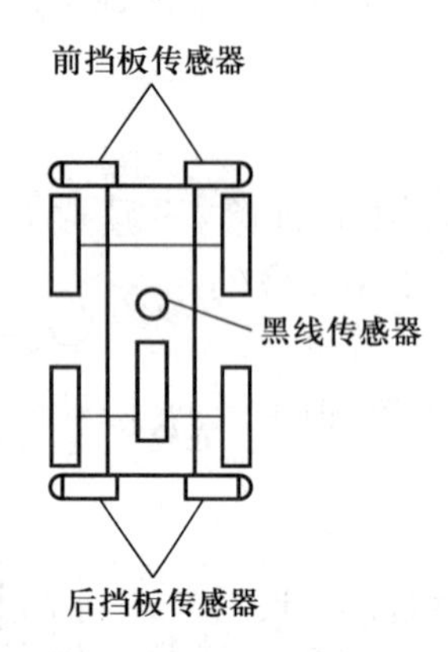

图 2.4.3　小车传感器布局

2.4.4 软件设计

小车的软件设计主要是要控制行驶速度的切换。在行驶区域，可以以较高的速度行驶，进入限速区或快到终点时，要尽快将电机的速度降下来。要想使电机迅速减速或制动，可以向旋转中的电机施加反向电压，不过此时电机通过的电流很大，对驱动电路、电机和电源都是一个考验，设计时要充分考虑。小车的主控程序流程图如图 2.4.4 所示。

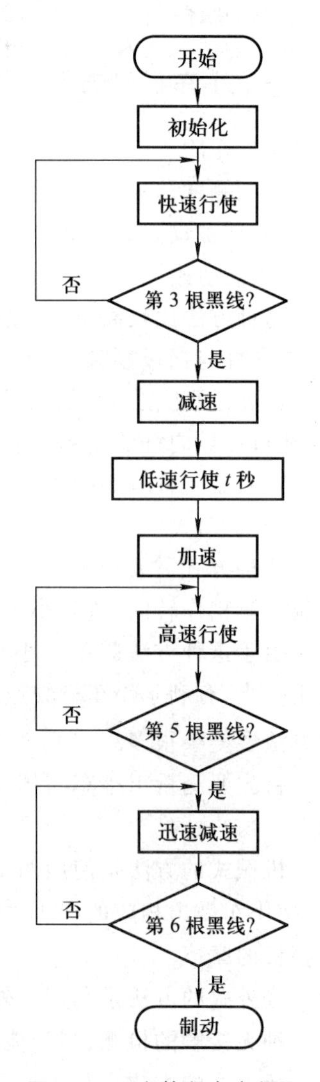

图 2.4.4　主控程序流程图

2.4.5 测试结果及结果分析

对小车的关键指标进行了测试，测试结果见表 2.4.1。

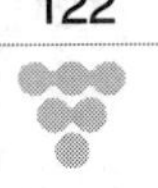

表 2.4.1　测 试 结 果

指标 / 第 i 次测量	总时间/s	总里程/m	平均车速/ms^{-1}	限速区平均时间/s	停车时间/s	终点线停车位置偏差/mm	起跑线停车位置偏差/mm
1	35.2	16.2	0.46	9.5	10	5	8
2	40.1	16.8	0.42	9.5	10	7	15
3	42.6	15.9	0.37	10	10	8	10

本小车顺利完成了题目的预定任务,总体性能良好。

为尽量减少小车的行驶时间,可以在控制流程上下功夫。例如,可以在限速区快到尽头时提前加速,这样当小车一进入行驶区时就能以较快的速度行驶。

2.5　液体点滴速度监控装置
(2003 年全国大学生电子设计竞赛 F 题)

一、任务

设计并制作一个液体点滴速度监测与控制装置,示意图如图 2.5.1 所示。

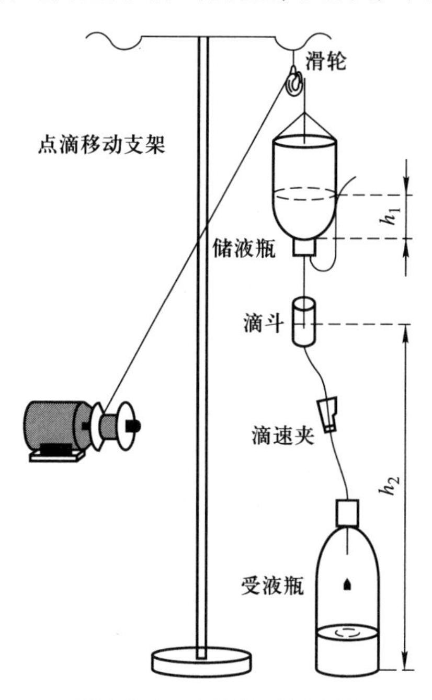

图 2.5.1　点滴装置示意图

二、要求

1. 基本要求

(1) 在滴斗处检测点滴速度,并制作一个数显装置,能动态显示点滴速度(滴/分)。

（2）通过改变 h_2 控制点滴速度，如图 2.5.1 所示；也可以通过控制输液软管夹头的松紧等其他方式来控制点滴速度。点滴速度可用键盘设定并显示，设定范围为 20～150 滴/分，控制误差范围为设定值 ±10% ±1 滴。

（3）调整时间≤3 min（从改变设定值起到点滴速度基本稳定，能人工读出数据为止）。

（4）当 h_1 降到警戒值（2～3 cm）时，能发出报警信号。

2．发挥部分

设计并制作一个由主站控制 16 个从站的有线监控系统。16 个从站中，只有一个从站是按基本要求制作的一套点滴速度监控装置，其他从站为模拟从站（仅要求制作一个模拟从站）。

（1）主站功能：

① 具有定点和巡回检测两种方式。

② 可显示从站传输过来的从站号和点滴速度。

③ 在巡回检测时，主站能任意设定要查询的从站数量、从站号和各从站的点滴速度。

④ 收到从站发来的报警信号后，能声光报警并显示相应的从站号；可用手动方式解除报警状态。

（2）从站功能：

① 能输出从站号、点滴速度和报警信号；从站号和点滴速度可以任意设定。

② 接收主站设定的点滴速度信息并显示。

③ 对异常情况进行报警。

（3）主站和从站间的通信方式不限，通信协议自定，但应尽量减少信号传输线的数量。

（4）其他。

三、评分标准

	项　　目	满分
基本要求	设计与总结报告：方案比较、设计与论证，理论分析与计算，电路图及有关设计文件，测试方法与仪器，测试数据及测试结果分析	50
	实际制作完成情况	50
发挥部分	完成第（1）项	22
	完成第（2）项	13
	完成第（3）项	5
	其他	10

四、说明

（1）控制电机类型不限，其安装位置及安装方式自定。

（2）储液瓶用医用 250 mL 注射液玻璃瓶（瓶中为无色透明液体）。

（3）受液瓶用 1.25 L 的饮料瓶。

（4）点滴器采用针柄颜色为深蓝色的医用一次性输液器（滴管滴出 20 点蒸馏水相当于

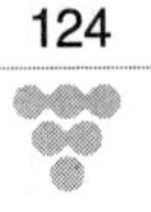

1 mL ± 0.1 mL)。

(5) 赛区测试时，仅提供医用移动式点滴支架，其高度约 1.8 m，也可自带支架；测试所需其他设备自备。

(6) 滴速夹在测试开始后不允许调节。

(7) 发挥部分第(2)项从站功能中，③ 中的"异常情况"自行确定。

2.5.1 题目分析

对题目进行综合分析，进一步了解本题的主要任务、功能。

一、任务

液滴检测、液滴速度控制、主从站通信。

二、系统功能

1. 设计从站

(1) 检测并显示液滴速度；

(2) 根据设定调节液滴速度，调节时间 t 小于 3 min；

(3) 液面过低报警。

2. 设计主站

(1) 接收从站的检测数据；

(2) 向从站发送命令。

2.5.2 方案论证

本题的主要制作部分为从站。

根据题目要求，从站系统可以划分为以下几个模块，如图 2.5.2 所示。

对于各部分功能的实现，分别有以下一些不同的设计方案。

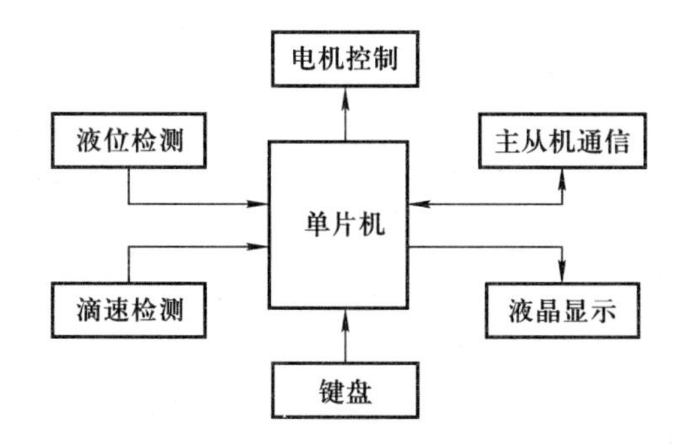

图 2.5.2 从站系统模块框图

一、滴速检测模块

方案一：采用电容式传感器测量点滴速度。在输液器的滴斗外围放置一对电极，形成一个电容。当液滴滴下时电容量发生变化,可通过 LC 振荡电路来测量这个电容的变化。当输出的频率值发生变化时,说明有液滴通过,可以达到监测点滴速度的目的。此方案的测量精度较高,可靠性好。

方案二:可用发光二极管与光电二极管的传感电路。由于光电二极管受外界光源影响很大,一旦外界光强改变,就会影响对液滴的判断。采用超强亮度发光管可以减少干扰,但功耗较大。

方案三:采用脉冲调制的红外传感器测量点滴速度。当液滴滴下时,红外发射管发射的光透过液滴后强度发生变化,接收管接收输出变化的电压信号。此信号经过放大整形后被转化为 TTL 电平信号送给单片机计数来测量点滴速度。该传感器具有体积小、灵敏度高、线性度好等特点,外围电路简单,性能稳定。

基于以上分析,选用方案三。

二、滴速控制方式

方案一:可通过控制滴速夹夹紧度的办法控制滴速。这种办法控制灵敏,方便,体积小巧。但控制线性较差,且要有相应的灵敏可靠的机械装置,在不便制作该装置的条件下,不宜采用此方法。

方案二:通过调节滴瓶高度的方法控制滴速。这种方法简便易行,控制可靠,是推荐使用的控制方式。

三、驱动方式的选择

方案一:可使用直流减速电机驱动滴瓶,也就是使用直流电机,加上适当减速比的减速器。这种方式比较简单易行,直流电机的控制方法主要是调节加在电机上的电压。但由于直流电机是连续运转,因此要对位置进行精确控制,还应加上码盘等传感器构成位置伺服系统。

方案二:可使用步进电机驱动滴瓶,根据需要,可能还需配上相应的减速器。这也是一种很好的驱动方案,步进电机可以实现开环控制,不需外加位置传感器,可实现精确的位置控制。

这两种方案都能达到很好的控制效果,而且相应的控制电路也不复杂。主要的问题取决于手头上容易找到的电机。特别值得一提的是,减速器的选用比较重要。由于滴瓶装满水后,重量较大,一般电机难以直接驱动,因此一般都需要安装一个较大减速比的减速器。减速比过小,电机无法带动负载,减速比过大,电机速度又过慢,影响性能。另外,由于当滴瓶不调节时,电机处于停转状态,要保持滴瓶不会自动下来,电机或者减速器应该具有自锁功能,蜗轮蜗杆减速器是一种很好的选择,减速比较大而且能够实现自锁。

鉴于手头恰好有合适的直流电机,因此选用直流电机驱动。

四、液位检测

方案一:采用超声波脉冲回波方法检测液位。测出超声波脉冲从发射声波到接收声波所需要的时间,根据超声波的声速及发射传感器与液面的距离算出液位高度。由于短距离内超声波存在盲区而影响精度,而且超声波检测装置安装复杂,不太适于用来进行液位监测。

方案二：采用电容传感器测液位。在储液瓶的瓶身正对贴两片金属薄片作为传感电容，储液液面下降，电容两极间的介电常数减小，电容值随之减小，设法测出电容值，当电容值变化较大时，说明液面已经低于设定值。这种办法不需与液体直接接触，可靠性较好，但电路稍微复杂一些。

方案三：通过测量电阻测液位。在储液瓶内嵌入两片金属片，将其固定于警戒液面处，当瓶中液面将金属片浸没时，两金属片间的电阻相对较小，一旦液位低于警戒液面，金属片将露出液面，此时两金属片间的电阻很大。由于金属片露出液面和浸入液面时的电阻区别极其明显，因此此方案很容易实现对液位的监测。

方案四：液滴计数法。由于液滴的体积是基本固定的（1/20 mL），而且滴瓶初始的液体体积也是基本一样的，因此可以通过计算液体滴数的办法换算出滴出液体的体积，与初始体积相比较，决定报警的时刻。

基于以上分析，选用方案三。

五、主从机通信模块

方案一：并行方式。采用并行通信模块，但由于传输线太多，成本高，而且不适于远距离通信，因此放弃此方案。

方案二：I^2C 总线方式。采用 I^2C 总线方式只要两条线就能实现多机通信，但不适用于较远的通信。对于没有其接口的单片机来说，软件模拟 I^2C 较复杂。

方案三：无线网络通信方式。相比有线传输，无线传输在某些特定的条件下具有无法比拟的优势，而且有许多现成的无线通信模块可以选用，是一种较好的方案，但应根据成本、距离等具体情况决定是否选用。

方案四：采用 RS－485 总线型半双工串行通信。RS－485 只需两根传输线，采用差分电平传送信号，抗干扰能力强，有效传输距离可达 1 200 m，而且 RS－485 具有组网能力强的特点，组网时只需将 A、B 两根线直接接入网络。采用合适的接口芯片，节点数多达 256 个。

本系统对通信速率要求不高，且要求信号线尽量少，根据具体的情况和条件，这里选择了方案四，主站采用“广播－应答”的通信方式实现对从站的通信。各从站均采用 MAX487E 接口芯片实现 TTL 到 RS－485 的转换。

2.5.3 硬件设计

一、滴速检测电路

本系统采用了红外光电传感器测量滴速，由于红外光波长比可见光长，且红外传感器具有体积小、重量轻、易于安装等优点，是检测滴速的首选传感器。

其电路原理图如图 2.5.3 所示。该电路采用了 LM567 锁相环音频译码集成电路。LM567 专门用于解调某一单音频率的调制信号，在工业自动控制、遥控遥测等领域有着广泛的应用。

当接收管接收到反射回的信号时，LM567 的输出端输出低电平，根据对输出端电平变化的检测可以实现滴速的测量。电路的输出可以输入单片机的中断，当有液滴落下时，单片机接收到一个中断信号，进行液滴计数。调节 R_P 可以改变检测电路的灵敏度。

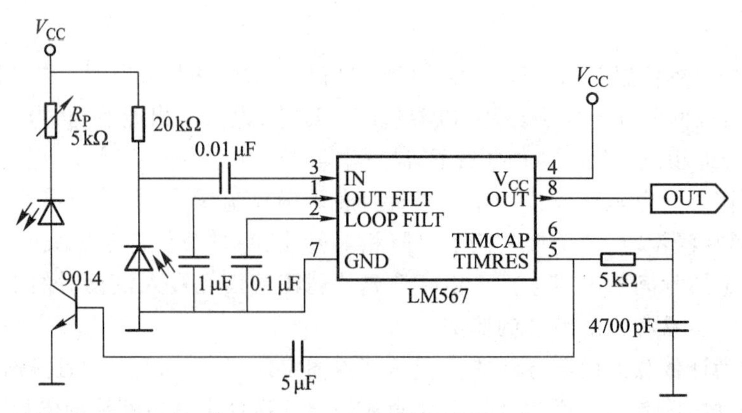

图 2.5.3　滴速检测电路

本电路的最大特点是红外线发射部分不设专门的信号发生电路，而是直接从接收部分检测电路 LM567 的 5 脚引入信号，此信号是 LM567 锁相音频译码器的锁相中心频率，这样既简化了线路和调试工作，又防止了周围环境变化和元件参数变化对收发频率造成的差异，实现了红外线发射与接收工作频率的同步自动跟踪，使电路的稳定性和抗干扰能力大大加强。

二、电机驱动电路

电机驱动采用 L298 作为驱动电路，采用 PWM 方式调速，电路如图 2.5.4 所示。实际上，在这个电路中，电机不需要进行调速，只需控制其正反转即可，但为了便于调试，仍旧保留了调速功能。

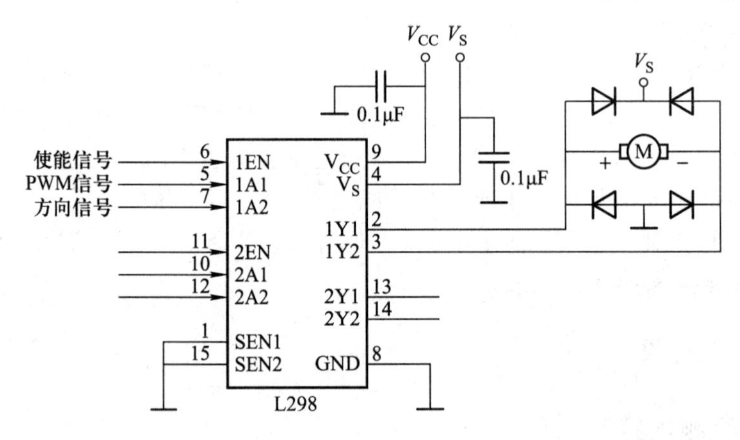

图 2.5.4　电机驱动电路

L298 具有两路 H 桥驱动电路，这里只应用了一路，电机电源采用 12 V 直流电。为简化电路设计，并未使用光电耦合隔离。

在输液的过程中，滴瓶中水的重量会发生变化。因此在给定的电压之下，由于电机的负载会发生变化，电机的转速也会发生变化。在本系统的控制方案中，要对滴瓶的位置进行控制，也就是要对电机转动的角度进行控制，由于电机的转速会发生变化，因此严格意义上不能通过控制电机转动的时间来达到控制滴瓶升降距离的目的，应通过外加一码盘构成位置伺服系统。但为简化设计和制作，同时考虑到电机的减速比较大，负载变化导致的转速变化在容许的范围内，因此还是采用控制电机转动时间的方法来控制滴瓶的升降距离。经实验表明，这种方法所引起的误差对整个系统调节时间的指标影响不大。

三、通信电路

采用 RS－485 总线型半双工串行通信，只需两根传输线，传输距离可达几千米。首先需要 1 个转换电路，将单片机串口的 TTL 信号转换为 RS－485 信号。使用的转换芯片为 MAX487E。单片机用一个收发控制引脚控制芯片的收发。通信电路如图 2.5.5 所示。

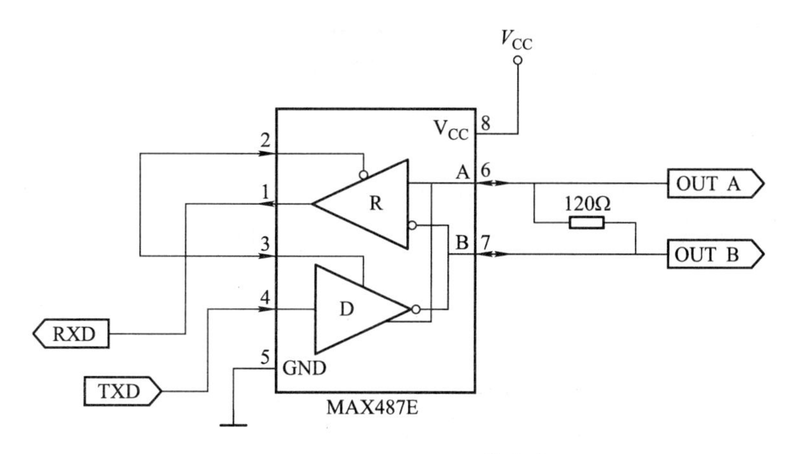

图 2.5.5　MAX487E 通信电路

采用 RS－485 可以进行组网，采用一主多从的方式实现通信。每一个从机都有一套完善的通信设备，在主机的控制下，分时与主机进行通信。图 2.5.6 为通信组网连接的示意图。

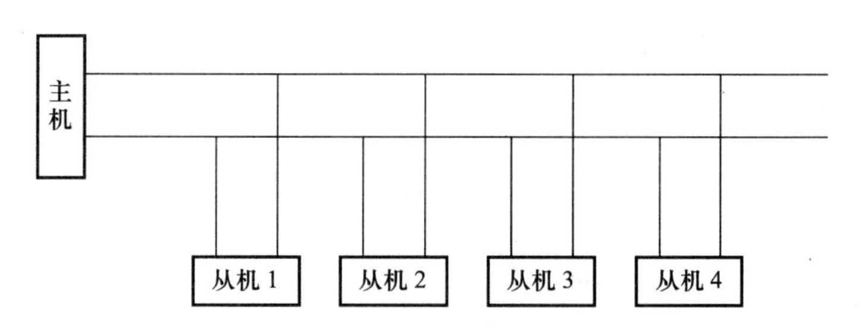

图 2.5.6　通信组网图

四、控制电路

主机和从机都分别需要一套控制系统。主机主要负责数据的收发显示，而从机除了数据的收发控制外，还需负责液滴的检测，电机的控制。控制芯片选用常见的 AT89S52 即可。当然，如果想为系统增加语音等功能，也可以选用凌阳的 SPCE061A 等芯片。

五、显示与键盘电路

由于要显示的内容比较多，因此宜采用液晶显示。同时，本系统所需的按键也比较多，因此可采用 4×4 扫描键盘。键盘电路如图 2.5.7 所示。

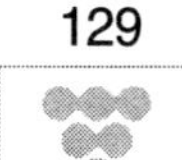

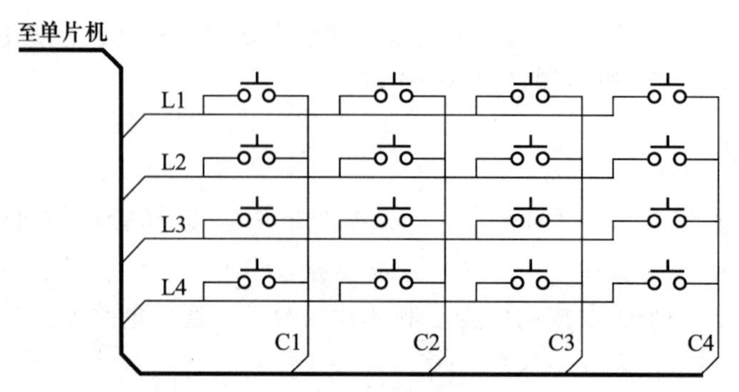

图 2.5.7　键盘电路

六、主站电路

主站电路主要是单片机电路，配上相应的显示和键盘，再加上一个通信电路。电路构成比较简单。主要的工作集中在相应软件的编写当中。主站电路的结构示意图如图 2.5.8 所示。

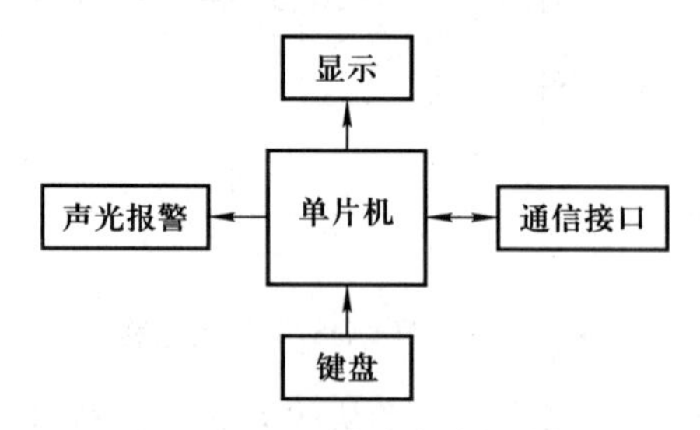

图 2.5.8　主站电路构成

2.5.4　软件设计

一、滴速检测算法

要检测滴速，需要一定的计算方法。主要有以下两种方法：

(1) 测量每两个液滴之间的时间，再计算出滴数。

(2) 测量一分钟内滴下的液滴数。

其中第二种方法由于是直接测量，因此非常准确。但有一个问题，如果直接测量的话，那么要等到一分钟之后，才能更新一次数据，不能满足控制的需要。因此，这里采用一种滑动测速的方法来解决这个问题。

滑动测速的方法是利用 6 个计时进程分别计数，每个进程计一分钟内滴过的液滴数，进程间各自错开 10 s 开始计时，每个进程计时结束后能产生一个最新的滴速值，接着进程又立即重新开始计数。这样每隔 10 s 就能更新一次数据，满足了控制的需要。图 2.5.9 显示了这种滑动测速的原理。

二、液速控制算法

本系统采用电动机驱动调节点滴瓶的高度来调节点滴速度，首先有必要研究一下滴瓶高度与滴速间的关系，以便选用合适的控制算法。

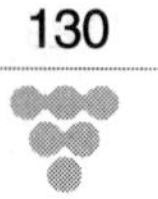

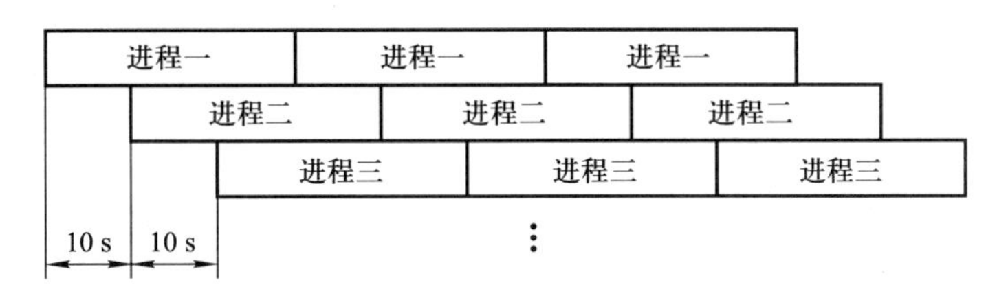

图 2.5.9　滑动测速原理

事实上液体点滴的滴速变化与高度变化成线性关系。由伯努利方程可以推导出这一性质。

伯努利方程

$$\rho + \frac{1}{2}\rho v^2 + \rho g h = \text{const}$$

式中　ρ——液体的密度(在此系统中为定值);

g——万有引力常数(在此系统中可视为定值);

v——液体滴速;

h——液体所处高度。

将伯努利方程两边分别对时间求导,可得

$$v\rho\frac{\mathrm{d}v}{\mathrm{d}t} + \rho g\frac{\mathrm{d}h}{\mathrm{d}t} = 0$$

在本系统中 v 可以理解为当前的滴速,在每次调速前可视为常数,因此有

$$\mathrm{d}h = -\frac{v}{g}\mathrm{d}v$$

离散化使计算机能处理,即为

$$\Delta h = \frac{v}{g}\Delta v = \frac{v}{g}(v_{设} - v)$$

为进一步验证这个关系,用实验测定了滴速与位置的关系,见表 2.5.1 和表 2.5.2 所列数据。做出相应的曲线图,如图 2.5.10 和图 2.5.11 所示。可以看出,滴瓶位置和滴速之间基本成线性关系。

表 2.5.1　位置间距 $\Delta h = 2$ cm

位置编号	1	2	3	4	5	6	7	8	9	10
滴速/(滴/分)	30	31	32	33	35	36	37	38	39	40

表 2.5.2　位置间距 $= \Delta h = 4$ cm

位置编号	1	2	3	4	5	6	7	8	9	10
滴速/(滴/分)	49	51	53	55	57	59	62	63	65	66

基于上述的理论推导及实际测量经验,我们分别测定了滴瓶在最低位置与最高位置的滴速 v_1 与 v_2,并测得两处位置之间的高度差 h_d,根据滴速变化与高度变化成比例关系的理论,可得

$$k = \frac{h_2 - h_1}{v_2 - v_1} = \frac{h_d}{v_2 - v_1} = \frac{h_k - h_1}{v_k - v_1} = \frac{\Delta h}{\Delta v}$$

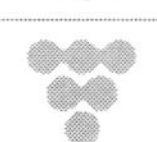

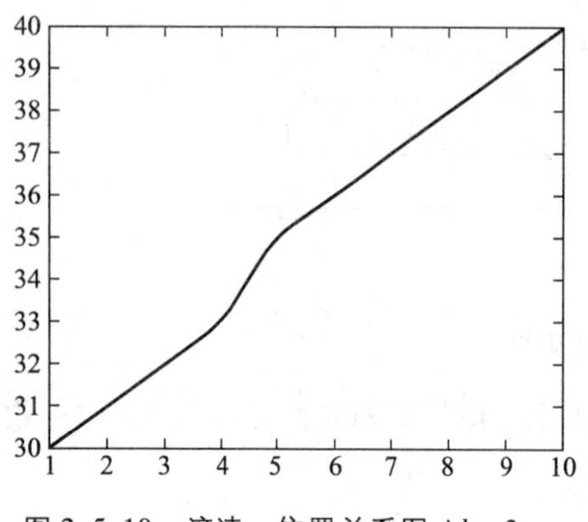

图 2.5.10　滴速 - 位置关系图 $\Delta h = 2$ cm

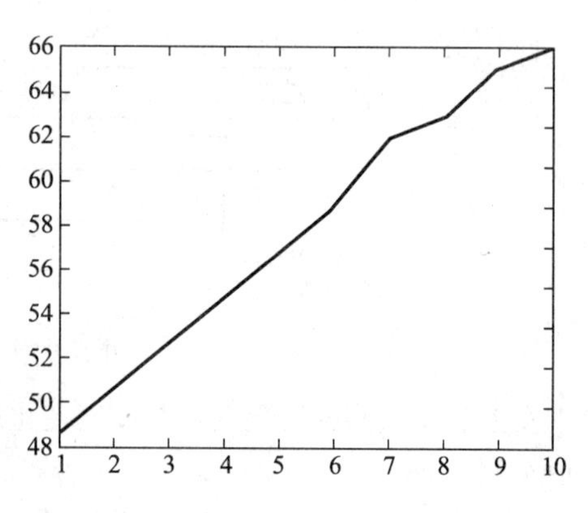

图 2.5.11　滴速 - 位置关系图 $\Delta h = 4$ cm

k 为比例系数，该系数与滴速夹的夹紧程度有关，图 2.5.12 直观地反映了滴速与高度的线性关系。通过当前速度与设定速度的差值，以及测定的比例系数 k 可以确定滴瓶高度的调整量，从而控制电机运动将滴瓶调到应有的高度。

k 应在系统初始时测定，先将滴瓶运动到一个较高的位置进行测量，再运动到一个较低的位置进行测量，根据两次测量结果即可算出 k。设定好滴速后，计算出所需移动的位移，一般情况下一次移动即可调整到位。

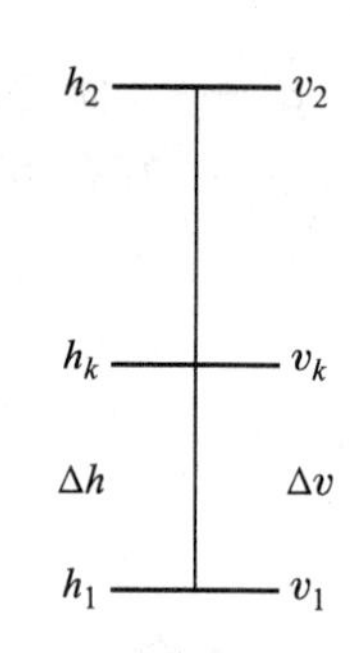

图 2.5.12　滴速与高度的线性关系

三、从站程序流程

图 2.5.13 为从站的程序流程图。

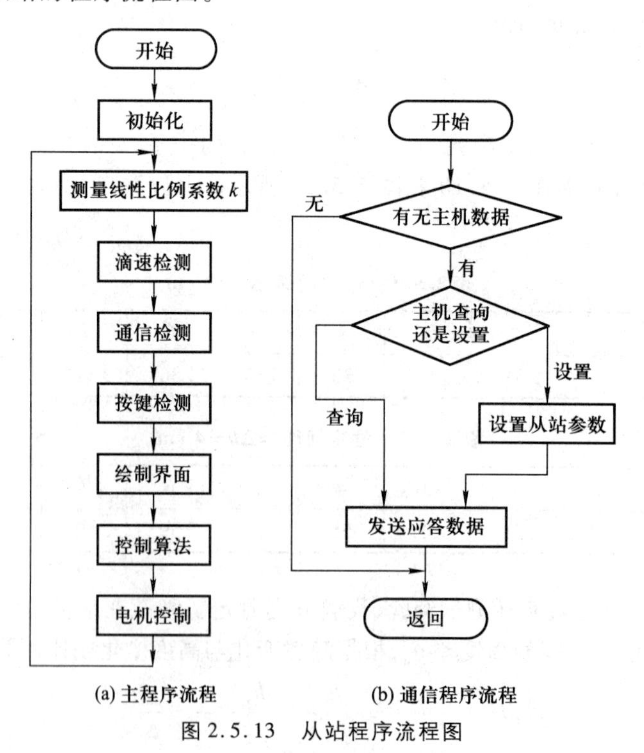

图 2.5.13　从站程序流程图

四、主站程序流程

图 2.5.14 为主站的程序流程图。

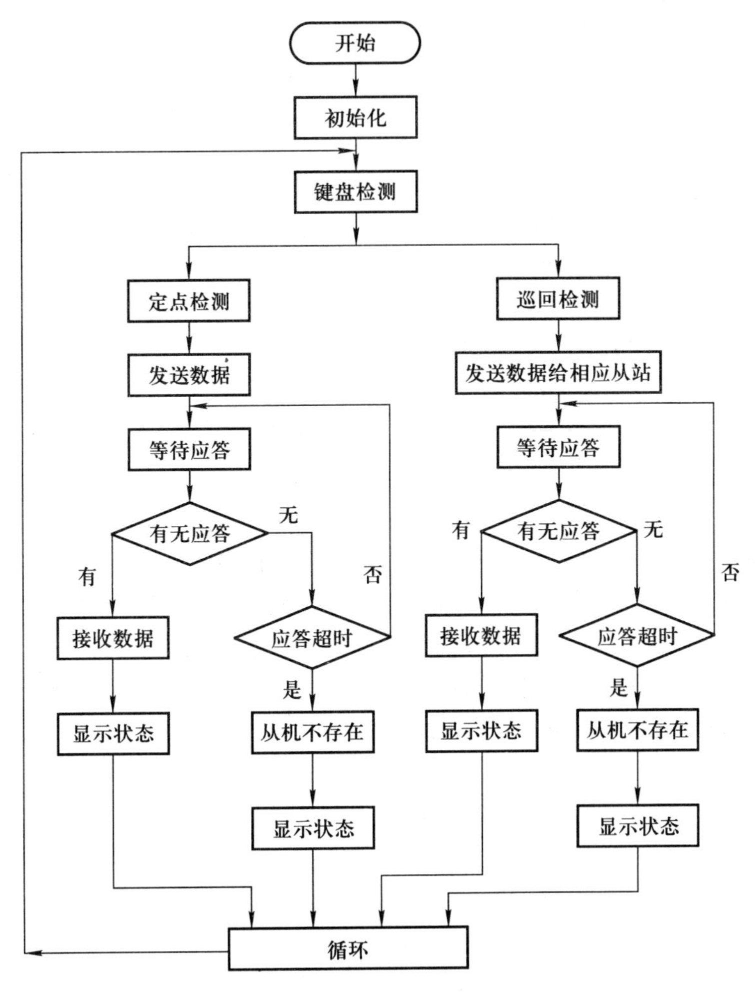

图 2.5.14　主站程序流程图

2.5.5　测速结果及结果分析

表 2.5.3 和表 2.5.4 主要给出液滴测速和控制的测试结果。

表 2.5.3　滴速变快，滴瓶向上运动

初始点滴速度/(滴/分)	20	30	44	74	110	130	20
设定点滴速度/(滴/分)	30	45	75	110	130	155	150
稳定后滴速/(滴/分)	30	45	75	110	130	155	150
稳定调节时间/s	80	80	90	75	80	80	95
误差	0%	0%	0%	0%	0%	0%	0%

表 2.5.4　滴速变慢,滴瓶向下运动

初始点滴速度/(滴/分)	152	128	112	74	40	20	14	10	150
设定点滴速度/(滴/分)	130	110	75	40	20	15	10	12	20
稳定后滴速/(滴/分)	130	110	75	40	20	15	10	12	20
稳定调节时间/s	90	95	90	90	90	40	40	40	95
误差	0%	0%	0%	0%	0%	0%	0%	0%	0%

由表中数据可见,只要检测电路可靠性高,选用合适的测量数据处理方法,选择合适的控制调节手段,可以实现很好的控制效果。

2.6　悬挂运动控制系统
(2005 年全国大学生电子设计竞赛 E 题)

一、任务

设计一电机控制系统,控制物体在倾斜(仰角≤100°)的板上运动。

在一白色底板上固定两个滑轮,两只电机(固定在板上)通过穿过滑轮的吊绳控制一物体在板上运动,运动范围为 80 cm×100 cm。物体的形状不限,质量大于 100 g。物体上固定有浅色画笔,以便运动时能在板上画出运动轨迹。板上标有间距为 1 cm 的浅色坐标线(不同于画笔颜色),左下角为直角坐标原点,示意图如图 2.6.1 所示。

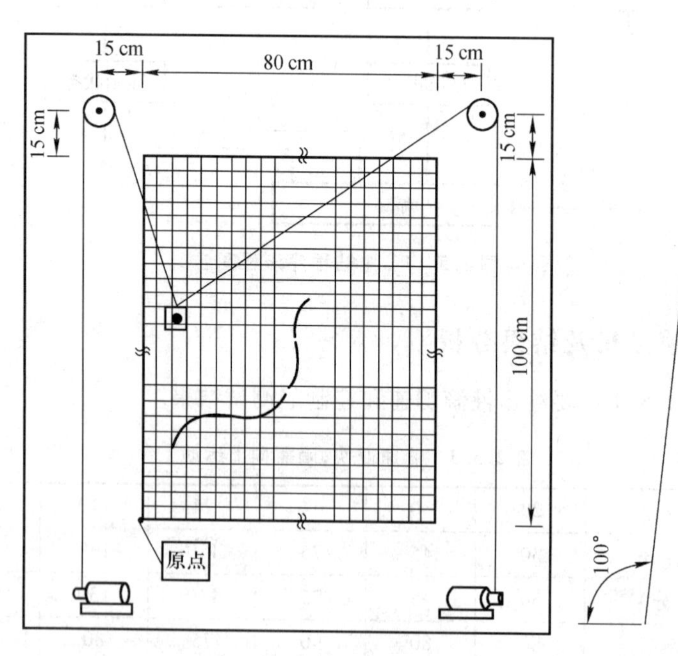

图 2.6.1　悬挂控制系统示意图

二、要求

1. 基本要求

(1) 控制系统能够通过键盘或其他方式任意设定坐标点参数；

(2) 控制物体在 80 cm × 100 cm 的范围内作自行设定的运动，运动轨迹长度不小于 100 cm，物体在运动时能够在板上画出运动轨迹，限 300 s 内完成；

(3) 控制物体作圆心可任意设定、直径为 50 cm 的圆周运动，限 300 s 内完成；

(4) 物体从左下角坐标原点出发，在 150 s 内到达设定的一个坐标点（两点间直线距离不小于 40 cm）。

2. 发挥部分

(1) 能够显示物体中画笔所在位置的坐标；

(2) 控制物体沿板上标出的任意曲线运动（如图 2.6.1 所示），曲线在测试时现场标出，线宽 1.5 ~ 1.8 cm，总长度约 50 cm，颜色为黑色；曲线的前一部分是连续的，长约 30 cm；后一部分是两段总长约 20 cm 的间断线段，间断距离不大于 1 cm；沿连续曲线运动限定在 200 s 内完成，沿间断曲线运动限定在 300 s 内完成；

(3) 其他。

三、评分标准

	项　　目	满分
基本要求	设计与总结报告：方案比较、设计与论证，理论分析与计算，电路图及有关设计文件，测试方法与仪器，测试数据及测试结果分析	50
	实际制作完成情况	50
发挥部分	完成第(1)项	10
	完成第(2)项中连续线段运动	14
	完成第(2)项中间断线段运动	16
	其他	10

四、说明

(1) 物体的运动轨迹以画笔画出的痕迹为准，应尽量使物体运动轨迹与预期轨迹吻合，同时尽量缩短运动时间；

(2) 若在某项测试中运动超过限定的时间，该项目不得分；

(3) 运动轨迹与预期轨迹之间的偏差超过 4 cm 时，该项目不得分；

(4) 在基本要求(3)、(4)和发挥部分(2)中，物体开始运动前，允许手动将物体定位；开始运动后，不能再人为干预物体运动；

(5) 竞赛结束时，控制系统封存上交赛区组委会，测试用板（板上含空白坐标纸）测试时自带。

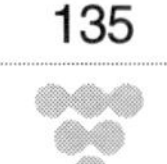

2.6.1 题目分析

分析题目含义，对题目的任务、完成功能、指标归纳如下。

一、任务

设计制作一个运动控制系统（绘图仪），系统兼有绘图和循线运动等功能。

二、功能

1. 绘图部分

（1）控制悬挂系统运动：这是系统的基本要求，只有能够控制系统的运动，才可能完成其他的动作。

（2）绘制直线、圆等基本图形：只要系统能够绘制基本图形，那么系统就有能力绘制复杂的图形。直线是最基本的图形，在要求不高的情况下，圆也可以通过直线的插补来逼近。在一般的要求下，一个复杂的曲线能够通过直线和圆弧来逼近。可以说，绘制直线或直线运动是本系统中至关重要的功能，是其他功能的基础。

2. 循线行进部分

（1）实黑线的检测：需要相应的传感器。

（2）虚黑线的检测：对传感器的安放和检测方式提出了更高要求。

（3）循线行进：与小车的循线行进类似，但又有很大的不同。在小车的循线中，小车的行进方向一直朝着曲线的方向，可以只在前部设置一排传感器循线。但在本系统中，由于检测装置由两根绳吊着，因此检测装置的位置指向一直不变，不能随曲线的变换而变化，因此不能直接沿用小车中的检测方式。例如，只在悬物的上部设置一排传感器，当曲线的方向朝上时，可以正常循线，但当曲线变为水平时，就无法正常循线了。因此，检测装置是本功能的难点。

循线的行进可以借助已有的直线运动（绘图）功能，将系统的运动看作是一系列直线运动的组合，可以有效地简化系统设计。

2.6.2 方案论证

一、电机和伺服系统选择

1. 直流电机和位置伺服系统

直流电机具有优良的控制性能，起动力矩大，响应时间快，非常适合用作精密伺服系统。本系统要实现位置的控制，因此要求构成直流电机的位置伺服系统。

直流电机的位置伺服系统是一个闭环系统，要构成这个系统，需要一个位置检测元件和一个直流伺服电机。检测元件和直流电机的性能直接决定系统性能的好坏。位置检测元件可以使用码盘，码盘的分辨率直接影响系统的最后精度。在本题中，要达到较好的控制和绘制效果，精度应在 1 mm 左右，根据电机的减速比和卷线盘的大小，可以换算出码盘应有的分辨率。

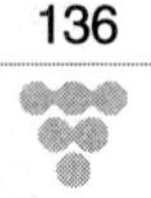

这种方法可以达到很好的控制效果，但前提是能够做出性能优良的位置伺服系统。有现成的带码盘检测的直流电机驱动器供选用，但如果完全自行制作，过程较为麻烦。图 2.6.2 为一直流位置伺服系统结构图。

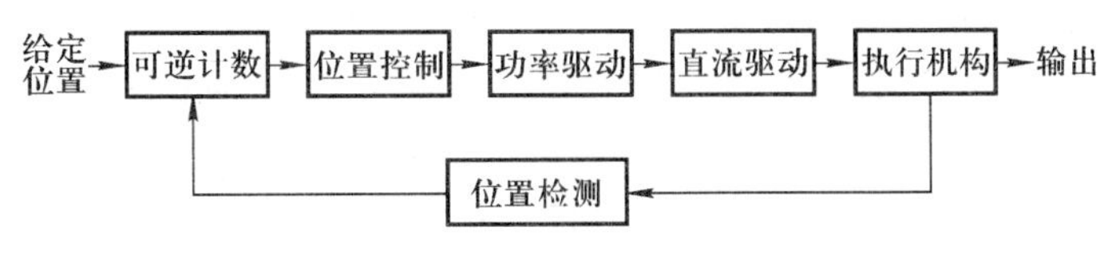

图 2.6.2　直流位置伺服系统

2. 步进电机及其位置伺服系统

步进电机是一种将电脉冲信号转换为相应的角位移的电磁机械装置，同样也具有良好的控制性能。当给步进电机输入一个电脉冲信号时，电机的输出轴就转动一个角度，可以实现精确步进，可以直接接收数字量，使用和控制都非常方便。

利用步进电机也可以构成位置伺服系统，与直流电机不同，步进电机可以使用开环的方式实现位置伺服，省略了位置检测和伺服控制，结构简单，应用方便。图 2.6.3 为一步进位置伺服系统结构图。

给定位置 → 步进电机驱动器 → 步进电机 → 执行机构 → 输出

图 2.6.3　步进位置伺服系统

出于综合考虑，步进电机已能达到足够的精度，而且结构简单，因此采用步进电机。

二、循线检测方案

对于循线检测，常用的方法是使用红外对管，以采样反射的方式检测黑线，与小车的检测方式一样。问题的关键集中于传感器的布局。

1. 线性阵列

与小车的布局方式类似，将光电传感器排成一排或几排，如图 2.6.4 所示，增加传感器的数目，并将它们排列紧密些，可以实现较高的检测精度。

但这种布局不能适应曲线方向随意变化的要求，当曲线水平或朝下时，如图 2.6.5 所示，循线将变得困难。

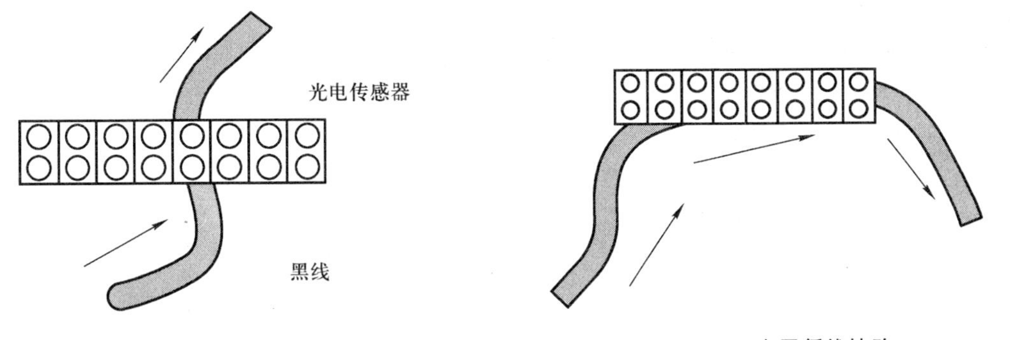

图 2.6.4　光电传感器线性布局　　图 2.6.5　水平循线缺陷

2. 环形阵列

如图 2.6.6 所示,16 个光电传感器按一个圆周分布放置,这样不论曲线如何弯曲,都能够很好地跟踪检测。当然,实际应用中并非一定需要这么多传感器,8 个也能达到很好的检测效果。传感器增多,循线的精度可以得到提高。

如果传感器排列得足够紧密,那么在检测黑线时,只要黑线落在圆周内,并且黑线连续,则在曲线正向一侧的传感器中,至少有一个传感器能检测到黑线。反之,如果检测不到黑线,则说明黑线不连续或已经终结。因此这种布局可以用来检测虚实线。

综合比较,选用环形阵列布局。

三、控制电路方案选择

由于传感器数目较多,又位于悬挂物上,离主控电路较远,而且需要运动,如果直接将信号线引至主控电路,不仅引线数目多,而且容易干扰悬挂物的运动,因此可以考虑在悬挂物上设置一个单片机,先对检测数据进行处理,再通过串口把数据传回主控电路。这样只需两根信号线,非常简洁可靠。在传感器数目多时,优势更为明显。由于通信距离不远,可以直接使用 TTL 电平通信,为了提高可靠性,也可以使用 RS－232 电平。通信电路组成如图 2.6.7 所示。

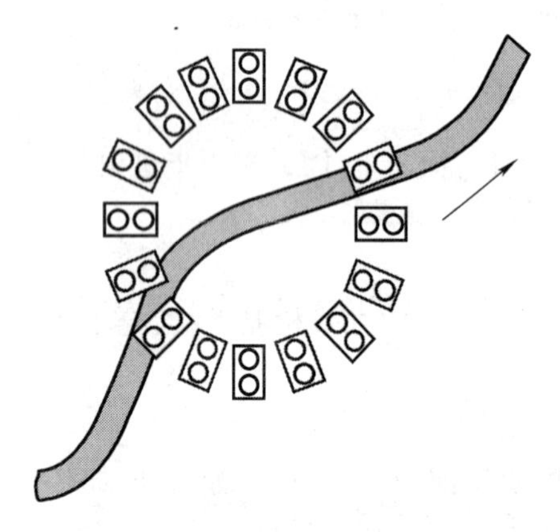

图 2.6.6 光电传感器环形布局

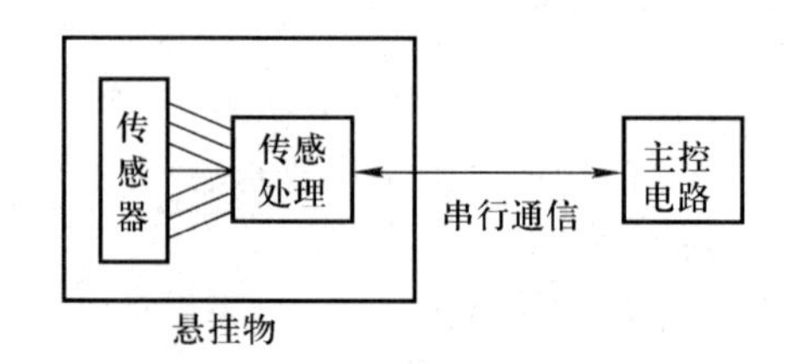

图 2.6.7 通信电路

四、特色设计

本系统的功能类似于绘图仪,但由于笔一直停留在纸上,会一直留下笔迹,因此不能绘制复杂的图形。若给系统添加上一个可以控制抬放的绘图笔,则可以真正实现绘图功能,给作品增添许多特色。

这个设计的关键是笔的控制,涉及相应机械结构的制作。这里设计了一个使用伺服舵机来控制笔起落的装置。

如图 2.6.8 所示,舵机安放在悬挂物上,绘图笔固定在舵机的摇臂上。舵机是一个做好的位置伺服系统,内部集成了控制电路和减速器,输出扭矩较大,转角控制的精度较好,响应迅速。给定转角信号,舵机的摇臂就会转到相应的位置。当需要绘图时,绘图笔放下接触纸面,

悬挂物运动时就会在纸上留下相应的痕迹。当不需绘图时,绘图笔抬起,离开纸面。增添这个装置后,可以让本系统完成复杂的绘图功能,如书写文字等。

当然,由于这个装置的制作需要花费一定的时间和精力,而且实现的功能不是题目规定必须完成的,因此要根据实际情况决定取舍,切勿得不偿失。

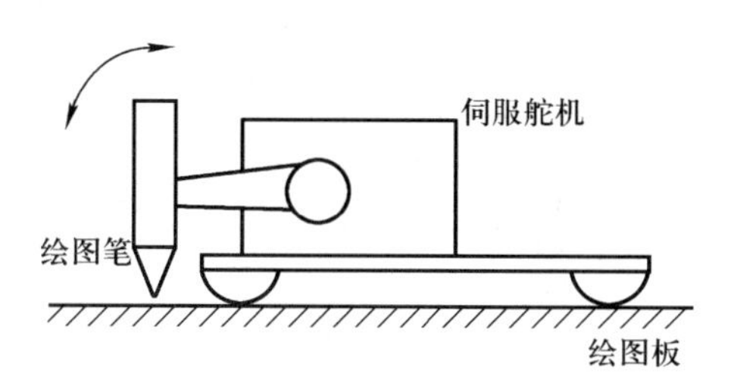

图 2.6.8 绘图笔抬放装置

2.6.3 硬件设计

一、悬挂物电路

系统的检测电路位于悬挂物上,主要负责黑线的检测。主要由传感器阵列、检测电路、控制电路构成,电路的构成如图 2.6.9 所示。

众多的光电传感器、电路及舵机等要放置在悬挂物上,必须设计好电路的布局,否则会造成电路体积过大、检测效果不理想等。这里给出一种电路布局的设计,如图 2.6.10 所示。电路板底部的四角各装有一个光滑钢珠(支撑球),这样就减少了它与画板的摩擦,运动更为灵活。

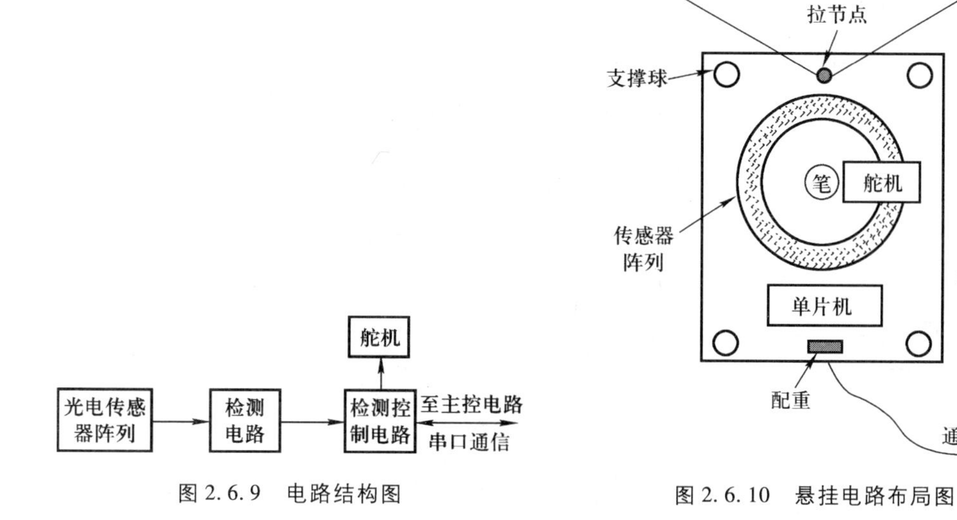

图 2.6.9 电路结构图

图 2.6.10 悬挂电路布局图

二、检测电路

传感器检测电路如图 2.6.11 所示,调节 R_{P_1} 可以改变检测的灵敏度。在实际电路中设计

了 12 个传感器,使用 12 套这样的电路,每个都可以独立地调节灵敏度。在调试中要分别调节各电路的灵敏度,使它们均衡,以每个传感器都能检测到黑线为准。

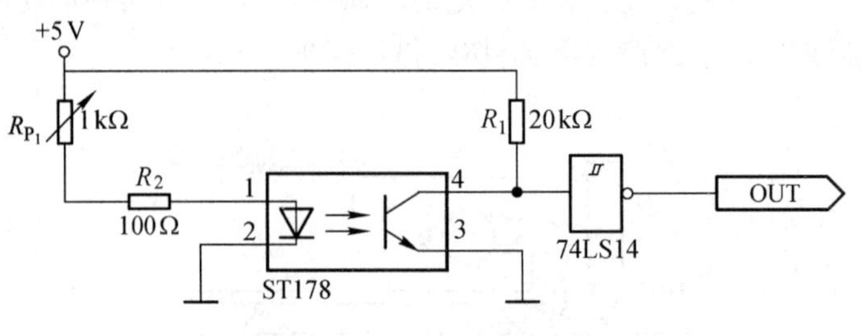

图 2.6.11　检测电路

三、检测控制电路

检测控制电路主要负责检测、信号处理和数据传输,另外还要完成舵机的控制。控制芯片选用常用的 AT89S51。舵机的控制信号为一脉宽信号,由单片机使用软件的方式产生,不需要其他的驱动电路,也不需光耦隔离。控制电路如图 2.6.12 所示。

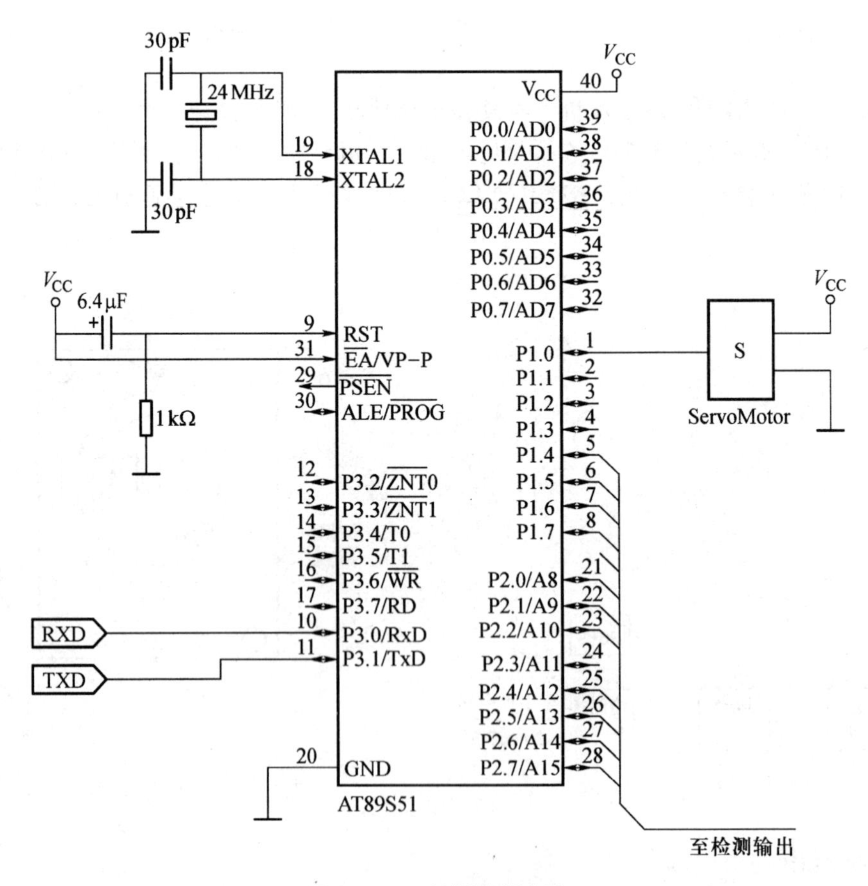

图 2.6.12　检测控制电路

四、电机与驱动电路

系统使用步进电机作为驱动装置。步进电机的选用有一系列的原则,主要有惯量匹配、容量匹配、速度匹配等。最基本的要求是电机能带动负载,并且在正常的工作条件下不发生丢步。本系统中选用的电机为57BYG007两相混合式步进电机,步距角1.8°。

步进电机的驱动采用L298,由两块芯片完成两个步进电机的驱动。控制脉冲的产生由主控单片机完成。驱动电路如图2.6.13所示。

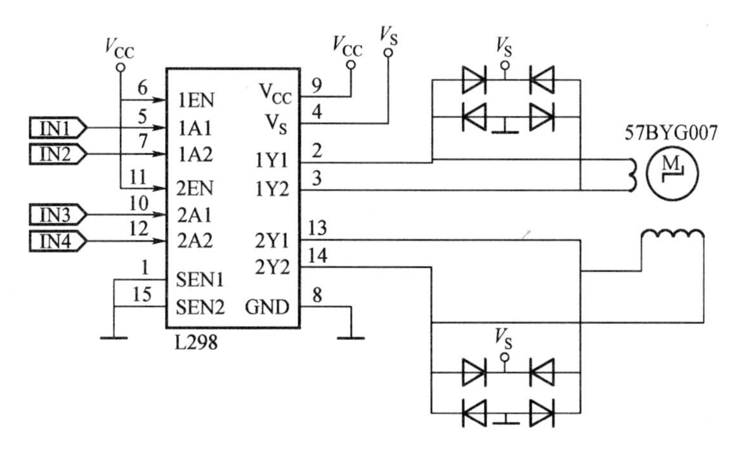

图2.6.13　步进电机驱动电路

五、主控电路

主控电路主要负责键盘输入、显示输出、检测通信、插补计算、电机控制等,是整个系统的核心。主控电路主要是单片机及其键盘、显示等外围电路,在电路构成上并无太多特殊之处,主要工作量集中在软件的编程上。电路构成如图2.6.14所示。

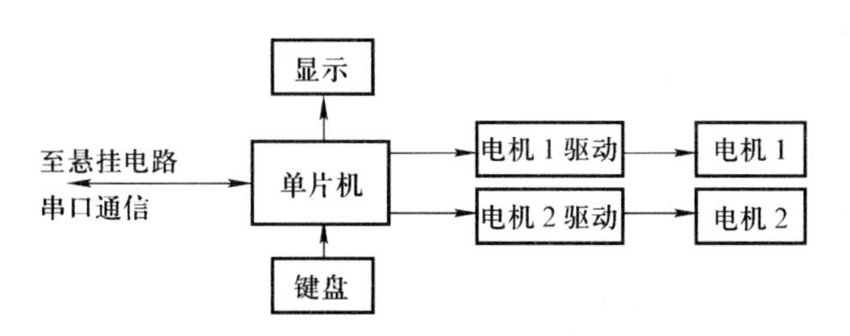

图2.6.14　主控电路结构图

2.6.4　软件设计

一、运动控制建模

根据题目和实际制作的机械结构,可建立相应的系统模型,如图2.6.15所示。

图2.6.15中,*A*和*B*为两个固定滑轮的位置,*C*点为笔的位置,*C*点的运动轨迹即为物体

运动的轨迹。

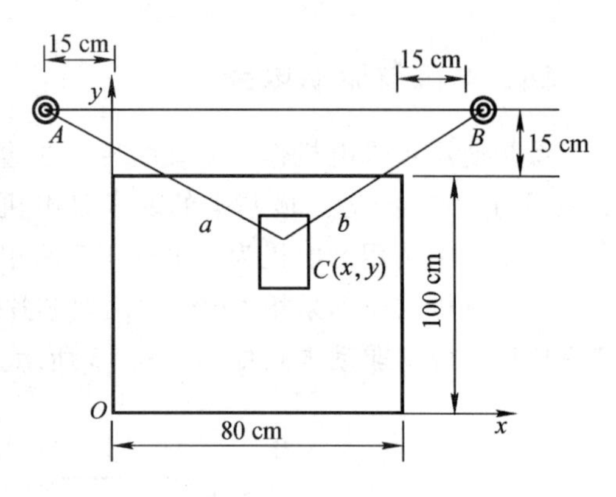

图 2.6.15　系统模型

系统对物体运动轨迹的控制是通过电机转动直接改变 a 段、b 段绳子的长度来进行的，因此本系统中进行了一次坐标转换，将题目规定的直角坐标系转化为以 a 段、b 段长度为变量的坐标系，设转化后的坐标系称为拉线坐标(a,b)。由图2.6.15所示的几何关系，根据勾股定理可以得出直角坐标系(x,y)与拉线坐标(a,b)系间的转化关系如下：

$$\begin{aligned}a &= \sqrt{(15+x)^2+(100-y+15)^2}\\ &= \sqrt{(15+x)^2+(115-y)^2}\\ b &= \sqrt{(80-x+15)^2+(100-y+15)^2}\\ &= \sqrt{(95+x)^2+(115-y)^2}\end{aligned} \tag{2.6.1}$$

本系统的执行机构是步进电机，它的转动及转动速度分别由输入脉冲及脉冲的频率控制，由于步进电机的转动是以步距角为单位的，因此物体的运动轨迹是由若干小段组成的，而每一小段都可以用直线或圆弧近似代替。假设运动轨迹的每一小段用直线代替，设定起始坐标为(x,y)，终点坐标为(m,n)，则直线的斜率为

$$k=\frac{n-y}{m-x} \tag{2.6.2}$$

假设物体每走一步直角坐标的改变量分别为 Δx、Δy，即运动到$(x+\Delta x, y+\Delta y)$，则此时物体在拉线坐标系中各坐标轴改变量分别为

$$\begin{aligned}\Delta a &= \sqrt{(15+x+\Delta x)^2+(115-y-\Delta y)^2}-a\\ \Delta b &= \sqrt{(95+x+\Delta x)^2+(115-y-\Delta y)^2}-b\end{aligned} \tag{2.6.3}$$

经反复测量取平均值得卷丝轴的周长是 10.89 cm，即给步进电机施加每$\frac{1\ 000}{10.89}=91$ 个脉冲，卷丝轴就将绕线 1 cm。

计算出 Δa 和 Δb 后，再通过计算控制发给两电机的脉冲数就可以对两边拉线长度进行相应的调整，使物体运动到指定的位置。

二、轨迹控制原理和插补算法

1. 轨迹控制和插补

轨迹控制即控制物体按给定的曲线产生相应的运动，其运动的轨迹就是给定的曲线。由于计算机处理的是数字量，在给出控制指令时，其指令的数值大小及其在时间轴上都不可能是连续的，所以要把这些轨迹分成若干小段，每一小段用直线或圆弧近似代替。

轨迹控制的实现是通过控制器每隔一定的时间间隔，给出中间点的坐标信息（指令），控制伺服系统驱动机械运动部件按指令要求运动，从而得到所要求的轨迹。这种根据给定的数学函数，在理想的轨迹或轮廓上的已知点之间，确定它们中间点的方法就是插补。

插补就是根据给定的数学函数，确定理想轨迹上位于已知点之间的点的方法，其实质是曲线的拟合。

对于插补运算有以下的基本要求：

(1) 插补所需的原始数据要尽量少；

(2) 插补的结果没有累计误差，局部偏差不超过所允许的误差，插补曲线要精确地通过给定的基点；

(3) 沿插补路线运动速度恒定；

(4) 路线简单可靠。

插补运算分为两大类：脉冲增量插补和数据采样插补，由于系统硬件为“单片机 + 运动控制器”的开放式结构，所以应当采用数据采样插补算法。系统软件插补把动点轨迹分割成若干段，运动控制器在每段的起点和终点间进行数据“密化”，使动点轨迹在允许的误差范围内，也就是软件实现粗插补，硬件实现精插补。

数据采样插补常采用时间分割插补算法，它是把轨迹的一段直线或圆弧的整段时间分成许多相等的时间间隔，称为单位时间间隔，也就是插补周期 T，每经过一个单位时间间隔就进行一次插补运算，计算出各坐标轴在一个插补周期内的改变量。

假设 F 为程序编制中给定的速度指令，T 为插补周期，则在一个插补周期内的改变量 ΔL 为

$$\Delta L = FT$$

由上式计算出一个插补周期内的改变量 ΔL 后，根据动点的运动轨迹与各坐标轴的几何关系，就可以求出各轴在一个插补周期内的改变量。

插补算法确定以后，则完成算法所需的最大指令条数也就确定。根据最大指令条数就可以大致确定插补算法占用的 CPU 时间，插补周期必须大于插补运算所占用的 CPU 时间。这是因为当系统进行轨迹控制时，CPU 除了要完成插补运算外，还必须实时地完成一些其他工作，如显示、监控，甚至精插补。因此插补周期 T 必须大于插补运算时间与完成其他任务所需时间之和。

2. 时间分割直线插补算法

设动点在 XY 平面内做直线运动，如图 2.6.16 所示。设起点为坐标原点(0,0)，终点为 $P(X_e, Y_e)$，动点沿直线移动的速度指令为 F，插补周期为 T，则在一个插补周期内的改变量 ΔL 为

$$\Delta L = FL \tag{2.6.4}$$

直线段的长度为

$$L = \sqrt{X_e^2 + Y_e^2} \tag{2.6.5}$$

X 轴和 Y 轴的位移增量分别为 ΔX 和 ΔY，由图 2.6.16 可得如下关系

$$\frac{\Delta X}{X_e} = \frac{\Delta Y}{Y_e} = \frac{\Delta L}{L} \tag{2.6.6}$$

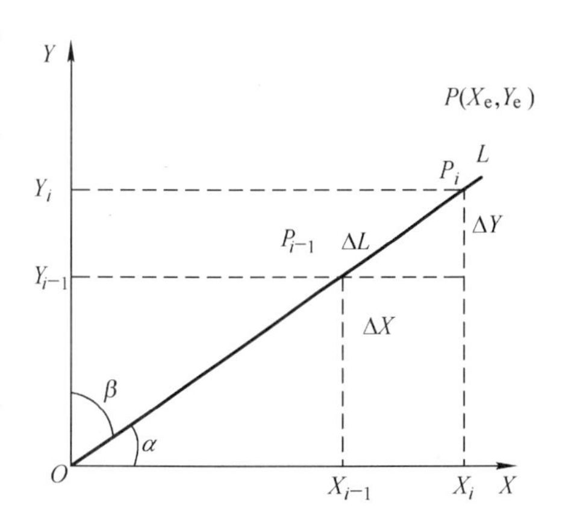

图 2.6.16 直线的插补算法原理

设$\frac{\Delta L}{L}=K$,则

$$\Delta X=\frac{\Delta L}{L}X_e$$

$$\Delta Y=\frac{\Delta L}{L}Y_e \tag{2.6.7}$$

插补第 i 点的动点坐标为

$$X_i=X_{i-1}+\Delta X_i=X_{i-1}+\frac{\Delta L}{L}X_e$$

$$Y_i=Y_{i-1}+\Delta Y_i=Y_{i-1}+\frac{\Delta L}{L}Y_e \tag{2.6.8}$$

3. 时间分割圆弧插补算法

圆弧插补的基本思想是在满足精度要求的前提下,沿弦或割线进行运动,即用直线逼近圆弧,本系统采用弦线法。

弦线法:

如图 2.6.17 所示,顺圆上 B 点是继 A 点之后的插补瞬时点,坐标分别为 $A(X_i,Y_i)$,$B(X_{i+1},Y_{i+1})$。插补在这里是指由点 $A(X_i,Y_i)$求出下一点 $B(X_{i+1},Y_{i+1})$,实质上就是求在一个插补周期的时间内,X 轴和 Y 轴的改变量 ΔX 和 ΔY。图中直线 AB 是圆弧在每个插补周期内的运动步长 ΔL。AP 是 A 点的切线,M 是弦的中点,$OM\perp AB$,$ME\perp AF$,E 是 AF 的中点。圆心角有下列关系

$$\varphi_{i+1}=\varphi_i+\delta \tag{2.6.9}$$

式中,δ 为运动步长对应的角增量,称为步距角。

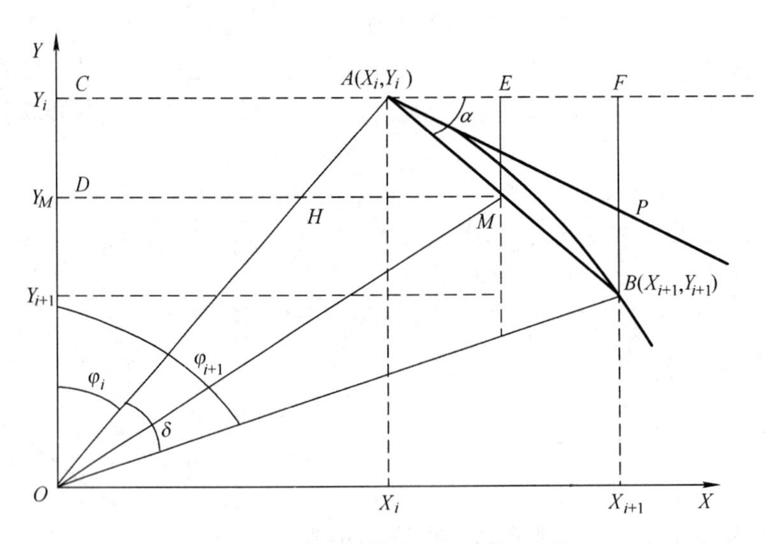

图 2.6.17 直线函数法圆弧差补(弦线法)

因为

$$OA\perp AP$$

$$\triangle AOC\sim\triangle PAF$$

所以

$$\angle AOC=\angle PAF=\varphi_i$$

由于 AP 是切线,则

$$\angle BAP=\frac{1}{2}\angle AOB=\frac{1}{2}\alpha=\angle BAP+\angle PAF=\varphi_i+\frac{1}{2}\delta$$

在$\triangle MOD$ 中,有

$$\tan\left(\varphi_i+\frac{1}{2}\delta\right)=\frac{DH+HM}{OC-CD} \tag{2.6.10}$$

将 $HM=\frac{1}{2}\Delta L\cos\alpha=\frac{1}{2}\Delta X, DH=X_i, OC=Y_i$

和 $CD=\frac{1}{2}\Delta L\sin\alpha=\frac{1}{2}\Delta Y$ 代入,则有

$$\tan\alpha=\tan\left(\varphi_i+\frac{\delta}{2}\right)=\frac{X_i+\frac{1}{2}\Delta L\cos\alpha}{Y_i-\frac{1}{2}\Delta L\sin\alpha} \tag{2.6.11}$$

又因为 $\tan\alpha=\frac{FB}{FA}=\frac{\Delta Y}{\Delta X}$

由此可以得出 X_i、Y_i 和 ΔX、ΔY 的关系式

$$\frac{\Delta Y}{\Delta X}=\frac{X_i+\frac{1}{2}\Delta X}{Y_i-\frac{1}{2}\Delta Y}=\frac{X_i+\frac{1}{2}\Delta L\cos\alpha}{Y_i-\frac{1}{2}\Delta L\sin\alpha} \tag{2.6.12}$$

该关系式反映了圆弧上任意两点坐标间的关系,只要找到计算 ΔX 和 ΔY 的恰当方法就可以求出新的插补点坐标:

$$X_i=X_{i-1}+\Delta X_i, Y_i=Y_{i-1}+\Delta Y \tag{2.6.13}$$

在式(2.6.11)和式(2.6.12)中,$\cos\alpha$ 和 $\sin\alpha$ 都是未知数,难以求解,因此采用近似计算法,用 $\cos 45°$和 $\sin 45°$来取代,即

$$\tan\alpha=\frac{X_i+\frac{1}{2}\Delta L\cos\alpha}{Y_i-\frac{1}{2}\Delta L\sin\alpha}\approx\frac{X_i+\frac{1}{2}\Delta L\cos 45°}{Y_i-\frac{1}{2}\Delta L\sin 45°} \tag{2.6.14}$$

上式中由于采用近似算法而造成了 $\tan\alpha$ 的偏差。如图 2.6.18 中,设由于近似计算 $\tan\alpha$,使 α 角成为 α',$\cos\alpha'$变大,因而影响到 ΔX 的计算,使之成为 $\Delta X'$,即

$$\Delta X'=\Delta L'\cos\alpha'=AF$$

但这种偏差不会使插补点离开圆弧轨迹,这是因为圆弧上任意相邻两点必须满足式(2.6.12)。反言之,只要平面上任意两点的坐标及增量式满足式(2.6.12),则两点必须在同一圆弧上。因此,当已知 X_i、Y_i 和 $\Delta X'$时,若按

$$\Delta Y'=\frac{\left(X_i+\frac{1}{2}\Delta X'\right)\Delta X'}{Y'-\frac{1}{2}\Delta Y'} \tag{2.6.15}$$

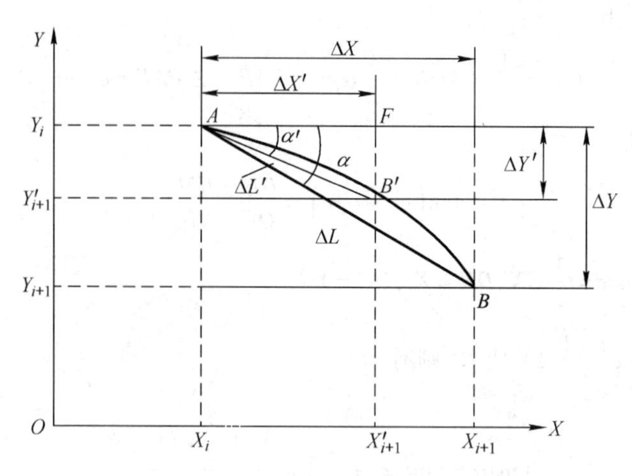

图 2.6.18 近似计算引起的速度偏差

求出 $\Delta Y'$,那么这样确定的 B' 点一定在圆弧上。采用近似算法引起的偏差仅是 $\Delta X\rightarrow\Delta X'$, $\Delta Y\rightarrow\Delta Y'$, $AB\rightarrow AB'$ 和 $\Delta L\rightarrow\Delta L'$。这种算法能够保证圆弧插补每一瞬时点都位于圆弧上,它仅造成每次插补运动步长 ΔL 的微小变化,但这种变化在系统中是微不足道的,完全可以认为插补的速度是均匀的。

4. 简易圆弧插补算法

以上算法是实际应用中常用的算法,在本题中,根据具体的条件和要求,也可以使用简易的圆弧插补算法。

圆弧的参数方程为

$$\begin{cases} x = R \cdot \cos\ (\theta_0 + at) x_0 \\ y = R \cdot \sin\ (\theta_0 + at) + y_0 \end{cases}$$

式中,t 为参数,x_0 和 y_0 为圆心坐标,R 为圆弧半径,a 为步长参量,θ_0 为起始角度。

把各参数确定后,改变 t,可以得到一系列圆弧点的坐标,在这些点之间做直线插补,即可做出圆弧的插补。更具体地说,就是在各圆弧点之间走直线,当计算地点数很多时,可以得到很好的插补效果。改变 a 的正负号,可以选择是正圆插补还是逆圆插补,改变 t 的取值范围,可以控制圆弧的长度。

这种方法编程较为简便,主要的缺点是计算速度较慢,运动速度不恒定,但在本系统中,这些缺点并无太大影响。

三、循线算法

循线是本系统的一个重要功能,主要解决两个问题,一是保证能够跟踪各个方向延伸的曲线,二是能识别虚实线。采用环形阵列布局的传感器可以很好地解决这两个问题。

与小车的循线相比,这里的循线略显复杂。这里采用了一个简单的算法进行循线,如图 2.6.19 所示。由于在检测电路中设置了 12 个传感器,因此将前进方向分为 12 个,检测到黑线在哪个方位时,就朝哪个方向前进,前进一小段再检查一次,这样就可实现循线前进。传感器阵列是一个圆,因此会有两侧同时检测到黑线的情况,以前进的那一侧为准。

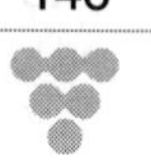

由于传感器排列比较紧密，因此在黑线的连续部分，在前进方向一侧的传感器中，至少有一个传感器能检测到黑线，在黑线的断续部分，就会发生检测不到的情况，这样可以辨别虚实线。在检测不到黑线时，要继续沿原方向前行一段距离，如果未到尽头，那么很快又能再次检测到黑线，如果前行较长的距离仍未检测到，那么说明已到曲线的尽头。

传感器阵列排布时要注意，一定要排列得足够紧密，否则会出现误报虚线的情况。

曲线连续时这一侧的光电传感器中至少有一个能检测到黑线

图 2.6.19　检测算法示意图

四、主控程序流程

1. 总流程

图 2.6.20 为系统控制的总体流程，控制中主要包括绘制直线、绘制曲线、绘制圆弧、定点移动、手动控制、循线运动、汉字书写等几个部分。

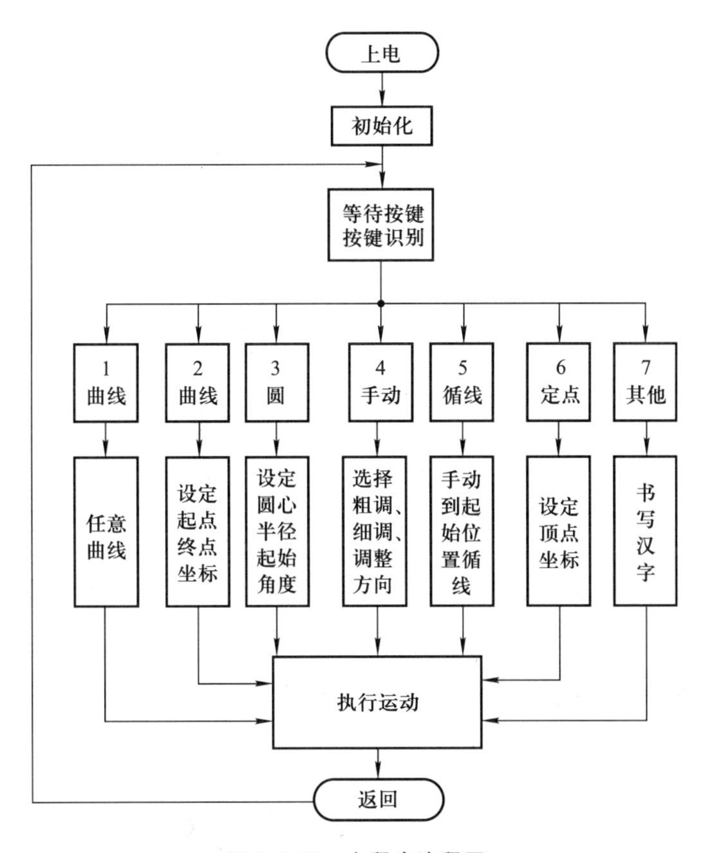

图 2.6.20　主程序流程图

2. 直线插补程序流程

直线插补的程序流程如图 2.6.21 所示。对于其他曲线的插补过程也是类似的，在坐标计算时换成相应的曲线算法即可。

3. 循线运动程序流程

循线运动程序流程如图 2.6.22 所示。

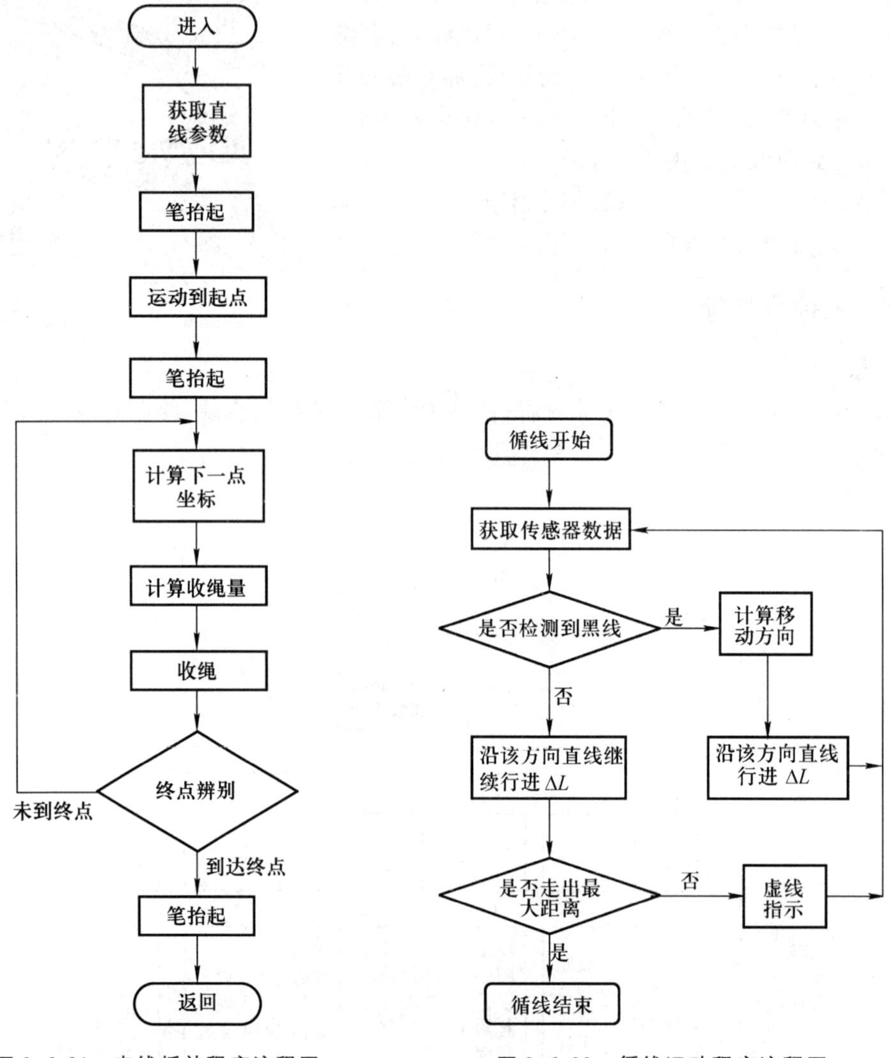

图 2.6.21　直线插补程序流程图

图 2.6.22　循线运动程序流程图

2.6.5　测试结果及结果分析

一、测试结果

下面给出了直线插补、圆周插补和循线行进的几组测量数据。

(1) 直线插补测试结果见表 2.6.1。

(2) 圆弧插补测试结果见表 2.6.2。

(3) 循线行进测试结果见表 2.6.3。

表 2.6.1　直线插补测试结果

次序 \ 项目	时间/s	路程/cm	最大偏差/cm
1	4	10	0.5
2	8	20	0.5
3	11	30	1.2
4	11	30	0.5
5	11	30	1
6	30	80	2
7	40	120	3

表 2.6.2　圆弧插补测试结果

次序 \ 项目	圆心/坐标	半径/cm	时间/s	最大偏差/cm
1	(40,50)	10	30	0.5
2	(20,30)	20	50	1
3	(30,20)	20	50	1
4	(40,50)	40	100	2

表 2.6.3　循线行进测试结果

次序 \ 项目	连续线段			断续线段		
	路程/cm	时间/s	最大偏差/cm	路程/cm	时间/s	最大偏差/cm
1	10	5	2	10	5	2
2	20	12	3	20	15	3
3	50	30	3	50	32	3
4	80	50	3	80	55	3

二、结果分析

由以上数据可以看出,系统总体上达到了较好的性能。系统的绘图速度主要取决于机械结构的制约和电机的转速,控制和绘图算法在计算速度上的影响在这里并不是主要的问题。另外不要盲目地提高系统的运行速度,这样可能引起过大的振动,反而会使系统的精度下降。

系统绘图时的误差主要来自于机械结构及程序算法中相关常数的误差。在机械方面可能引入多方面的误差影响,如拉绳绷紧度的变化、滑轮的安装精度、绘图笔的晃动等。另外,在坐标变换中,还要用到许多的常数,如电机脉冲与实际长度的比例常数等,这些常数要在调试中测定,免不了也会引进误差,有的误差在使用中还会被放大。

对于循线时的误差,由于这是一个闭环的控制,因此误差的来源与上述的绘图误差有所不同。它主要取决于传感器的分辨率、传感阵列的布局、循线算法等。在硬件已经完成的情况下,改进循线算法也可以在一定程度上减少误差。

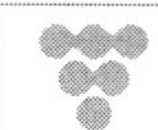

2.7 电动车跷跷板
(2007 年全国大学生电子设计竞赛 F 题)

一、任务

设计并制作一个电动车跷跷板,在跷跷板起始端 A 一侧装有可移动的配重。配重的位置可以在从始端开始的 200 ~ 600 mm 范围内调整,调整步长不大于 50 mm;配重可拆卸。电动车从起始端 A 出发,可以自动在跷跷板上行驶,电动车跷跷板起始状态和平衡状态示意图分别如图 2.7.1 和图 2.7.2 所示。

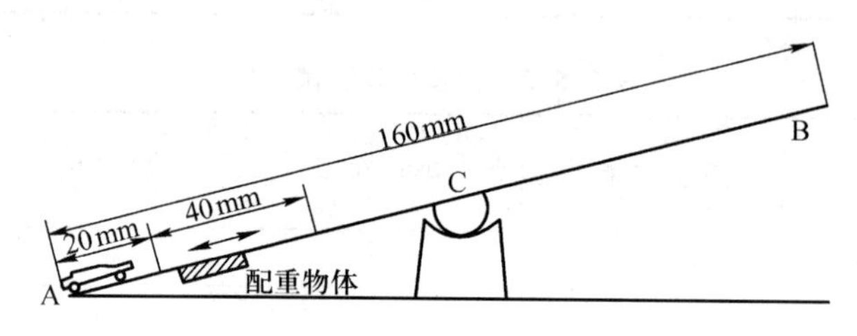

图 2.7.1　起始状态示意图

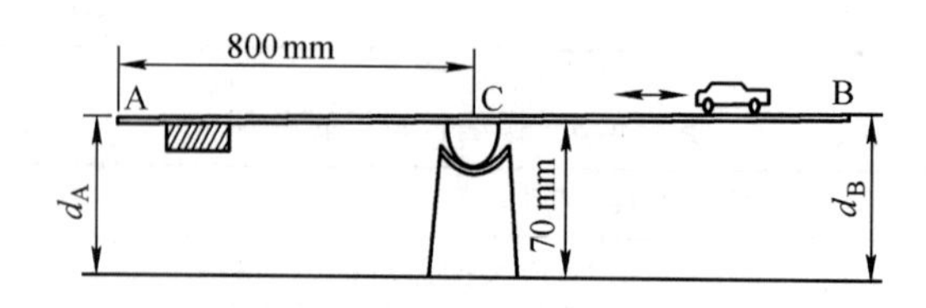

图 2.7.2　平衡状态示意图

二、要求

1. 基本要求

在不加配重的情况下,电动车完成以下运动:

(1) 电动车从起始端 A 出发,在 30 s 内行驶到中心点 C 附近;

(2) 60 s 之内,电动车在中心点 C 附近使跷跷板处于平衡状态,保持平衡 5 s,并给出明显的平衡指示;

(3) 电动车从图 2.7.2 中的平衡点 C 出发,30 s 内行驶到跷跷板末端 B 处(车头距跷跷板末端 B 不大于 50 mm);

(4) 电动车在 B 点停止 5 s 后,1 min 内倒退回起始端 A,完成整个行程;

(5) 在整个行驶过程中,电动车始终在跷跷板上,并分阶段实时显示电动车行驶所用的时间。

2. 发挥部分

将配重固定在可调整范围内任一指定位置,电动车完成以下运动:

(1) 将电动车放置在地面距离跷跷板起始端 A 点 300 mm 以外、90°扇形区域内某一指定位置(车头朝向跷跷板),电动车能够自动驶上跷跷板,如图 2.7.3 所示;

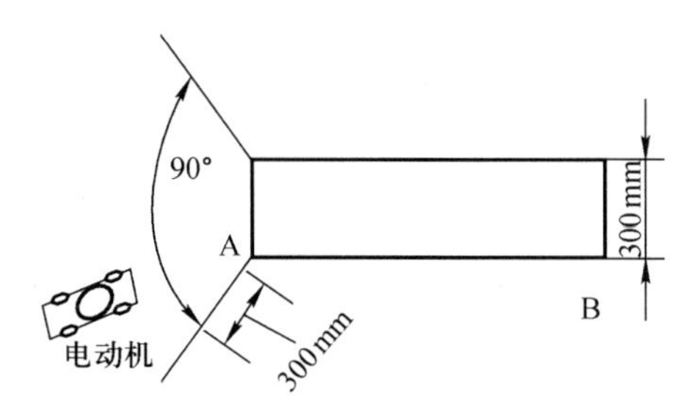

图 2.7.3　电动车自动驶上跷跷板示意图

（2）电动车在跷跷板上取得平衡，给出明显的平衡指示，保持平衡 5 s 以上；

（3）将另一块质量为电动车质量 10% ~20% 的块状配重放置在 A 至 C 间指定的位置，电动车能够重新取得平衡，给出明显的平衡指示，保持平衡 5 s 以上；

（4）电动车在 3 min 之内完成（1）~（3）全过程；

（5）其他。

三、说明

（1）跷跷板长 1 600 mm、宽 300 mm，为便于携带也可将跷跷板制成折叠形式。

（2）跷跷板中心固定在直径不大于 50 mm 的半圆轴上，轴两端支撑在支架上，并保证与支架圆滑接触，能灵活转动。

（3）测试中，使用参赛队自制的跷跷板装置。

（4）允许在跷跷板和地面上采取引导措施，但不得影响跷跷板面和地面平整。

（5）电动车（含加在车体上的其他装置）外形尺寸规定为：长≤300 mm，宽≤200 mm。

（6）平衡的定义为 A、B 两端与地面的距离差 $d=|d_A-d_B|$ 不大于 40 mm。

（7）整个行程约为 1 600 mm 减去车长。

（8）测试过程中不允许人为控制电动车运动。

（9）基本要求（2）不能完成时，可以跳过，但不能得分：发挥部分（1）不能完成时，可以直接从第（2）项开始，但是第（1）项不得分。

四、评分标准

	项目	主要内容	分数
设计报告	系统方案	实现方法 方案论证 系统设计 结构框图	12
	理论分析与计算	测量与控制方法 理论计算	13

续表

	项目	主要内容	分数
设计报告	电路与程序设计	检测与驱动电路设计 总体电路图 软件设计与工作流程图	12
	结果分析	创新发挥 结果分析	8
	设计报告结构及规范性	摘要 设计报告结构 图表的规范性	5
	总分		50
基本要求	实际制作完成情况		50
发挥部分	完成第(1)项		10
	完成第(2)项		15
	完成第(3)项		10
	完成第(4)项		5
	其他		10
	总分		50

2.7.1 题目分析

本题与2001年全国大学生电子设计竞赛C题(自动往返小车)和2003年全国大学生电子设计竞赛E题(简易智能电动车)属于同一类型自动控制题。但控制难度加大,所用的传感器种类增多,电路设计的复杂程度增加。下面就小车运动状态、系统可能采用的传感器种类以及小车刹车暂停的条件等几方面进行比较便可以看出题目的难易程度。

(1) 小车的运动状态比较,见表2.7.1。

表2.7.1 小车运动状态对照表

题目名称 \ 小车运动状态	停	前进	后退	转弯	爬坡	滑坡
自动往返小车(2001年)	√	√	√	×	×	×
简易智能电动车(2003年)	√	√	√	√	×	×
电动车跷跷板(2007年)	√	√	√	√	√	√

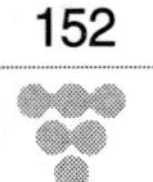

(2) 系统采用的传感器种类比较,见表2.7.2。

表 2.7.2 系统采用的传感器种类对照表

传感器名称 \ 题目名称	自动往返小车	简易智能电动车	电动车跷跷板
霍尔测速传感器	√	√	√
光电传感器	√	√	√
红外线传感器	√	√	√
超声波传感器	×	√	×
金属传感器	×	√	√(也可无)
测角传感器	×	×	√

(3) 刹车停车条件

自动往返小车停车条件:起点停(有黑色标记),终点停(有黑线标记);

简易智能电动车停车条件:C 点停(有铁片标记),定时停($t=90$ s),入库停(灯光引导,且允许有黑线标记);

电动机跷跷板:C 点停(不加配置物体的平衡点),终端停(定长度),平衡点停(加配置物体平衡点)。

由上述分析可知,如何利用测角传感器设计一个合理的装置(包括硬件和软件设计、误差信号的获得与处理)使电动车找到动态平衡点是本题的重点和难点。至于其他部分的设计只要赛前训练过“自动往返小车”和“简易智能电动车”制作,也就不难了。

2.7.2 系统方案

一、实现方法及系统结构框图

1. 实现方法 1 及系统结构框图

考虑到稳定性和爬坡能力,选择玩具坦克作为小车的主体,跷跷板起始端安装有引导信号,车前安装红外光电开关接收引导信号,安装红外反射对管用以在跷跷板上寻迹前进(在跷跷板中心线上贴上一条黑胶带作为引导线)。角度传感器安装在坦克底盘的中心平面上,用以检测跷跷板的状态。车的后面安装了以 CH451 驱动的 8 位数码管来显示坦克的行驶路程和时间。对双电机驱动使用了专用芯片 L298N,保证了驱动的可靠性和精确性。微控制器采用了凌阳单片机最小系统。电源部分采用了 7.2 V 的大功率镉镍电池组,经 LM7806 稳压后为双电机供电,经 LM7805 稳压后为单片机和其他部分供电。无线收发模块用以向远处的监视平台实时发送小车和跷跷板的状态信息。系统的结构框图如图 2.7.4 所示。

2. 实现方法 2 及系统结构框图

本方法以高性能单片机 C8051F020 为核心,使用 SCA100T - D02 高精度传感器作为检测装置。小车以混合式两相步进电机驱动,车身前后各加装了一排红外传感器,以保证其能够在

贴有黑色引导线的跷跷板上平稳行驶。系统采用离散化 PID 控制算法,能够控制电动车在跷跷板上任意位置准确定位、平衡。电动车在特殊点具有声光提示信号。该系统构建了基于无线射频的双机通信结构,能够本地显示系统参数,并可查询历史数据。其系统总体结构框图如图 2.7.5 所示。

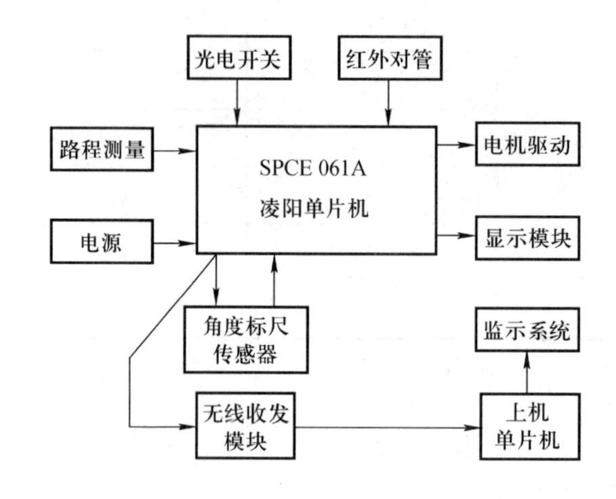

图 2.7.4　实现方法 1 结构框图

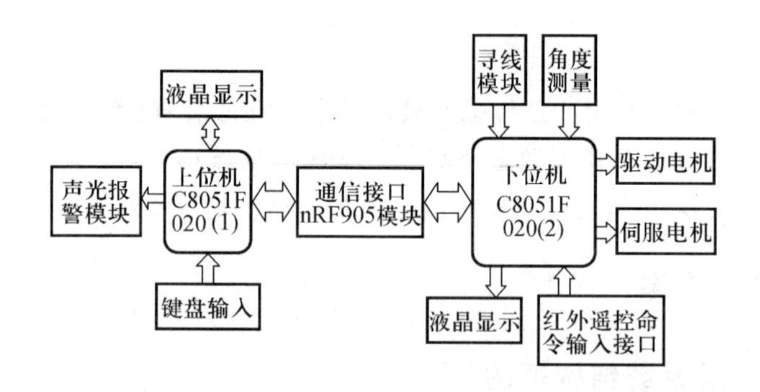

图 2.7.5　实现方法 2 系统结构框图

3. 实现方法 3 及系统结构框图

本方法采用 Microchip 公司的 PIC16F877 单片机作为控制核心。使用单轴倾角传感器作为检测装置,SCA60C 利用感应重力加速度在其一方向的分量来完成角度测量,其输出电压与角度变化成一定的线性关系。采用红外反射光传感器 ST198A,对跷跷板和地面上的引导线(黑胶布)进行检测来控制小车的运动,防止小车偏离赛道。小车前轮采用舵机控制方向,后轮采用直流减速电机作为动力,电机驱动采用集成芯片 L298 所组成的 H 桥驱动电路,利用 PWM 波来控制电机的速度而另外两个 I/O 口可以控制电机的正反转。显示模块采用串行转并行芯片 74LS164 加数码管静态显示。系统采用离散的 PID 控制算法,能够控制电动车在跷跷板上任意位置准确定位、平衡。其系统结构框图如图 2.7.6 所示。

以上三种实现方法各有各的优势,而且方案均可行。为便于培训,我们对方法 1 进行讨论。

二、方案论证与设计

1. 微控制器的选择

采用凌阳16位单片机SPCE061A进行控制。SPCE061A内部集成了7路10位ADC和2通道10位DAC，可以直接用于电压测量时的数据采集，以及数字控制输出和语音输出；I/O口资源丰富，可以直接完成对键盘输入和显示输出的控制；存储空间大，能配合LCD液晶显示和数据存储。采用SPCE061A单片机，能将相当一部分外器件结合到一起，使用方便，抗干扰能力强。

2. 车架的选择与设计

赛题对车速要求不高，而对稳定性、精确度、平稳能力及爬坡能力要求较高。玩具坦克兼具以上各项优势，故此选做小车底盘。为了方便各个模块的安装，将原车的炮塔拆去，只保留底盘和电机。为了测量行驶里程的方便，在坦克一侧的主动轮上均匀粘贴四片小磁钢，通过单片机对霍尔开关输出脉冲的计数完成对路程的精确测量。

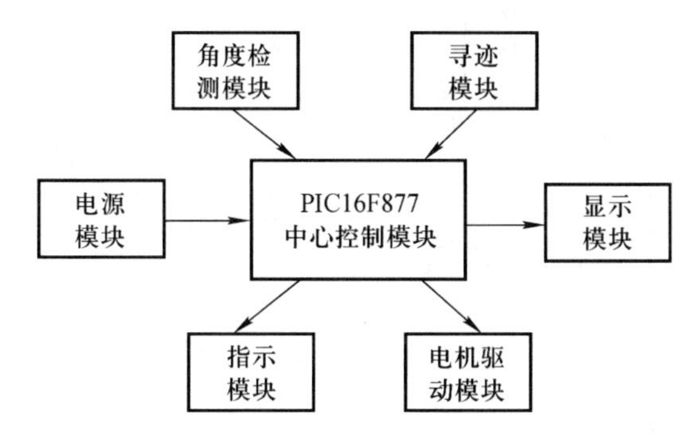

图 2.7.6　实现方法3系统结构框图

3. 电源的选择与设计

本系统要求5 V和6 V两种电压供电，故选用7.2 V大功率镉镍电池组，经由LM7805及LM7806输出5 V和6 V电压，分别为电机和单片机供电，实现了控制电路电源和电动机电源隔离，避免了由单电源供电时，电机起停产生的大电流对单片机和其他模块的影响。电源电路如图2.7.7所示。

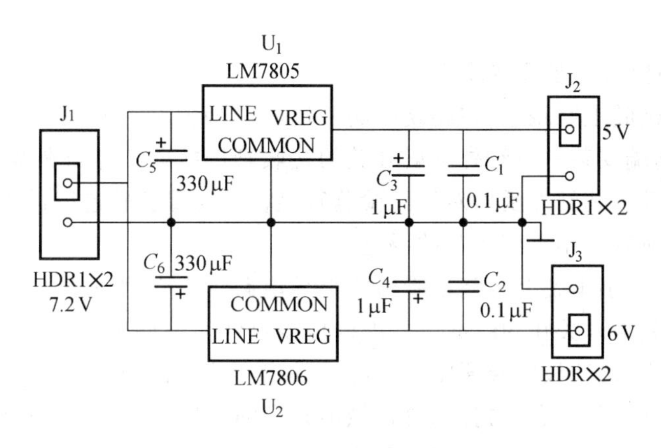

图 2.7.7　直流稳压电源

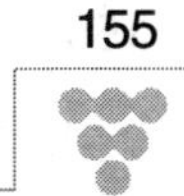

4. 电机及其驱动芯片的选择与设计

本车采用原车自带的双直流减速电机，仅需 6 V 即能可靠工作。电机驱动选用专用驱动芯片 L298N，该芯片分别独立控制两路电机的起停和转向，保证两路电路参数的对称，有利于保持坦克行驶的稳定性和精确性，也降低了电路的设计难度。电机驱动电路如图 2.7.8 所示。用单片机的 5 个端口给出 PWM 信号和控制信号，即可实现直行、转弯、加减速、后退等动作。

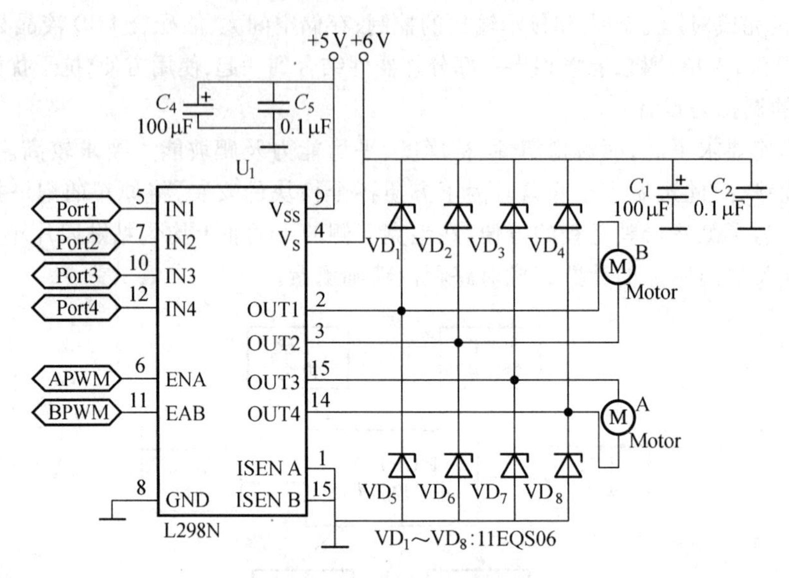

图 2.7.8　电机驱动电路

5. 显示模块的选择与设计

根据赛题要求，只需显示小车在跷跷板上行驶的时间和距离，显示内容较少且均为数字，故选用了相对于点阵式液晶显示器造价低很多的数码管。其中五位用以显示路程，余下的三位用来显示行驶时间。8 位数码管采用键盘显示管理芯片 CH451 驱动。显示模块电路如图 2.7.9 所示。CH451 的 SEG0 ~ SEG7 分别控制数码管的 8 个段，DIG0 ~ DIG7 用于选通各个数码管进行动态显示。单片机仅用三个端口即可完成 8 位数字的动态显示。而对于监视平台选择点阵式液晶显示器，与数码管比较其优势在于：显示内容更加丰富，人机界面更加友好，监视人员易于取得信息。

6. 引导和寻迹模块的选择与设计

为引导小车准确驶上跷跷板，在跷跷板的一端（A 端）安装一只具有广角发射能力的红外发射器，在小车的前端安装一只红外反射开关的接收管以接收广角红外发射器发出的引导信号。在车的前端底部安装红外反射对管以检测跷跷板上的黑色轨迹以循迹前进。在车的后端也安装有红外反射对管以用于倒车时的寻迹。

图 2.7.10 为引导小车驶上跷跷板所用的引导电路。大功率红外发射管发出的红外光可以保证小车前端的光电开关在 30 cm 以外准确地接收到。一旦光电开关接收到红外信号便在其输出端输出高电平，使三极管导通驱动蜂鸣器发出声响。同时单片机通过采样光电开关的电平便可得知光电开关的状态，再控制电机做出相应的动作，使小车沿着红外光引导的方向前进并准确地驶向跷跷板，继续在跷跷板上寻迹前进。

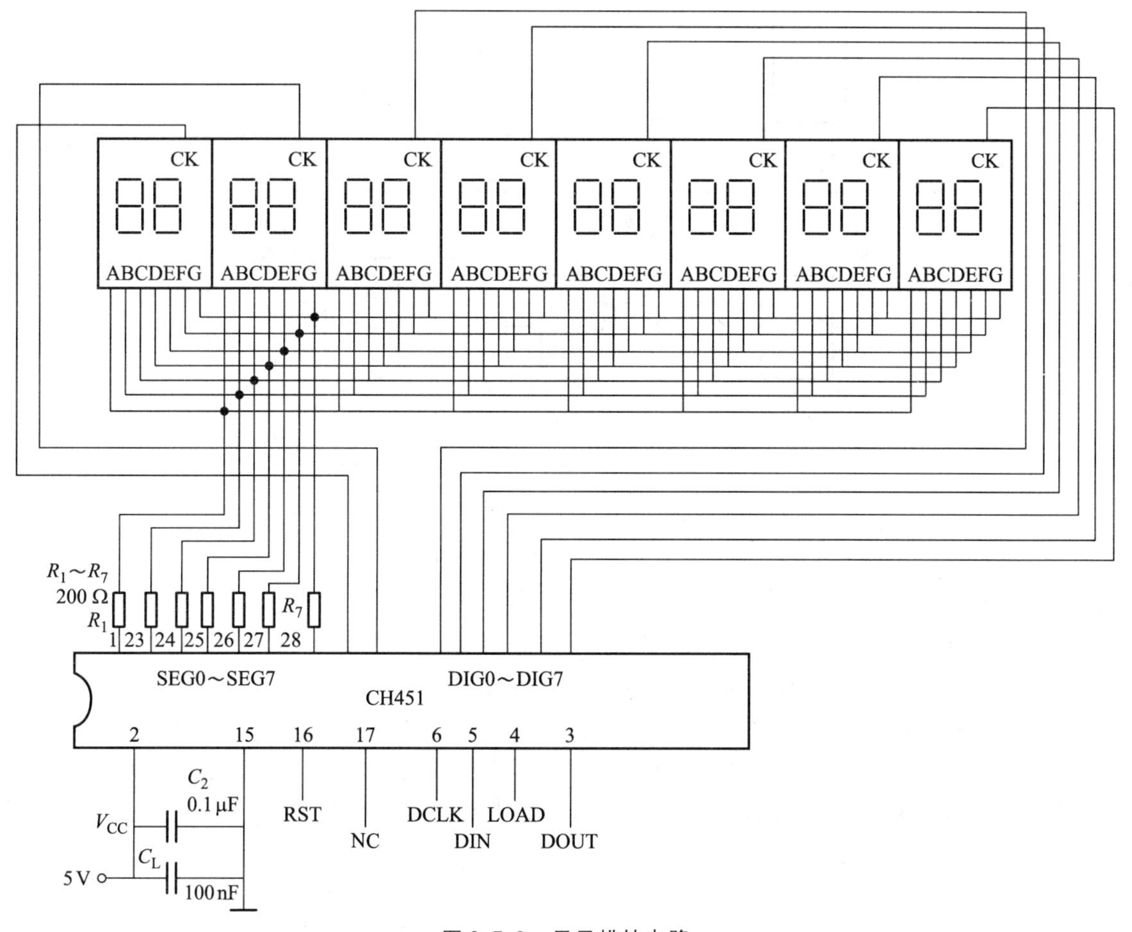

图 2.7.9　显示模块电路

沿跷跷板的中心线铺设一条黑胶带，由于黑胶带与其两旁的木板对红外线的反射率相差很大，故安装在车前端的反射式红外传感器在检测到黑胶带和木板表面时输出高低不同的电压，这些电压信号通过凌阳单片机自身集成的 7 通道 10 位模/数转换器（ADC）进入控制器与事先设定的临界值比较，把电压转换为高低电平。再通过一定的控制算法区分黑胶带和木板，使小车沿黑胶带前进和倒退，其电路如图 2.7.11 所示。

7. 角度传感器的选择与设计

为了控制小车在跷跷板上的进退与停止，必须对跷跷板与水平面之间的角度进行测量。本系统选用双轴倾角传感器 ZCT245AL－485 用来测量角度，其测角范围为 －45°～45°，输出采用半双工通信方式并采用 RS－485 通信协议，具有零点设置、波特率调整等功能。其分辨率为 0.1°，重复性好，工作电压为5 V，非常适合本系统的要求。ZCT245AL－485 普通型双轴倾角传感器直接通过 RS－485 总线输出

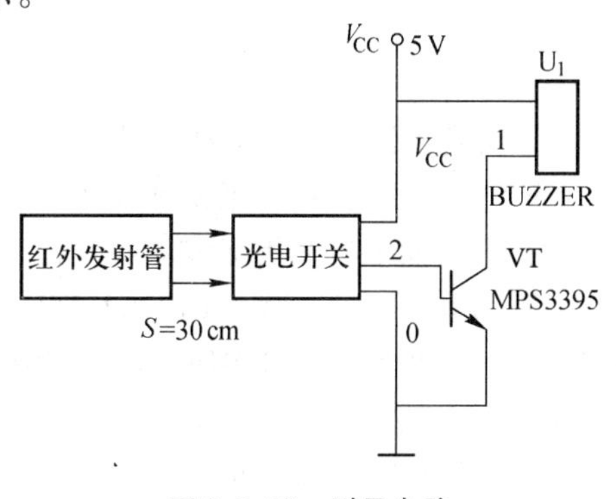

图 2.7.10　引导电路

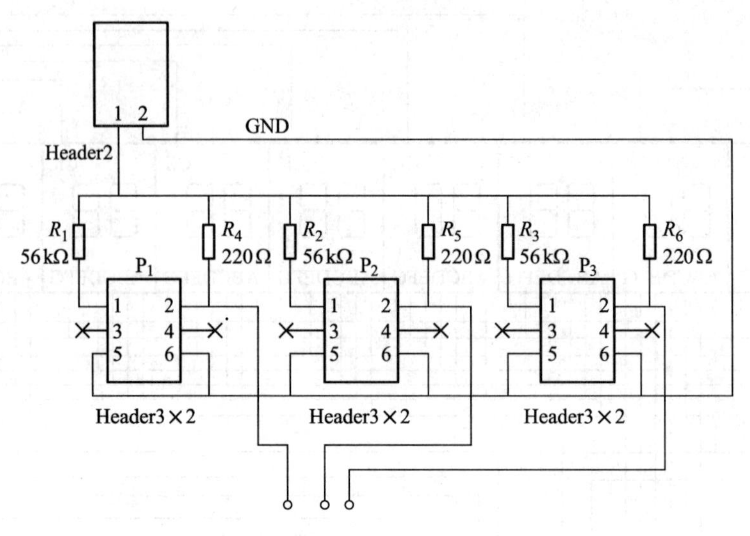

图 2.7.11　寻迹电路

两轴与水平之间的夹角。将角度传感器固定在车底盘的水平面上，使其 x 轴与车的宽度方向平行，y 轴与车的长度方向即车的前进方向平行。这样，当车爬坡时 y 轴输出正角度，x 轴输出为 0；下坡时 y 轴输出负角度，x 轴输出为 0。单片机通过检测 y 轴输出角度即可获知小车的位置和跷跷板的状态，然后控制小车的进退以保持跷跷板的平衡。其 RS－485 通信电路如图 2.7.12 所示。角度传感器经由转换器 MAX485 转换为标准电平后与单片机进行串行通信，实时读出小车的倾角状态并由此控制小车的动作以控制跷跷板的倾角。

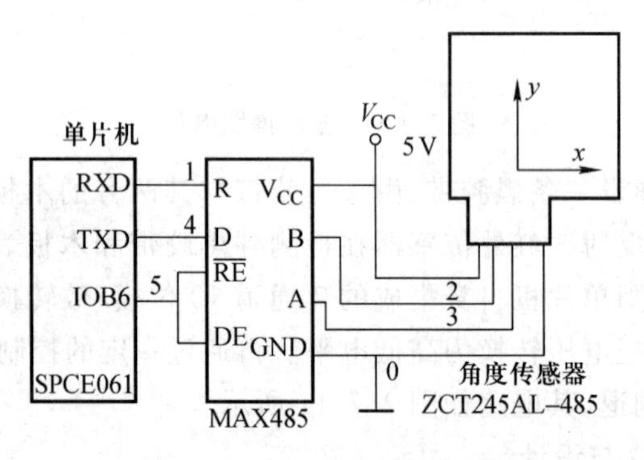

图 2.7.12　RS－485 通信电路

8. 无线收发模块的选择与设计

作为进一步发挥，本系统增加了与单片机的无线通信功能，该功能的实现有赖于无线电收发模块，现市面上有此类无线电收发模块购买。它主要由一对编码解码芯片 PT2262/2272 为核心，外加其他电路构成。PT2262 芯片外加振荡器、电子开关电路及天线可以形成 2ASK 调制信号，载波频率为 315 MHz。输出功率小于 0.1 W。PT2272 是解码芯片，外加接收高频头、2ASK 解调电路等组成的接收电路可接收由 PT2262 为核心构建的高频发射机发出的高频信号。在本系统中，小车上的单片机实时发送诸如“启动”、“停止”、“平衡”等状态信息，监视单片机通过接收机接收这些信息并通过液晶屏显示和扬声器发声将信息传递给参赛选手，使选

手可以对小车和跷跷板的状态进行远距离监视。

9. 跷跷板的设计

跷跷板是本赛题设计的关键，本系统采用高强度复合板主体加铝合金边框的结构防止其变形，并加装了必要的减震装置来增强其抗震能力。

2.7.3 理论分析与参数计算

一、理论计算

1. 平衡时角度控制范围的计算

根据题目要求 $|d_A—d_B|\leqslant 40$ mm，故在图 2.7.13 中水平面 H 与跷跷板平面之间的夹角 D 度数的绝对值 $|D| = \arcsin\left(\frac{|d_A - d_B|}{|AB|}\right) = 1.432°$ 。由于所用角度传感器能分辨的最小角度为 0.1°，故必须控制小车使角 D 的度数小于 +1.4°且大于 −1.4°。

当 $D\geqslant 1.4°$时，控制小车前进，当 $D\leqslant -1.4°$时控制小车后退，当 $-1.4°\leqslant D\leqslant 1.4°$时，控制小车的速度使其减退，直至 D 的值趋于 0°时小车停。

2. 路程的计算

由于玩具车坦克的特殊结构，我们无法使用传统的光电码盘来测速和记程。为此图 2.7.14 所示霍尔传感器对小磁钢进行检测即可在其输出端获得一列脉冲。单片机通过对脉冲计数即可通过计算得到路程信息。设 S 表示路程，d 表示主动轴直径，N 为脉冲的计数值，则有：

$$S = \frac{\pi N d}{4} \tag{2.7.1}$$

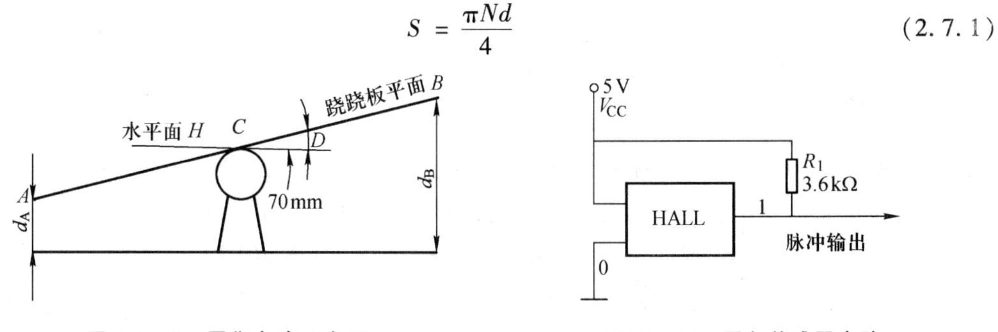

图 2.7.13 平衡角度示意图

图 2.7.14 霍尔传感器电路

二、控制方法

1. 电机的控制

根据表 2.7.3 可利用凌阳单片机的 5 个端口来控制电机。其中四个端口分为两组去分别控制两个电机的正反转和停转，使两侧电机一正一反转动即可实现小车的左右转弯，此法控制的小车转弯能力极强，可以原地转过任意角度，使小车的机动性大大提高。其余一个端口输出 PWM 信号，接在两个电机上，L298N 所对应的使能端⑥和⑨来控制电机的转速。凌阳单片机可输出占空比和频率均可调的 PWM 信号。其占空比从 1/16 ~ 14/16，共分为 14 挡，可方便地控制电机转速。

表 2.7.3　L298N 工作表

输入		电机状态
$U_{in}=1$	$C=1, D=0$	正转
	$C=0, D=1$	反转
	$C=D$	停
$U_{in}=0$	$C=X, D=X$	输入无效

2. 跷跷板倾角的控制

对跷跷板倾角的控制采用闭环反馈方法,以满足题目对控制精度高的要求。图 2.7.15 是反馈控制系统的框图,角度传感器实时采样跷跷板的倾角 D 送入单片机与预先设定的值进行比较得出角度偏差 E。单片机对 E 经过简单的 PID 控制算法得出对电机动作的适当方案 U,该方案通过小车作用于跷跷板以使其倾角越来越小,从而使小车找到平衡位置,再停车 5 s 以上,满足题目要求。

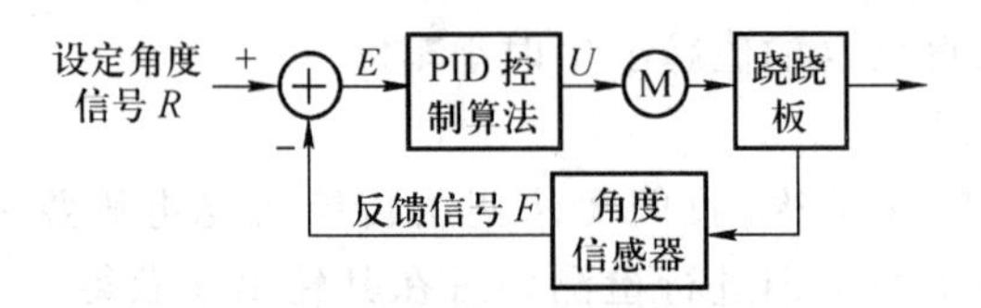

图 2.7.15　反馈控制系统框图

2.7.4　程序设计

一、软件设计思想

针对本系统中角度传感器采样较慢,控制对象跷跷板惯性大、滞后大的特点,本系统选用了增量式按偏差的比例、积分、微分进行控制,即增量式数字 PID 控制。其算式为

$$\Delta u(KT)=K_P[e(KT)-e(KT-T)]+K_I e(KT)+K_D[e(KT)-2e(KT-T)+e(KT-2T)] \qquad (2.7.2)$$

式中,K_P、K_I、K_D 分别表示比例系数、积分系数和微分系数。该算法无需累加,控制增量的确定仅与最近三次的采样值有关,较容易通过加权处理获得比较好的控制效果。

比例控制 P 是一种最简单的控制规律,其控制作用大小与偏差的大小成正比,调节迅速。但对于大多数惯性环节,K_P 太大会引起自激振荡,并且使用比例控制无法消除静态误差。积分控制可以弥补单纯比例控制的不足,消除系统的静态误差,直到偏差为零,积分作用才停止。系统采用比例积分控制(即 PID 控制)可以消除静态误差,但是系统的超调很大,调节时间太长。为改善动态性能还必须引入微分校对 D,微分控制与偏差的变化率有关,偏差变化率越大其调节作用越强。微分控制可以预测误差,产生超前的校正作用,改善系统的动态特性。结合上述三种控制方法,并通过试验不断地对相应参数做出调整,最后由此编出的软件拥有很强的适应能力,对控制对象的控制相当精确,快速。

二、工作流程图

（1）系统的主工作流程如图 2. 7. 16 所示。

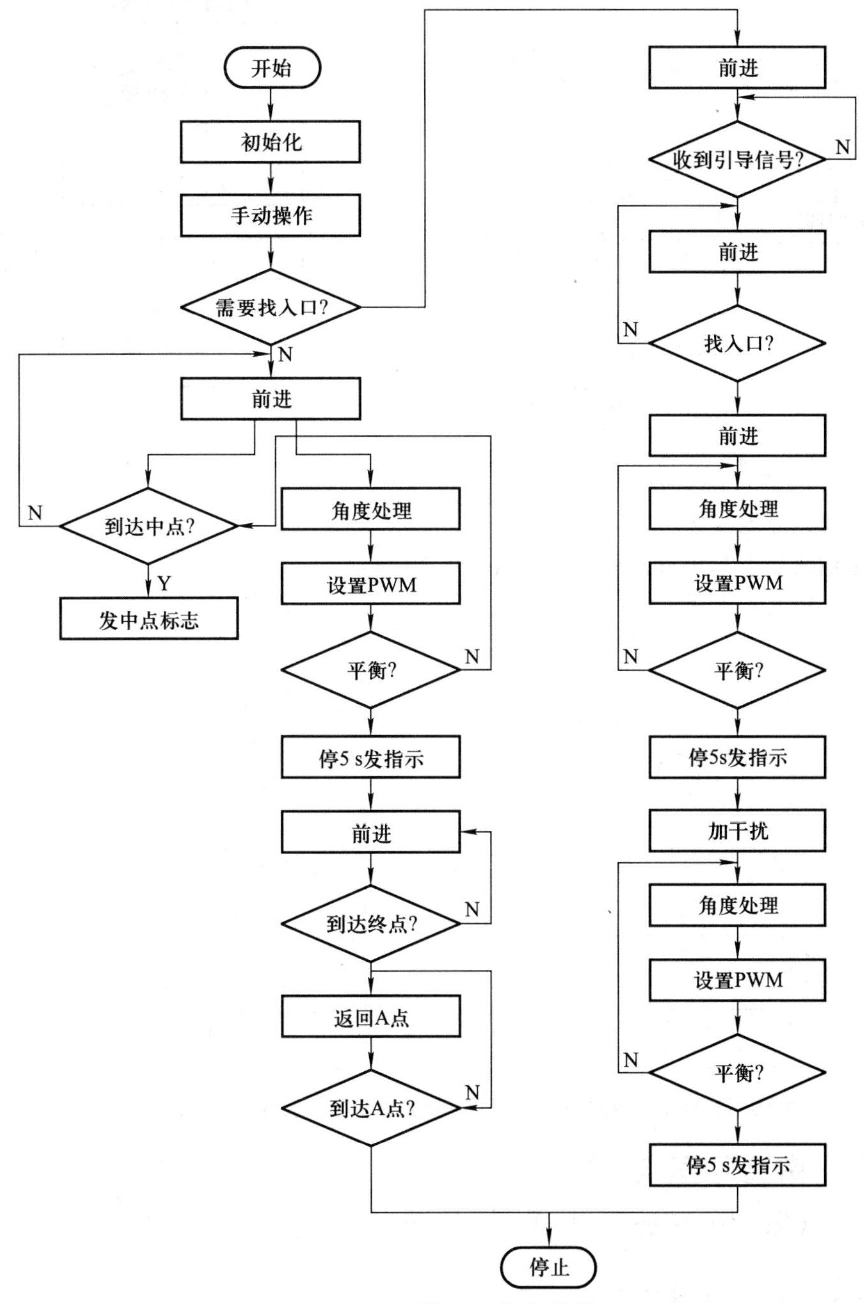

图 2. 7. 16　系统主工作流程图

（2）计时流程如图 2. 7. 17 所示。

（3）角度传感器测角流程如图 2. 7. 18 所示。

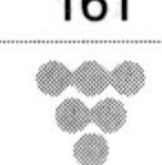

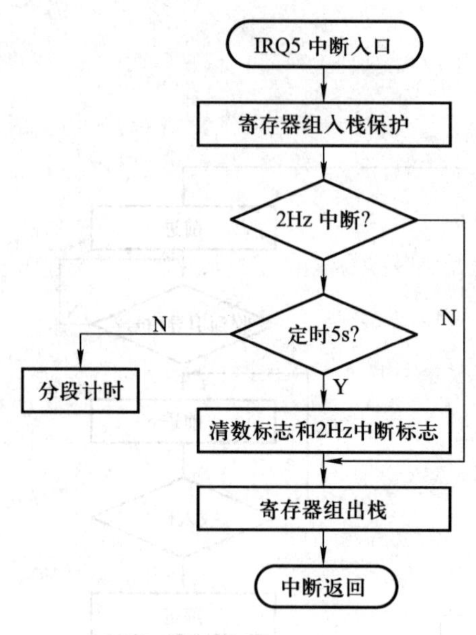

图 2.7.17　计时流程图

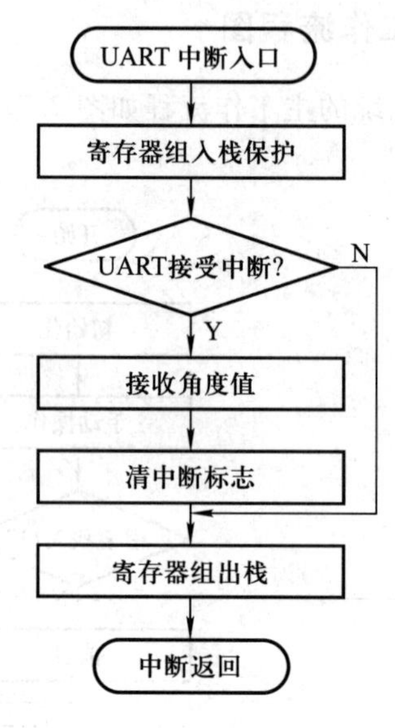

图 2.7.18　角度传感器测角流程图

（4）寻找光源流程如图 2.7.19 所示。

（5）起跑线处小车状态调整流程如图 2.7.20 所示。

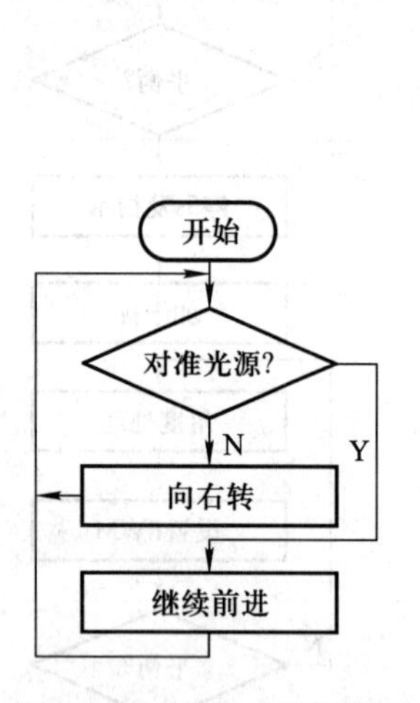

图 2.7.19　寻找光源流程图

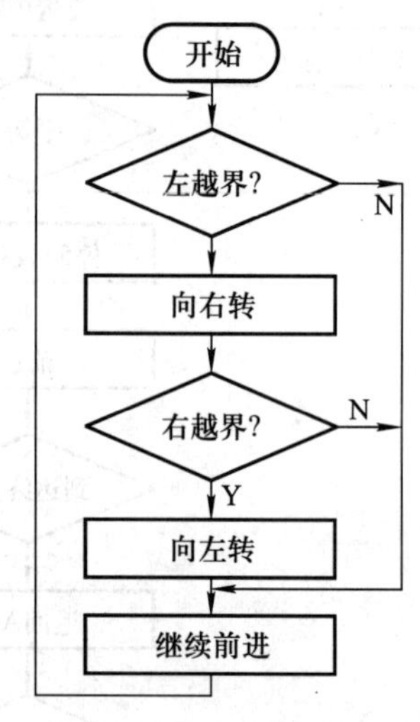

图 2.7.20　起跑线处小车状态调整流程图

2.8　声音引导系统
(2009 年全国大学生电子设计竞赛 B 题)

2.8.1　设计任务与要求

一、任务

设计并制作一声音导引系统,示意图如图 2.8.1 所示。

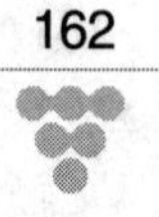

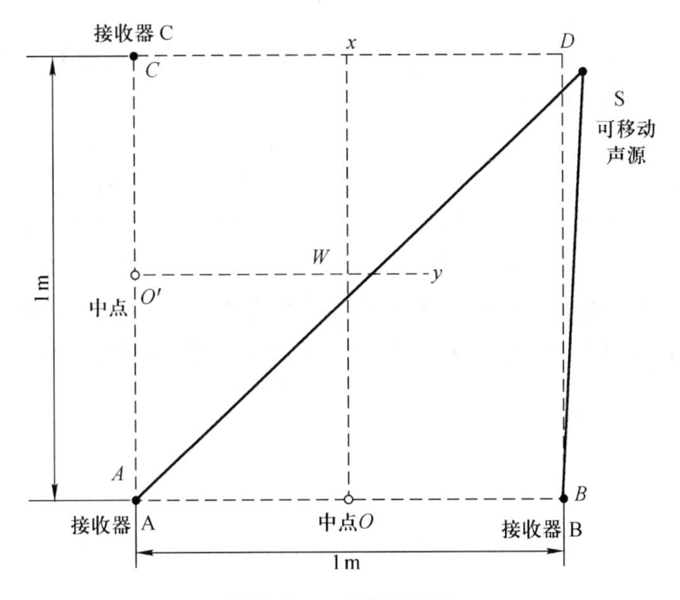

图 2.8.1　系统示意图

图中，AB 与 AC 垂直，Ox 是 AB 的中垂线，$O'y$ 是 AC 的中垂线，W 是 Ox 和 $O'y$ 的交点。

声音导引系统有一个可移动声源 S，三个声音接收器 A、B 和 C，声音接收器之间可以有线连接。声音接收器能利用可移动声源和接收器之间的不同距离，产生一个可移动声源离 Ox 线（或 $O'y$ 线）的误差信号，并用无线方式将此误差信号传输至可移动声源，引导其运动。

可移动声源运动的起始点必须在 Ox 线右侧，位置可以任意指定。

二、要求

1. 基本要求

（1）制作可移动的声源。可移动声源产生的信号为周期性音频脉冲信号，如图 2.8.2 所示，声音信号频率不限，脉冲周期不限。

图 2.8.2　信号波形示意图

（2）可移动声源发出声音后开始运动，到达 Ox 线并停止，这段运动时间为响应时间，测量响应时间，用下列公式计算出响应的平均速度，要求平均速度大于 5 cm/s：

$$\text{平均速度}=\frac{\text{可移动声源的起始位置到 } Ox \text{ 线的垂直距离}}{\text{响应时间}}$$

（3）可移动声源停止后的位置与 Ox 线之间的距离为定位误差，定位误差小于 3 cm。

（4）可移动声源在运动过程中，任意时刻超过 Ox 线左侧的距离小于 5 cm。

（5）可移动声源到达 Ox 线后，必须有明显的光和声指示。

（6）功耗低，性价比高。

2. 发挥部分

(1) 将可移动声源转向 180°(可手动调整发声器件方向),能够重复基本要求。

(2) 平均速度大于 10 cm/s。

(3) 定位误差小于 1 cm。

(4) 可移动声源在运动过程中,任意时刻超过 Ox 线左侧的距离小于 2 cm。

(5) 在完成基本要求部分移动到 Ox 线上后,可移动声源在原地停止 5 ~ 10 s,然后利用接收器 A 和 C,使可移动声源运动到 W 点,到达 W 点以后,必须有明显的光和声指示并停止,此时声源距离 W 的直线距离小于 1 cm。整个运动过程的平均速度大于 10 cm/s。

$$\text{平均速度}=\frac{\text{可移动声源在 } Ox \text{ 线上重新启动位置到移动停止点的直线距离}}{\text{再次运动时间}}$$

(6) 其他。

三、说明

(1) 本题必须采用组委会提供的电动机控制 ASSP 芯片(型号 MMC - 1)实现可移动声源的运动。

(2) 在可移动声源两侧必须有明显的定位标志线,标志线宽度 0.3 cm 且垂直于地面。

(3) 误差信号传输采用的无线方式、频率不限。

(4) 可移动声源的平台形式不限。

(5) 可移动声源开始运行的方向应与 Ox 线保持垂直。

(6) 不得依靠其他非声音导航方式。

(7) 移动过程中不得人为对系统施加影响。

(8) 接收器和声源之间不得使用有线连接。

四、评分标准

	项目	主要内容	分数
设计报告	系统方案	整体方案比较	7
		控制方案	
	设计与论证	设计、计算	12
		误差信号产生	
		控制理论简单计算	
	电路设计	系统组成	3
		各种电路图	
	测试结果	测试数据完整性	3
		测试结果分析	

续表

	项目	主要内容	分数
设计报告	设计报告	摘要	5
		正文结构完整性	
		图表的规范性	
	总分		30
基本要求	基本要求实际完成情况		50
发挥部分	完成第(1)项		5
	完成第(2)项		10
	完成第(3)项		10
	完成第(4)项		10
	完成第(5)项		10
	完成第(6)项		5
	总分		50

声音导引系统(B题)测试说明:

(1) 表2.8.1仅限赛区专家在测试制作实物期间使用。每题测试组至少配备三位测试专家,每位专家独立填写一张此表并签字;表中凡是判断特定功能有、无的项目以打“√”表示;凡是指标性项目需如实填写测量值,有特色或有问题的项目可在备注中写明,表中栏目如有填写缺项或不按要求填写的,全国评审时该项按零分计。本题必须采用全国组委会提供的电动机控制ASSP芯片(型号MMC-1)实现可移动声源的运动,否则不予评审。

表2.8.1　声音导引系统(B题)测试记录与评分表

赛区________代码________测评人____________2009年9月　　日

类型	序号	测试项目	满分	测试记录	评分	备注
基本要求	(1)	可移动声音信号源	5	声源可移动________(　　) 声源不可移动________(　　)		
	(2)	平均速度	10	移动距离________cm 响应时间________s 平均速度值________cm/s		
	(3)	定位误差小于3 cm	10	定位误差值________cm		
	(4)	超过 Ox 线左侧距离小于5 cm	10	没有超过5 cm(　　) 超过了________cm		

续表

类型	序号	测试项目	满分	测试记录	评分	备注
基本要求	(5)	到达 Ox 线后，是否有明显声光指示	5	有(　)无(　)		
	(6)	功耗低	5	声源部分总电流值______ mA 接收器部分总电流值______ mA		
		性价比高	5			
	总分		50			
发挥部分	(1)	声源转向 180°，重复基本操作	5	可行________(　)不可行________(　)		
	(2)	平均速度	10	移动距离________ cm 响应时间________ s 平均速度值________ cm/s		
	(3)	定位误差小于 1 cm	10	定位误差值________ cm		
	(4)	不得超过 Ox 线左侧垂直距离 2 cm	10	没有超过 2 cm(　) 超过了________ cm		
	(5)	移动目标至 W 点停止并发出声光信号	1	可行________(　)不可行________(　)		
		声源距离 W 小于 1 cm	4	小于 1 cm(　　) 大于 1 cm(　　)		
		平均速度小于 10 cm/s	5	起始点至停止点直线距离________ cm 总体运行时间________ s 平均速度值________ cm/s		
	(6)	其他	5			
	总分		50			

(2) 可移动声源的起始位置请测试人员手动放置到以正方形顶点 D 为圆心、半径为 15 cm的圆周内部任意一点，初始方向正对 Ox 线，如图 2.8.3 所示。

(3) 可移动声源上的标志线宽度为 0.3 cm，且垂直于地面，必须便于观测，否则不予评判。

(4) 平均速度大于 5 cm/s 为 10 分，每减少 1 cm/s 扣 2 分。

(5) 定位误差小于 3 cm 为 10 分，每增加 1 cm 扣 3 分。

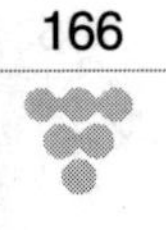

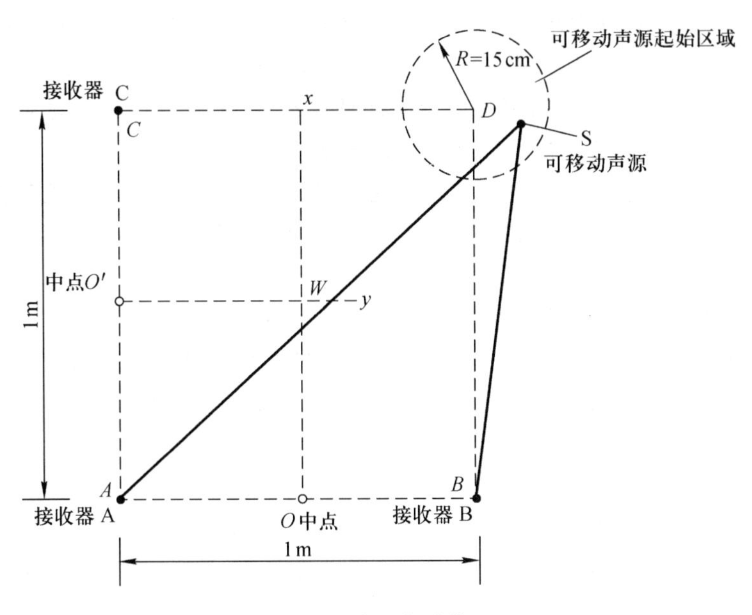

图 2.8.3　声源起始位置图

(6) 超越 Ox 线左侧垂直距离小于 5 cm 为 10 分,每增加 1 cm 扣 2 分。

(7) 发挥部分中,平均速度大于 10 cm/s 为 10 分,每减少 1 cm/s 扣 2 分。

(8) 发挥部分中,定位误差小于 1 cm 为 10 分,每增加 1 cm 扣 3 分。

(9) 发挥部分中,超越 Ox 线左侧垂直距离小于 2 cm 为 10 分,每增加 1 cm 扣 3 分。

(10) 发挥部分移动目标至 W 点测试项目中,距离 W 点小于 1 cm 为 4 分,超过 1 cm 不得分。

(11) 发挥部分移动目标至 W 点测试项目中,平均速度大于 10 cm/s 为 5 分,小于10 cm/s 不得分。

(12) 每队都有两次测试的机会,取成绩好的一次记录,作为测试结果。

(13) 赛区测试时,要求在避免声音干扰的环境中进行测试工作。

2.8.2　题目剖析

声音引导系统是全球卫星定位系统(GPS)在实验室内的一个缩影。美国先后向太空发射了 28 颗同步卫星,可以覆盖全球,最早主要用于军事,利用测时差法对地面辐射源(雷达站、通信站、广播电视台站等)进行被动定位。所谓被动,是指对方辐射源发射,而卫星本身不发射信号,只是被动接收,故此而得名,又名无源定位。GPS 采用地心坐标系,其坐标原点设在地球的中心,利用三颗卫星(在地心坐标系中的位置是固定不变的)对地面辐射源进行时差测量,可以得到两个独立的时差方程,再利用地球的球面方程,对三个方程联立求解,即可得辐射源的三维坐标数值。最后通过坐标转换,就可得到辐射源的经度和纬度数值。上述就是三星测时差法被动定位机理。后来 GPS 扩展到民用。主要是对地面的汽车、火车、船舶和空中的飞机等进行定位及引导。由于地表不是一个理想球面,若利用上述三星测时差被动定位法,则定位精度不高。为提高定位精度,在汽车(或飞机)引导器上安装有收发装置。利用三星测距

法，列出三元测距方程组，联立求解，可得汽车（或飞机）的位置参数，经过多次测量和数据处理方法（如最小二乘法、卡尔曼滤波法等方法）可以进一步提高定位精度，其定位精度在 10 m 左右。另外，汽车引导器上还装有服务区内的地理信息库，根据当时测得的地理位置，可以较准确地计算汽车离目的地的距离，并引导汽车前行。

我国自 20 世纪 80 年代着手研究卫星定位系统，最初企图应用在气象预报领域中，后来改名为北斗星导航系统，目前已向太空发射 10 颗卫星，对我国局部领域目标实现定位。其定位精度小于 10 m。

既然如此，我们可以将 GPS 定位的方法移植到此题中来。

根据题意，此题与定位精度相关的分值占总分的 70% 以上。故此题的重点和难点应该是定位方法和定位精度问题。我们不妨围绕这个问题做进一步的分析。

一、定位方法探讨

要对行进中的小车进行实时定位，并引导它前进，必须建立数学模型和坐标系。本题可采用直角坐标系。原点可选在终点 W 处或者 A 点处。现选在 W 处，其坐标系如图 2.8.4 所示。

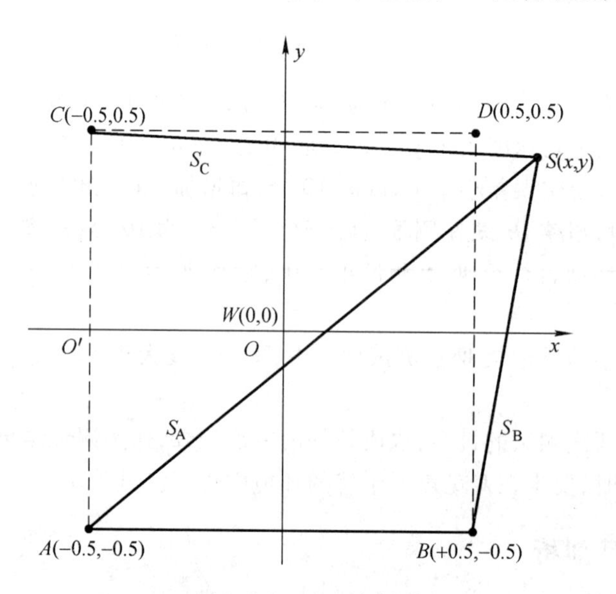

图 2.8.4　直角坐标系

根据题意和 GPS 定位原理，其定位方法有如下三种：

① 三站测时差被动定位法；

② 二站测距定位法；

③ 到达时间比较法。

1. 三站测时差被动定位法

三站测时差被动定位法如图 2.8.4 所示。现设 A 站为主站，B、C 站为从站，S 为服务对象，简称目标。

设目标在某一个时段发出了音频脉冲信号，如图 2.8.5 所示，三站 A、B、C 接收此信号后，经放大、滤波、检波、整形后统一传输给主站 A，其时序关系如图 2.8.5 所示。

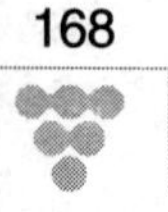

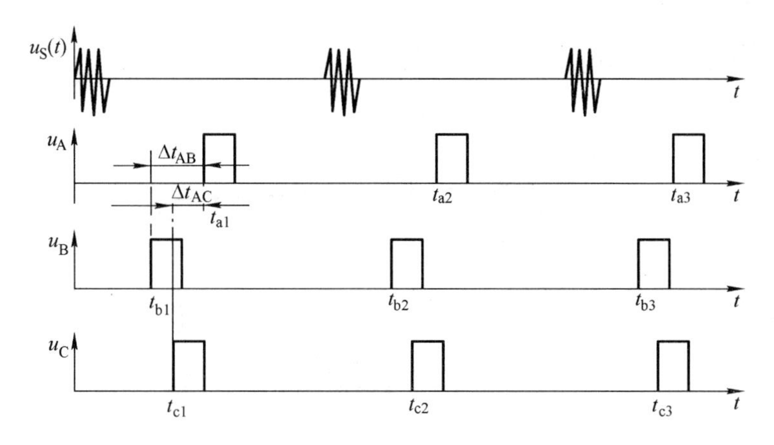

图 2.8.5　u_S、u_A、u_B、u_C 的时序关系图

列出测时差方程组：

$$\begin{cases} \Delta t_{AB} = \dfrac{S_A - S_B}{v} = \dfrac{\sqrt{(x+0.5)^2+(y+0.5)^2} - \sqrt{(x-0.5)^2+(y+0.5)^2}}{v} \\ \Delta t_{AC} = \dfrac{S_A - S_C}{v} = \dfrac{\sqrt{(x+0.5)^2+(y+0.5)^2} - \sqrt{(x+0.5)^2+(y-0.5)^2}}{v} \end{cases} \quad (2.8.1)$$

式中，v 为声音在空中的传播速度，Δt_{AB}、Δt_{AC} 为测量值。

式(2.8.1)属二元非线性方程组，可采用数值求解法（软件编程），求出 x、y 的值。

通过多次测量，采用数据处理方法（最小二乘法或卡尔曼滤波法等）提高定位精度。

B 站和 C 站只有一个接收器（譬如拾音器 KZ－502A）。拾音器将声波转换成电信号后，通过 1.1 m 的电缆直接送入 A 站处理。这样 B、C 两站设备变得非常简单，大大提高了性价比。其系统结构框图如图 2.8.6 所示。

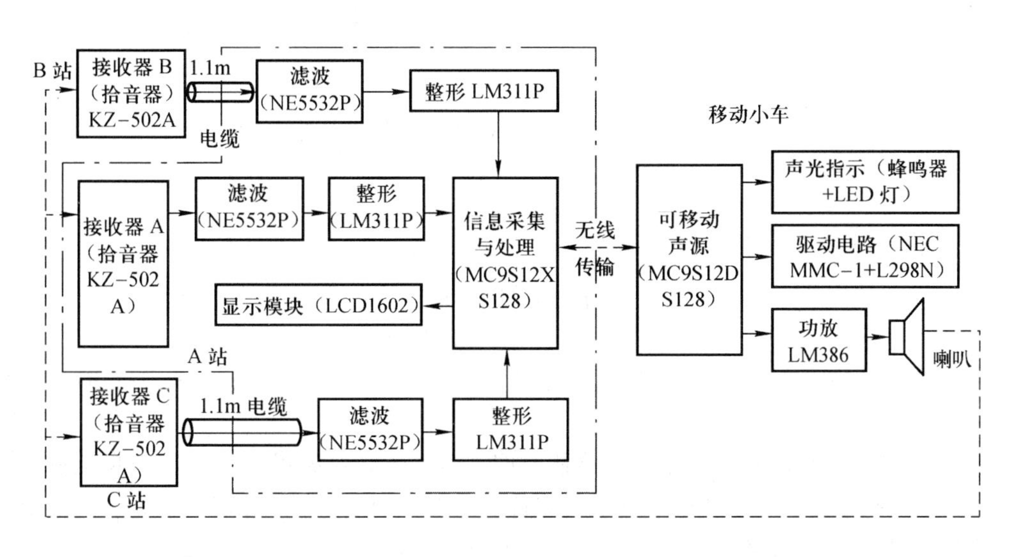

图 2.8.6　测时差法系统结构框图

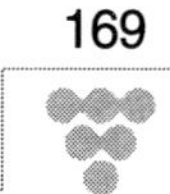

2. 两站测距定位法

两站测距定位原理示意图如图 2.8.7 所示。

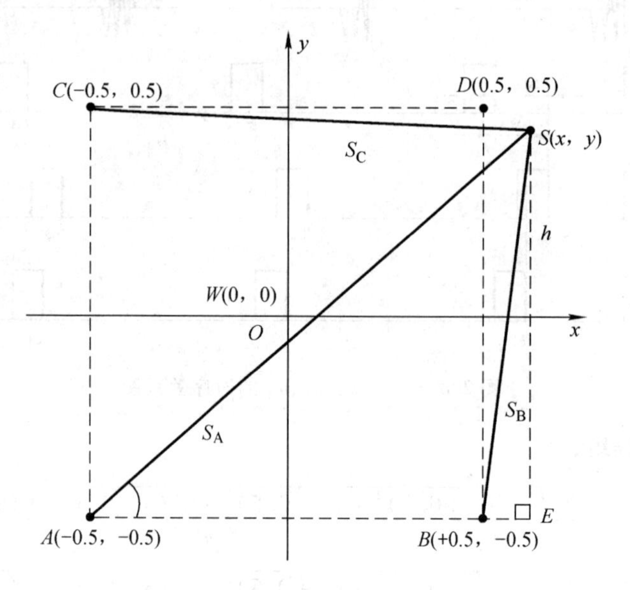

图 2.8.7 两站测距定位法坐标系

若能测得 A、S 两点之间声波传播的时间 t_A，则 A、S 两点距离为

$$AS = S_A = t_A \cdot v \tag{2.8.2}$$

同理可得

$$BS = S_B = t_B \cdot v \tag{2.8.3}$$

在△ABS 中，已知三边，可求

$$\cos \angle SAB = \frac{AS^2 + AB^2 - BS^2}{2 \cdot AS \cdot AB} = \frac{S_A^2 + 1 - S_B^2}{2S_A} \tag{2.8.4}$$

$$h = SE = S_A \sin \angle SAB \tag{2.8.5}$$

$$AE = S_A \cos \angle SAB \tag{2.8.6}$$

于是可得

$$\begin{cases} x = AE - 0.5 \\ y = SE - 0.5 \end{cases} \tag{2.8.7}$$

再利用($CS = S_C = t_C \cdot C$)多余信息量，用平均值方法提高定位精度。若进行多次测量，利用数据处理方法可进一步提高定位精度。

小车声源与接收器 A、B、C 之间的传播时间 t_A、t_B、t_C 如何测得？只要整个系统有一个时间标准即可。我们可以将主站给小车发射定位误差时，将误差信息的第 1 个脉冲的前沿作为系统的计时起点，一切问题就可以解决。这样做不违背题意，但带来的好处是不需要像测时差被动定位法解二元非线性方程，大大降低了数据处理难度。

3. 到达时间比较法

所谓到达时间,这里定义为接收器接收到每个脉冲前沿的时刻。例如 t_{a1},t_{a2},…,t_{an}为接收器 A 的到达时间,如图 2.8.5 所示。当 S 到达 y 轴时,$SA=SB$,此时 t_{a1}与 t_{b1}重合。当 S 到达坐标原点(即 W 点)时 $SA=SB=SC$,此时 t_{a1}、t_{b1}、t_{c1}完全重合,如图 2.8.5 所示。

若 $t_{b1}<t_{a1}$,说明小车位于 y 轴右侧,若 $t_{c1}<t_{a1}$,说明小车位于 x 轴的上方。若 $t_{b1}<t_{a1}$,且 $t_{c1}<t_{a1}$时,说明小车位于坐标系中的第一象限内。以此类推。

根据题目基本要求,小车放置在 y 轴右侧某位置,且车身正对 y 轴的垂直线上。只需判别 t_a 与 t_b 的大小。若 $t_b<t_a$,要引导小车前行(即 x 值减小的方向)。当 $t_a=t_b$ 时,小车应停止下来。

当小车沿着 y 轴向原点运行时,按同样的方法比较 t_a 与 t_c 的大小。当 $t_a=t_c$ 时,就到达目的地 W 点。

采用到达时间比较法时应注意如下几点:

① 脉冲配对:什么叫脉冲配对?即系统要能识别待比较的到达时间 t_{a1}、t_{b1}、t_{c1}是来自音频发生器发出同一个脉冲的前沿,否则就会出差错。前面两种方法也同样存在脉冲配对问题。

② 当小车离目的地较远时,应以较高速度到达目的地附近。当到达目的地附近时,应放慢速度,以防止越界。

③ 与测时差法结合,效果可能更好些。

根据上述三种方法,列表比较如下,详见表 2.8.2。

表 2.8.2　三种定位方法比较一览表

比较项目 / 定位方法	定位精度	所花时间	数据处理难度	设备价格
测时差法	最高	中	大	高
测距法	高	短	中	中
到达时间比较法	较高	长	小	低

二、影响定位精度的因素及排除方法

由于定位方法不同,其影响定位精度的因素不完全相同,故排除方法也不完全一样。但也有许多是共同的,这里只列出影响精度的主要因素及主要排除方法。特殊情况另做说明。

1. 影响定位精度的因素

(1) 声速误差:声速在常温下,其 $v=(338\sim350)$ m/s。随着环境的温度和湿度等条件不同,声速并非一个常量($v=340$ m/s),而在一定范围内变化。根据式(2.8.1)、式(2.8.2)和式(2.8.3)可知,声速误差直接影响定位精度。

(2) 机械安装误差:包括小车的发音器扬声器与定位标志不重合、接收器中的拾音器与坐标点不重合等。根据式(2.8.1)、式(2.8.2)和式(2.8.3)可知,机械安装误差将直接影响定位误差。

(3) 测量误差:根据式(2.8.1)中测量值 Δt_{AB}、Δt_{AC}及式(2.8.2)和式(2.8.3)中测量值

t_A、t_B 的误差将直接影响定位精度。

(4) 群延时:扬声器、拾音器对声音的响应存在延时。

(5) 各种干扰:包括市电 50 Hz 的干扰、环境噪声干扰等。

(6) 计算误差:由式(2.8.1)可知,该定位方程组属于二元非线性方程组,解此方程时会带来计算误差。

(7) 多径效应:拾音器在接收信号时,除了直达波,还有各种反射波,构成多径效应。它会影响定位精度。

(8) 有线和无线传输会带来系统误差。因光速 $c=3\times10^8$ m/s,而声速 $v=340$ m/s,两者差别较大,故这项误差较小,可以忽略。

2. 排除方法

(1) 如何排除声速误差和群延时对定位精度的影响

既然声速在常温下的变化范围为 338 ~ 350 m/s,不妨将当时当地声速 v 实测出来,这个问题不就解决了吗?其测量方法如下:

如图 2.8.7 所示,将声源分别放置在 D 点和 W 点,测量发出发声命令至 A 声塔接收到声波信号的时间 T_{DA} 和 T_{WA},设 A 声塔和声源的系统误差时间为 Δt_a,则有

$$\begin{cases} T_{DA} - \Delta t_a = \dfrac{AD}{v} \\ T_{WA} - \Delta t_a = \dfrac{AW}{v} \end{cases} \tag{2.8.8}$$

解此方程,得

$$v = \frac{AD - AW}{T_{DA} - T_{WA}} = \frac{0.707}{T_{DA} - T_{WA}} \tag{2.8.9}$$

$$\Delta t_a = T_{DA} - \frac{AD}{v} = T_{DA} - \frac{1.414}{v} \tag{2.8.10}$$

同样可得

$$\Delta t_b = T_{DB} - \frac{1.414}{v} \tag{2.8.11}$$

$$\Delta t_c = T_{DC} - \frac{1.414}{v} \tag{2.8.12}$$

在声速 v 和系统误差时间测量得到后,必须对定位方程进行修正。

三站测时差被动定位方程修正为

$$\begin{cases} \Delta t_{AB} + \Delta t_a - \Delta t_B = \dfrac{\sqrt{(x+0.5)^2+(y+0.5)^2} - \sqrt{(x-0.5)^2+(y+0.5)^2}}{v} \\ \Delta t_{AC} + \Delta t_a - \Delta t_C = \dfrac{\sqrt{(x+0.5)^2+(y+0.5)^2} - \sqrt{(x+0.5)^2+(y-0.5)^2}}{v} \end{cases} \tag{2.8.13}$$

两站测距定位法的定位方程修正为

$$\begin{cases} AS = (T_{AS} - \Delta t_a)v \\ BS = (T_{BS} - \Delta t_b)v \\ CS = (T_{CS} - \Delta t_c)v \end{cases} \tag{2.8.14}$$

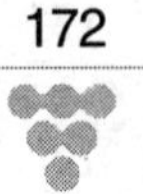

然后,将根据式(2.8.14)所计算的结果代入式(2.8.4)~式(2.8.7)。从上述分析可知,声速误差对测时差法和测距法的定位精度的影响是一样的,而系统误差时间 Δt_a、Δt_b、Δt_c 对测距法的影响比测时差法要大得多。若 $\Delta t_a = \Delta t_b = \Delta t_c$,则系统误差时间对测时差法几乎没有什么影响。这个结论非常重要,这是总体方案选取的依据之一。

(2) 如何减小干扰对定位精度的影响

对声音引导系统而言,干扰的主要来源有:

① 50 Hz 市电干扰;

② 供电部分的纹波干扰(主要是 100 Hz);

③ 语音干扰(300 ~3 400 Hz);

④ 雷电、电气设备等噪声干扰(频谱很宽);

⑤ 系统内部的噪声干扰(白噪声)。

上述干扰的存在,将直接影响接收器接收信号的质量,使接收的信号的信噪比下降,脉冲的上升沿变差,必将影响系统的定位精度。因此必须排除各种干扰,建议采用如下抗干扰措施:

① 常规抗干扰措施:电磁屏蔽、数模隔离、数数隔离、地线隔离、电源隔离等均属于常规抗干扰措施。

② 接收器的前置放大器必须选用低噪声器件,中间级要求安装高质量带通滤波器(如选取四阶 Butter Worth 滤波器),输出的脉冲必须是事先整形过的。

③ 声音发生器的脉冲重复频率与市电同频,即选取脉冲重复周期为 $T=20$ ms。

(3) 利用先进的数据处理技术,进一步提高定位精度

通过一次测量可以确定可移动声源的位置,其定位精度不高。经过多次测量,通过数据处理,可以随时对 S 的位置进行修正,达到较为准确的定位,并正确地引导小车行驶。

下面就三种定位方法各举一例进行介绍。

2.8.3 利用测时差法被动定位的声音引导系统

来源:国防科技大学　先治文　董夏斌　蒋薇(全国一等奖)

指导老师:卢启中　范世珣　廖灵志

一、方案选择与论证

分析题目要求,关键是要实现声源定位。系统设计是基于一组已知几何位置的接收器,并利用接收器接收信号的相关性来确定声源位置以及运动状态。我们选取三站测时差法的定位方法。坐标系采用直角坐标系,如图 2.8.4 所示,W 为坐标原点。列出时差方程组

$$\begin{cases}\Delta t_{AB} + \Delta t_a - \Delta t_b = \dfrac{1}{v}\left[\sqrt{(x+0.5)^2+(y+0.5)^2} - \sqrt{(x-0.5)^2+(y+0.5)^2}\right] \\ \Delta t_{AC} + \Delta t_a - \Delta t_c = \dfrac{1}{v}\left[\sqrt{(x+0.5)^2+(y+0.5)^2} - \sqrt{(x+0.5)^2+(y-0.5)^2}\right]\end{cases} \tag{2.8.15}$$

其中 Δt_a、Δt_b、Δt_c 为 A、B、C 三路接收器的群延时，由于三路电路及器件完全一样，故 $\Delta t_a = \Delta t_b = \Delta t_c$，于是式(2.8.15)可简化为

$$\begin{cases} \Delta t_{AB} = \dfrac{1}{v}\left[\sqrt{(x+0.5)^2+(y+0.5)^2} - \sqrt{(x-0.5)^2+(y+0.5)^2}\right] \\ \Delta t_{AC} = \dfrac{1}{v}\left[\sqrt{(x+0.5)^2+(y+0.5)^2} - \sqrt{(x+0.5)^2+(y-0.5)^2}\right] \end{cases} \tag{2.8.16}$$

式中 Δt_{AB}、Δt_{AC}为测量时差值，v 为声速。

解此二元非线性方程组就可得到声源的位置。

定位方法确定后，不难构建系统结构框图。其系统结构框图如图 2.8.6 所示。它有几个关键功能模块，即接收器、无线收发模块、动力源及驱动等。

1. 接收器的选择论证

采用 Kingze 系列拾音器，其特点是灵敏度高、噪声低、体积小、工作电压宽；内置电源反向保护电路，耗电少，连线简单方便，外围处理电路并不复杂，并且价格便宜，易于采购。

2. 无线收发方案的选择论证

采用 NRF24L01 无线模块与 STCLE2052 结合组成，其稳定性高、节能，系统费用低（低速微处理器也能进行高速射频发射）；数据在空中停留时间短，抗干扰性强；采用 Enhanced Shock BurstTM 技术，同时也减小了整个系统的平均工作电流。

3. 动力源及驱动的选择论证

动力源采用普通直流电动机加码盘。直流电动机具有优良的调速特性，调速平滑、方便，调整范围广，可实现频繁的无极快速起动、制动和反转；能满足各种不同的特殊运行要求；价格适宜，性价比高，驱动电路相对简单。驱动使用专门电动机驱动芯片。专用驱动芯片内部的压降一般比较低，驱动电路上的功耗较低，因此是一种比较合适的选择。

二、系统硬件设计与元器件选择

系统硬件设计，其总体结构如图 2.8.6 所示。现就其中几个功能模块的设计与元器件的选择说明如下。

1. 主控芯片的选择

本题属于控制类题目，但需要进行大量的信号处理运算，另外控制过程的算法设计也需要进行大量的运算。要实现快速精确控制，需选用较高运算速度的 MCU，选用飞思卡尔公司的 DG128 和 XS128 两片 16 位单片机可很好地满足系统快速性要求。此外，之前曾用过此芯片，有一定的基础，使用起来相对熟练方便。

2. 信号处理电路

发声器件选用市场上非常普遍的高音扬声器，工作频率范围为 5 ~ 15 kHz；由于本题放大倍数不大，功放采用 LM386。再考虑到避免噪声干扰，声源采用 9 kHz 的 PWM 波产生器，经一级功放后去驱动扬声器发声，其原理框图如图 2.8.8 所示。

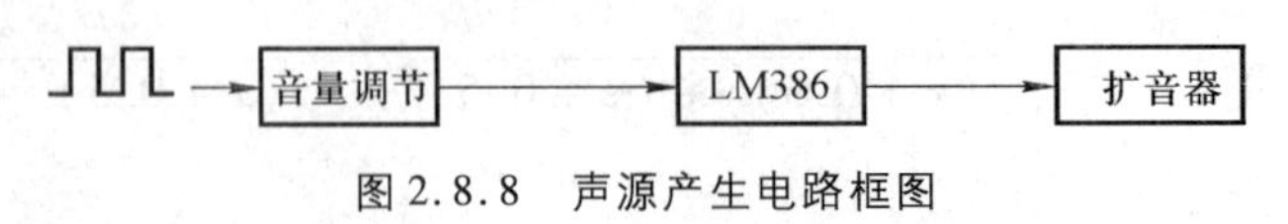

图 2.8.8　声源产生电路框图

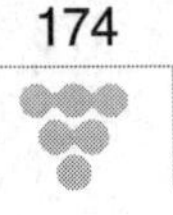

信号处理电路由典型的带通滤波器和整形电路两部分组成。滤波电路选用 NE5532P 芯片，整形电路选用 LM311。带通滤波器中心频率为 9 kHz，带宽为 4 kHz，用以去除噪声，整形电路设计电压比较器将正弦波变换成矩形波输出，以利于进行时差测量。阈值通过 100 kΩ 的变阻器在实际测试中调节。接收器信号处理电路如图 2.8.9 所示。

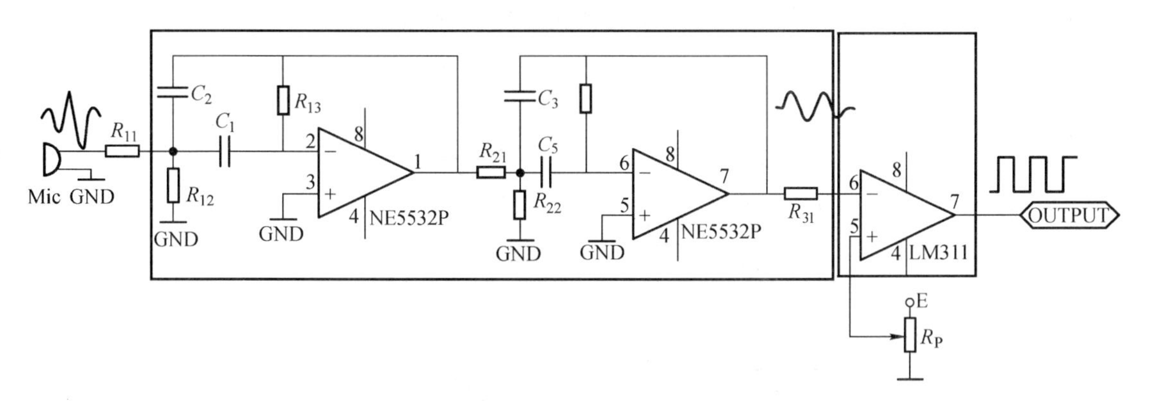

图 2.8.9　接收器信号处理电路

3. 驱动电路

直流电动机的驱动采用 NEC 提供的 MMC－1 芯片，产生 PWM 波与技术非常成熟的驱动芯片 L298 结合，原理框图如图 2.8.10 所示。

图 2.8.10　电动机驱动原理框图

4. 无线收发模块

无线接收模块与发射模块相同，选用 NRF24L01 无线模块与 STCLE2052 单片机结合，具体框图连接如图 2.8.11 所示。

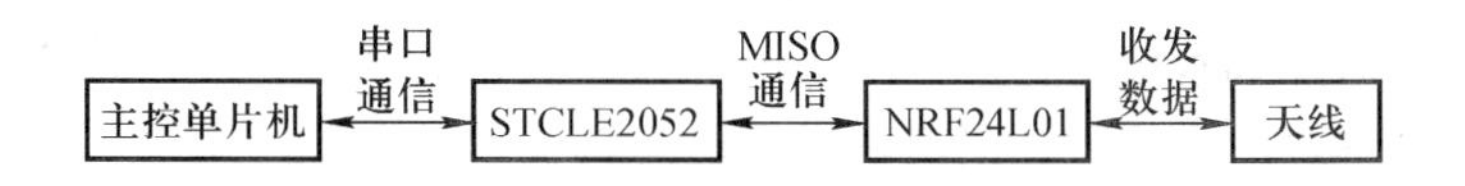

图 2.8.11　NRF24L01 无线模块连接框图

三、系统软件设计

系统欲完成软件设计主要体现在两个方面：一是定位方程求解程序；二是电动机运动的控制程序。

（1）定位方程求解：采用数值解法。将求解过程编成一个子程序，然后代入有关参数即可。但要注意一点，声速 v 必须先用实验方法测得。不能直接采用 $v = 340$ m/s，因为这样会带来定位误差。

（2）电动机运动控制

小车能前进、后退、转弯、调整,并能在没有引导线的情况下,沿着某一直线前进。

软件设计的重点、难点在于二元非线性方程求解和小车到中线距离的控制算法的设计。为此,我们主要采用了PID算法。

(3) 工作流程设计

系统采用双MCU结构,它们的工作流程如图2.8.12所示。

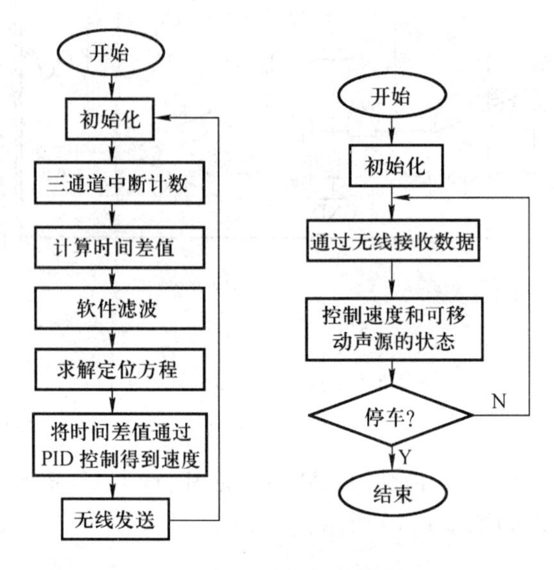

图2.8.12 程序流程图

四、系统调试及测试结果

由于所学知识有限,实践时间少,经验不足,在整个制作调试过程中都遇到很多问题,可以说整个制作调试过程也是一个不断发现问题、研究问题、解决问题的过程。

1. 模拟电路与数字电路隔离

在驱动电路制作过程中,出现电动机转动不稳定的现象,原因是模拟电路与数字电路没有隔离,从而出现干扰,造成系统不稳定。常用隔离器件有光电耦合器件和磁珠。由于没有现成光电耦合器件,只有磁珠,采用磁珠隔离后电动机运转正常。

2. 正负电源防反接

制作调试过程中有烧坏芯片的情况。一般的芯片对电源的极性都很敏感,正负极性反接极易烧坏芯片。对此,应对芯片加以保护,特别是不易购买的芯片,更应加以保护。一般简单易行的方法是加二极管保护电路和安装防保护接口。

3. 软硬件联调

由于硬件原因,采集、得到的误差信号数据变化比较大,联调时系统工作不稳定。利用软件的灵活多变性,最后使用软件弥补了硬件的不足。主要采用两级软件滤波,分别是初次滤波和二级均值滤波,测试发现大大提高了系统运行的可靠性。另外,一开始的控制策略是保持恒定车速,到点即停,试验发现不易控制,容易出界。最后选择了PID控制,运动过程速度可变,很好地解决了不易控制的缺点,大大改善了系统的性能。

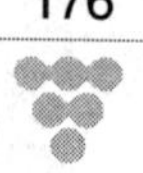

4. 测试结果

各部分指标如下：

① 可移动声源产生的信号为周期性的音频脉冲信号，声音信号频率为 9 kHz，脉冲周期为 20 ms。

② 可移动声源到达指定点后，能进行声光指示。

③ 移动声源平均速度大于 15 cm/s。

④ 定位误差在 1 cm 左右。

⑤ 将移动声源转向 180°，能够达到要求。

2.8.4 利用测距定位法的声音引导系统

来源：深圳职业技术学院　孙南生　徐志鑫　钟伯辉　（全国一等奖）

指导老师：贾方亮　张亚慧

一、方案简介

本系统采用测距定位法，实时测量 $S(x,y)$ 至接收器 A、B、C 三站的直线距离（即 AS，BS 和 CS），通过三角形的角边关系计算出 x，y 值。控制器通过无线方式，将坐标数据发给声源移动装置（小车），引导小车按照指定的路线到达目的地（W 点）。本系统包含两个部分：移动声源系统和声源（小车）坐标采集系统。它是 GPS 在桌面上的映射，只是比例缩小了 10^6 以上，而信息传播速度也下降了 10^6 倍左右。

移动声源系统由声音发生器、行进部分、无线收发模块及单片机控制部分组成。声音发生器利用压电片发出 5 kHz 声音；行进部分由带码盘的直流电动机及含 NEC 芯片的驱动电路组成；无线收发模块采用 NRF24L01；单片机使用 AVR 系列。

声源坐标采集系统有三个声音采集器，设 A 站为主站，B、C 为从站，主站部分由 3 个通道信号处理电路、无线收发模块和单片机控制器组成。声音采集器采用驻极话筒；通道信号处理电路含有带通滤波器、放大器及整形电路；无线收发模块采用 NRF24L01；单片机使用 AVR 系列。

本系统利用低廉器件制作成一套高指标的声控引导系统，优良的带通滤波器有效地抑制了干扰。坐标计算中充分考虑声速的影响和群延时影响，并比较简便地进行了误差修正；利用电动机的码盘进行声源移动的辅助控制，提高了控制精度，缩短了到达目标的时间。到站汇报采用语音提示方式，液晶屏显示声源坐标，增强了人机的友好性，声波发射采用了自制锥形声波散射器，廉价并富有创意地制作了优质单点声源。整个系统采用最佳性价比方案，达到并超过了性能指标，且具有较强的稳定性和较好的抗干扰性能。

二、方案论证

1. 坐标系及定位方法的选择

此题虽属电子设计竞赛题，但又可作为数模竞赛题。既然如此，此题必须先建立数学模型。只有根据数学模型，才能确定实施方案。

（1）坐标系的选择

本题采用直角坐标系，原点可以选择在 A 点，也可以选择在 W 点。因选择在 W 点，求得 $S(x,y)$ 的坐标值就是引导误差信息，方便控制。其坐标系如图 2.8.4 所示。

(2) 定位方法论证

本题定位方法诸多，有时差法、测距法、到达时间比较法等。

因时差定位法需要求解二元非线性方程组，软件工作量大；到达时间比较法不能实时对可移动声源 S 进行定位，只能定性，靠软件帮助才能正确引导。而测距定位法，定位方程简单，求解容易，容易实现。但该方法存在系统误差，若能消除系统误差，此方法是可取的。

(3) 定位数学模型

如图 2.8.7 所示。设 A 为主站，B、C 为从站，S 为可移动声源，则

$$\begin{cases} AS = S_A = t_A v \\ BS = S_B = t_B v \end{cases} \tag{2.8.17}$$

式中 v 为声速；t_A、t_B 分别为可移动声源至 A、B 两站的传播时间；S_A、S_B 为测量值。

在 $\triangle ABS$ 中，已知三条边，可求得

$$\cos\angle SAB = \frac{AS^2 + AB^2 - BS^2}{2 \cdot AS \cdot AB} = \frac{S_A^2 + 1 - S_B^2}{2S_A} \tag{2.8.18}$$

$$h = SE = S_A \sin\angle SAB \tag{2.8.19}$$

$$AE = S_A \cos\angle SAB \tag{2.8.20}$$

于是可得

$$\begin{cases} x = AE - 0.5 \\ y = SE - 0.5 \end{cases} \tag{2.8.21}$$

2. 系统总方框图

系统总方框图如图 2.8.13 所示。它由移动声源系统和声源坐标采集系统两大部分组成。

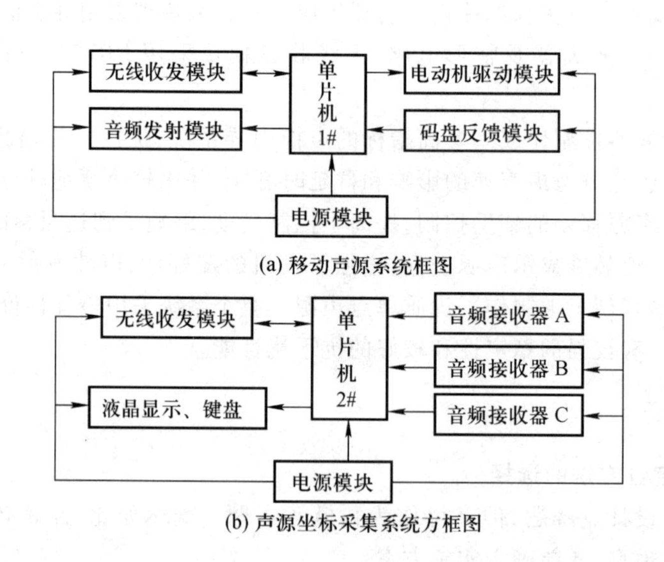

图 2.8.13 系统总方框图

3. 主要部件方案论证

(1) 控制器模块

智能控制和驱动声源小车由组委会提供的电动机控制 ASSP 芯片(型号为 MMC-1)来实现可移动声源的运动。

基于对 S51 系列及 AVR 系列单片机的性能指标分析,再考虑成熟程度,我们采用 AVR 单片机作为控制部分智能控制器件。

(2) 音频收发模块

方案一:采用高音扬声器和超声波接收探头构成音频收发电路的核心元器件。高音扬声器放音时,低频声波含量多,增加检波难度,体积大且成本高。而超声波接收探头检测音频的灵敏度低,且价格也高。

方案二:采用压电片产生特定的音频频率与驻极话筒(微型麦克风)组成音频收发模块。声音引导系统示意图如图 2.8.14 所示。由 555 构成多谐振荡器电路,输出较高频率的矩形波信号,此信号经驱动放大电路后驱动压电片发出特定频率的音频信号。接收器由驻极话筒进行接收,再由带通滤波电路滤除不需要的音频信号,并进行整形后输入单片机进行运算和处理。本方案具有检波容易、功耗低、性价比高的特点。综合上述分析,采用方案二。

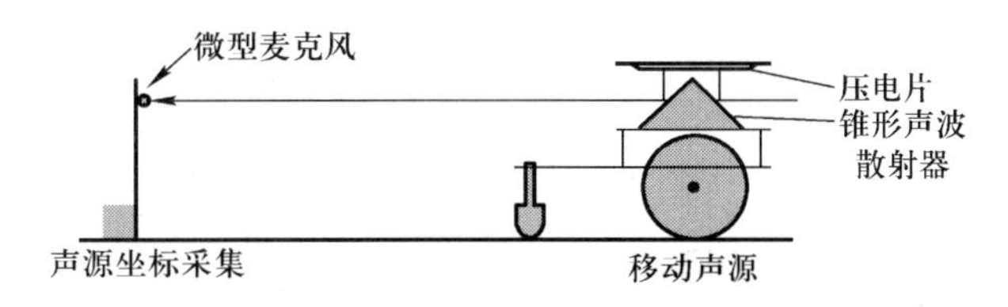

图 2.8.14 声音导引系统示意图

(3) 无线收发模块

方案一:采用由分立元件构成的超外差接收电路和无线发射器组成无线收发模块。此模块的不足之处是电路复杂、成本高、传输速率低、可靠性差等。此外,还易受外界杂散信号的干扰和电路自身的不稳定而产生噪声。

方案二:采用廉价的 Nordic 公司 NRF24L01 芯片构成无线收发模块。NRF24L01 内置频率合成器、功率放大器、晶体振荡器、调制器等功能模块。这些特性使得由 NRF24L01 构建的无线数据传输系统具有成本低、速率高、传输可靠等优点。

基于上述分析,采用方案二。

(4) 驱动模块

方案一:采用分立元件三极管组成的 H 桥 PWM 调速电路,用于实现对直流电动机速度和方向的控制。由于采用分立元件组成电动机逻辑驱动,故易造成驱动电路稳定性差的问题,且价格高。

方案二:采用双桥电动机驱动芯片 L298 实现对带光电编码盘的直流电动机进行控制。L298 是一款高集成度、双桥结构的直流/步进电动机驱动器,而且一片 L298 可以驱动两个电动机。L298 电动机驱动电路的优点是使用元件少、可靠性高、控制简单、费用低。

基于上述分析,采用方案二。

(5) 显示模块

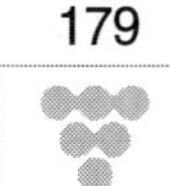

方案一:采用传统七段 LED 数码管显示。优点是发光强,但功耗也大,电路复杂。

方案二:采用 LCD 液晶屏显示。液晶显示屏具有低耗、抗干扰能力强等特点,而且外部电路简单、价格低等。

基于上述分析,选择方案二。

三、单元电路设计

1. 控制电路设计

本设计的控制器电路包括可移动声源小车部分和接收器部分。其中,可移动声源小车由 NEC 电子电动机控制 ASSP 芯片 MMC－1 和单片机 ATMEGA16 为核心,而接收器则以单片机 MEGA16 为控制器。

2. 音频收发电路设计

音频发射电路是555 芯片产生 5 kHz 的矩形波脉冲信号,并驱动压电片,由电信号转换为机械信号,发射出去的频率为 5 kHz 音频信号。注意,上述过程会产生时延,造成系统测距误差,影响定位精度,要想方设法排除它。音频发射电路如图 2. 8. 15 所示。

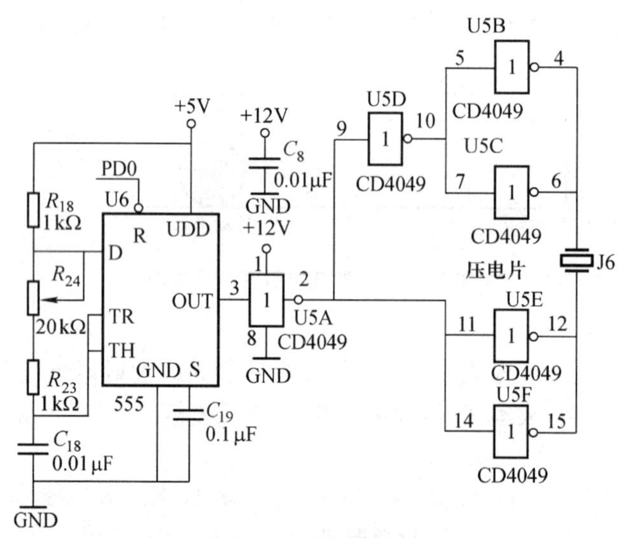

图 2. 8. 15　音频发射电路

音频接收器(驻极话筒)接到发射器产生的音频信号后,经由高通滤波器和低通滤波器组成的 5 kHz ± 1 kHz 的带通滤波器,有效地排除噪声干扰和低频信号干扰,再经电压比较后得到 +5 V 的矩形波脉冲信号,输入到单片机进行计算分析和处理,如图 2. 8. 16 所示。

3. 电动机驱动电路设计

采用电动机驱动芯片 LM298 作为电动机驱动,并以 MMC－1 产生 PWM 驱动形式控制两个直流电动机的正反转。电动机驱动电路主要实现电动机的正反转,达到控制车体前后和左右方向的选择。

4. 无线收发电路的设计

采用 4 GHz 高速 2 Mbps 无线收发芯片 NRF24L01 作为无线收发电路的核心。同一个电路实现两种接收和发射模式,通过软件编程设置电路收发工作模式。

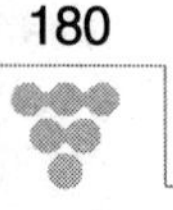

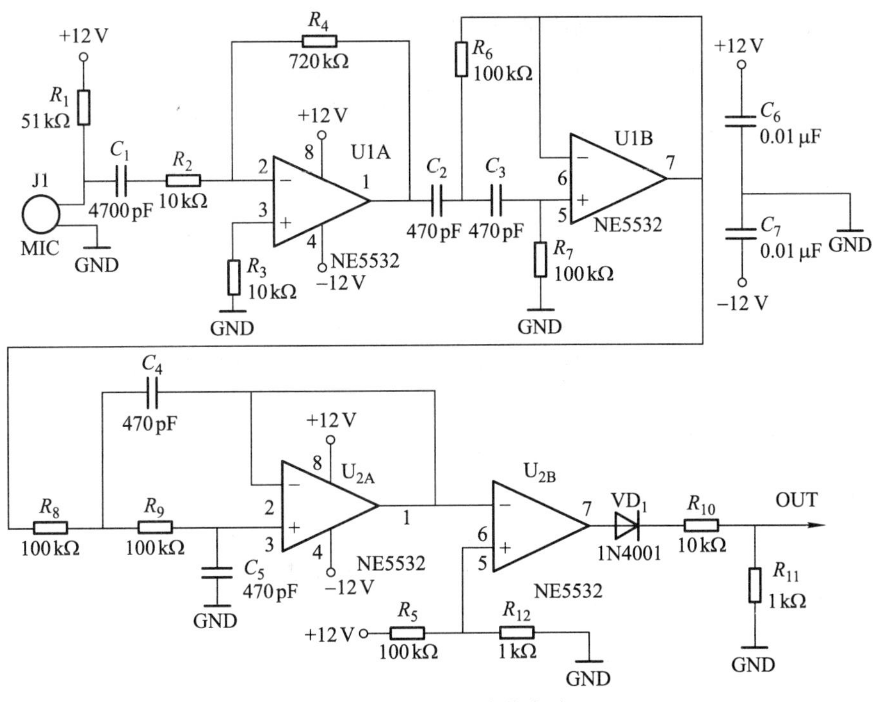

图 2.8.16　音频接收电路

5. 声源坐标位置计算

声源坐标采用直角坐标系,如图 2.8.7 所示。其测量方程为式(2.8.22)。坐标计算按式(2.8.18)~式(2.8.21)。

$$AS = t_A v,\quad BS = t_B v,\quad CS = t_C v \tag{2.8.22}$$

测距时,系统必须要有一个统一的计时标准(即计时起点),不妨将主站发出的启动信号的脉冲前沿作为计时起点 t_0,可移动小车收到启动信号后,立即工作,并发出声波,接收器 A 站接收音频信号后经过调理整形,得到一串理想脉冲串,设定矩形串第一脉冲的前沿为 t_{A1}。时间间隔 $t_A = t_{A1} - t_0$ 是可以测量得到的,同理可得 $t_B = t_{B1} - t_0$。刚开始,我们做过这种试验,将 t_A、t_0 和声速 $v = 340$ m/s 直接代入式(2.8.22)进行计算,发现测距误差较大。

经分析,测距误差主要来自两个方面:一是声速 v 的误差,二是来自测量值 t_A、t_B 的误差。必须对上述两个量进行修正。

(1) 声速的测量与计算

将声源分次放置在 D 点和 W 点,测量发出发声命令至 A 站接收到的声波信号的时间 T_D 和 T_W,设 A 站的系统误差为 Δt_A(Δt_A 包括可移动声源延时和 A 接收器的延时),则

$$T_D - \Delta t_A = \frac{AD}{v},\quad T_W - \Delta t_A = \frac{AW}{v} \tag{2.8.23}$$

解方程,得

$$\begin{cases} v = \dfrac{AD - AW}{T_D - T_W} = \dfrac{0.707}{T_D - T_W} \\ \Delta t_A = T_{WA} - \dfrac{0.707}{v} \end{cases} \tag{2.8.24}$$

(2) A、B、C 接收器的系统时延测量与计算

测量过程同上。由式(2.8.24)知

$$\Delta t_{A}=T_{WA}-\frac{0.707}{v},\quad \Delta t_{B}=T_{WB}-\frac{0.707}{v},\quad \Delta t_{C}=T_{WC}-\frac{0.707}{v} \tag{2.8.25}$$

(3) 测距公式

$$\left.\begin{aligned} AS&=(T_{SA}-\Delta t_{A})v\\ BS&=(T_{SB}-\Delta t_{B})v\\ CS&=(T_{SC}-\Delta t_{C})v \end{aligned}\right\} \tag{2.8.26}$$

然后将测量值 v 和 AS、BS、CS 代入式(2.8.18)~式(2.8.21),就可以得到可移动声源坐标值 $S(x,y)$。

实验证明,经过上述修正后,其测距精度和定位精度大大提高。

四、软件设计及指标测试

系统主程序流程如图 2.8.17 所示。小车运行时,声音接收器实时检测小车的位置信息,通过无线传输方式反馈给小车,引导小车到达目的地。

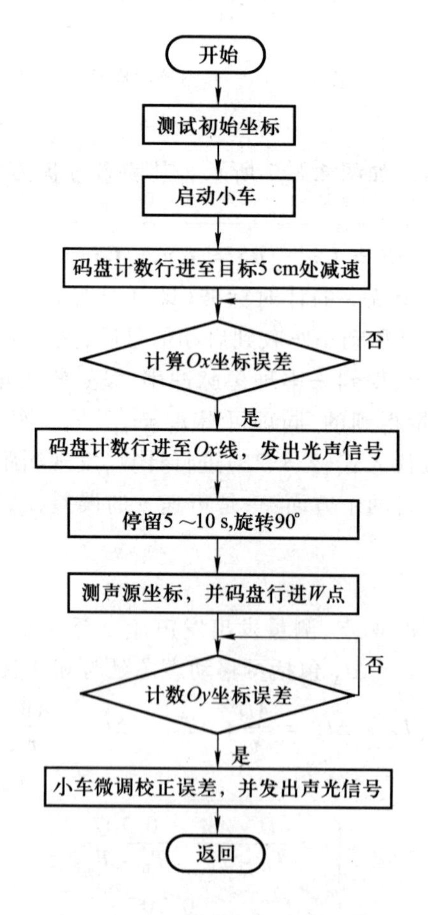

图 2.8.17 系统主程序流程图

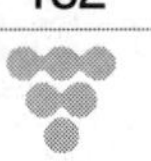

1. 带通滤波器的测试

采用低频段扫频仪实测接收器的幅频特性，-3 dB 带通为 4 ~7 kHz。

2. 系统的标定

将声源分次放置在 D 点和 W 点。测量发出发声命令至 A、B、C 接收到声波信号的时间，计算 3 个接收通道的系统误差 Δt_A、Δt_B、Δt_C 及声速 v。进行系统的标定。

3. 声源移动测试

声源移动到 Ox 线的测试,见表 2.8.3,声源沿 Ox 线到 W 点的测试见表 2.8.4。

表 2.8.3 声源移动到 Ox 线测试表

测试次数	到 Ox 线距离	响应时间	平均速度	定位误差	超过 Ox 线距离
1	60 cm	4 s	15 cm/s	1 cm	0
数据分析	满足题目要求,但速度较慢				
改进措施	加快声源移动速度				
2	60 cm	2 s	30 cm/s	3 cm	0 cm
数据分析	速度较快,但不满足题目要求				
改进措施	减慢声源移动速度				
3	60 cm	3 s	20 cm/s	2 cm	0
数据分析	满足题目要求,速度中等				
改进措施	进一步优化程序				

表 2.8.4 声源由 Ox 线移动到 W 点测试

测试次数	到 W 点距离	运动时间	平均速度	定位误差
1	30 cm	2 s	15 cm/s	10 cm
数据分析及改进措施	声源 90°旋转不到位,改程序参数			
2	30 cm	2 s	15 cm/s	3 cm
数据分析及改进措施	声源 90°旋转基本到位,进一步提高速度			
3	30 cm	1.5 s	20 cm/s	5 cm
数据分析及改进措施	进一步优化程序			

测试结果分析表明,本设计方案完全实现了竞赛题目的基本要求,发挥部分的大部分功能也基本实现,但由于声音接收器、无线收发器易受外界因素的影响,虽然进行了软硬件抗干扰处理,但由于时间有限,精度和准确度还有待进一步提高。

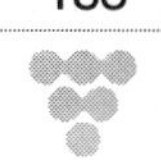

2.8.5 采用渐近法的声音引导系统

来源：怀化学院　胡放（优秀毕业论文）

指导老师：高吉祥　张小溪

一、系统简介

本系统采用渐近法引导可移动声源逐渐逼近目的地。系统不需要对可移动声源精确定位，避免了三站测时差法要解二元非线性方程组，又不需要过多考虑系统误差和声速误差对定位精度的影响。实践证明，同样也能满足题目的基本要求和发挥部分的要求。平均速度大于 10 cm/s，定位误差小于 1 cm，小车在运动过程中任意时刻超过 Ox 线左侧距离小于 2 cm，在到达目的地后有声光指示。就本题而言，这是一种可取的方法。

二、引导原理

引导系统的示意图如图 2.8.18 所示。由几何作图可知，$SB=SG$，不难证明 $AG=AS-BS=\Delta t_{AB}\cdot v\leqslant SN=x$。

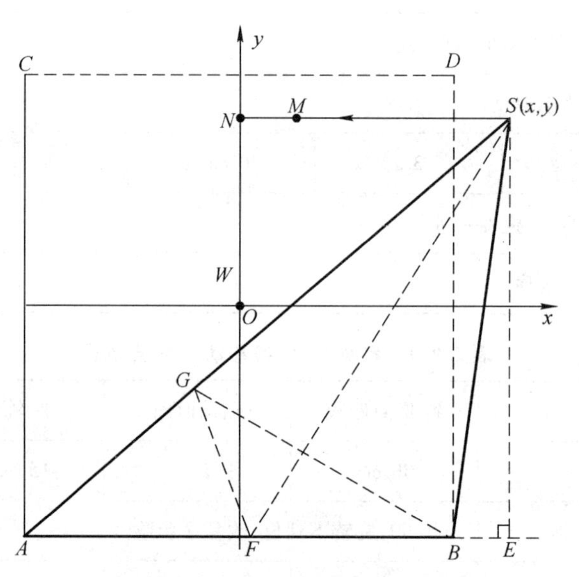

图 2.8.18　渐近法引导系统示意图

当启动信号发送后，声源开始发射，测出 A、B 两站信号到达时差 Δt_{AB}，计算出 $AS-BS=\Delta t_{AB}\cdot v$。然后小车以极快的速度，从 S 点出发，沿 WN 线（题目为 Ox 线）的垂直方向行驶 $(AS-BS)=\Delta t_{AB}\cdot v$ 的距离。此时立即停车，停车点就是 M 点，即 $SM=SA-SB$。由图可见，M 点已距离 N 点较近。当小车停在 M 处，立即按上述步骤，进行测量和计算，并引导小车进一步逼近 N 次。经过数次循环小车定能找到目的地。

当小车停放在 WN 线上时，利用 A、C 两站测时差，按照上述方法，定能找到 W 点。不过为了提高精度，防止小车偏离 WN 线，可利用三站同时测时差法，对偏离指定轨道的小车进行姿态修正。

因该系统采用的设备与2.8.3节测时差定位法基本类同,需要测出主站与从站接收来自小车发出音频脉冲信号的时差,不必像2.8.3节测时差定位法那样需要求解非线性二元方程组。

该设计的软件编程与前面的例子略有不同,其他分析类同,故不再重复。

2.9 模拟路灯控制系统
(2009年全国大学生电子设计竞赛I题)[高职高专组]

2.9.1 设计任务与要求

一、任务

设计并制作一套模拟路灯控制系统。控制系统结构示意图如图2.9.1所示,路灯布置示意图如图2.9.2所示。

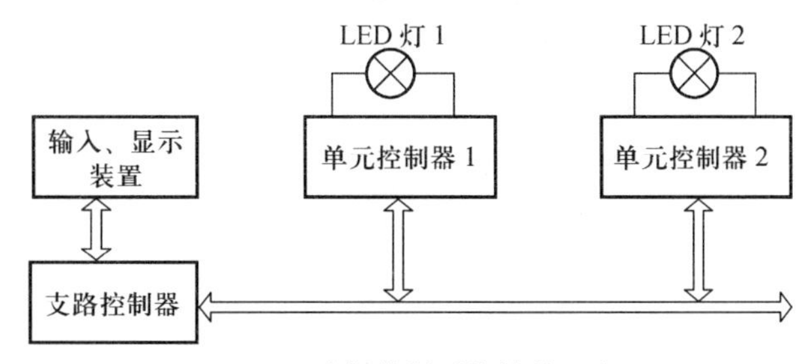

图2.9.1 路灯控制系统结构示意图

二、要求

1. 基本要求

(1) 支路控制器有时钟功能,能设定、显示开关灯时间,并控制整条支路按时开灯和关灯。

(2) 支路控制器应能根据环境明暗变化,自动开灯和关灯。

(3) 支路控制器应能根据交通情况自动调节亮灯状态:当可移动物体M(在物体前端标出定位点,由定位点确定物体位置)由左至右到达S点时(见图2.9.2),灯1亮;当物体M到达B点时,灯1灭,灯2亮;若物体M由右至左移动时,则亮灯次序与上相反。

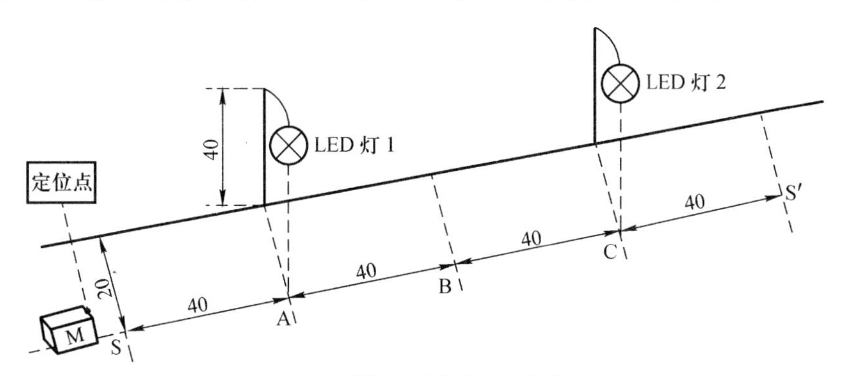

图2.9.2 路灯布置示意图(单位:cm)

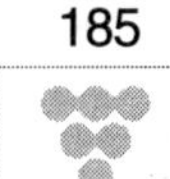

（4）支路控制器能分别独立控制每只路灯的开灯和关灯时间。

（5）当路灯出现故障时(灯不亮)，支路控制器应发出声光报警信号，并显示有故障路灯的地址编号。

2. 发挥部分

（1）自制单元控制器中的 LED 灯恒流驱动电源。

（2）单元控制器具有调光功能，路灯驱动电源输出功率能在规定时间按设定要求自动减小，该功率应能在 20% ~100% 范围内设定并调节，调节误差≤2% 。

（3）其他(性价比等)。

三、说明

（1）光源采用 1 W 的 LED 灯，LED 的类型不作限定。

（2）自制的 LED 驱动电源不得使用产品模块。

（3）自制的 LED 驱动电源输出端需留有电流、电压测量点。

（4）系统中不得采用接触式传感器。

（5）基本要求(3)需测定可移动物体 M 上定位点与过“亮灯状态变换点”(S、B、S′等点)垂线间的距离，要求该距离≤2 cm。

四、评分标准

<table>
<tr><th></th><th colspan="2">项　　目</th><th>满分</th></tr>
<tr><td rowspan="5">设计报告</td><td>方案比较与论证</td><td>方案描述
比较与论证</td><td>5</td></tr>
<tr><td>理论分析与设计</td><td>单元设计
系统设计</td><td>5</td></tr>
<tr><td>电路图和设计文件</td><td>完整性
规范性</td><td>5</td></tr>
<tr><td>测试数据与分析</td><td>系统测试
结果分析</td><td>5</td></tr>
<tr><td colspan="2">总分</td><td>20</td></tr>
<tr><td>基本要求</td><td colspan="2">实际制作完成情况</td><td>50</td></tr>
<tr><td rowspan="4">发挥部分</td><td colspan="2">完成(1)</td><td>15</td></tr>
<tr><td colspan="2">完成(2)</td><td>25</td></tr>
<tr><td colspan="2">其他</td><td>10</td></tr>
<tr><td colspan="2">总分</td><td>50</td></tr>
</table>

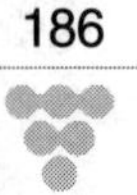

2.9.2 题目剖析

本题以路灯的节能设计为背景，所列的主要功能以节能为目标从多角度展开，其节能设计思想十分贴近实际需求，具有很强的实用价值。从题目类型上看，这是一道典型的控制类题目，综合了单片机、传感器和数控电源等多方面的内容，考查的知识面广，工作量大，要在有限的时间内做出这样的系统对初次参赛的选手来说是个不小的挑战。题目列出了5项主要功能，可以将这些功能归结为以下三类问题。

（1）多条件控制的路灯开关：路灯的开关受各种条件控制，以达到节能的目的。这些条件包括定时时间、环境光强和交通路况，系统能自动根据条件变化执行开关动作。

（2）故障报警：当路灯发生故障时，发出报警信号并指示故障位置。

（3）自动调光：自制驱动LED的可调恒流源，能根据所处的时间段自动调节所需亮度。下面对上述问题逐一进行分析。

1. 多条件控制的路灯开关功能

路灯的开关控制是基本部分的要求，控制条件有以下三种：

（1）定时开关

路灯应能根据所设定的定时时间自动打开或关断。虽然这个功能的实现比较简单，可以纯软件实现，但软件实现程序复杂，且断电不能保存。更好的方法是采用时钟芯片，如DS1302，可以弥补软件实现的缺点。

（2）环境光强

当环境光强变化时，如昼夜、阴晴的变换，系统应能自动做出判断，并发出开关动作。这是比定时控制更为准确的节能控制方式，可以使路灯主动适应阴晴雨雾等随机气候对光强的影响。光强的检测一般采用光敏电阻，先将光强变化转换为阻值的变化，再通过分压电路和比较电路将阻值变化转换成开关量，送单片机执行相应动作。开关动作所对应的阻值阈值点可以根据光敏电阻的数据表经理论分析求出，也可通过实验测出，这项功能对测光的精度并无太高的要求。

（3）路况信息

每盏路灯应能根据其所处位置的路况信息做出开关判断，即当物体（模拟车辆）移动到路灯亮区范围内时，路灯点亮，当物体移出该范围时，路灯熄灭。解决此问题的关键在于准确及时地判断行进物体的位置。这个问题与小车避障的问题类似，同样可以采用红外检测原理进行物体识别，可以在路灯所处位置安装红外传感器。由于红外传感器位置固定，可选的方案有两种：红外对射式和红外反射式。对射式即收发两个对管相对安装，当物体通过两管之间时会阻断红外光，接收方可以根据红外光的有无识别物体。反射式方案中收发两管安装在相同位置，当前方出现物体时，可以接收到物体表面反射回的红外光，同样可以识别物体。两者比较，对射式识别较为准确，但安装时要做好校准，且使用中稍微偏离校准位置即可能失效。反射式对安装的要求不高，使用时比较方便，精度也足以满足本题要求。这两种方案都可行，可以根据参赛时的准备情况进行取舍。

2. 故障报警功能

路灯故障（不亮）时，系统应发出报警并指示故障位置。这里要解决两个问题：故障检测

和故障定位。故障检测就是测量光线明暗，仍可采用光敏电阻。故障定位的实现方式依系统结构而定。如果采用集中式控制，即所有传感器的信号直接连至总控制器（题中为支路控制器），问题就比较简单，总控制器可以根据传感器信号和传感器所在位置直接得到故障信息和故障位置。如果采用分布式控制，即单元控制器负责采集传感器信号，就要涉及数据通信的问题，要求单元控制器将故障及位置信息通过 RS－232 等通信方式发回总控制器。当传感器路数较多且距离较远时，分布式控制更具优势。在本题这种要求不高的情况下，两种方案都可选用。

3. 调光功能

发挥部分要求路灯具有调光功能，可自动调节至预设的亮度，以适应一天内不同时段的明暗变化，这是比单纯的昼关夜开更为精细有效的控制方式。调光的实质是调整 LED 驱动电流，需要设计可调的恒流驱动电源。由于恒流源要受单片机控制，实际上这是一个数控恒流源。数控恒流源一般采用 D/A＋运放＋大功率三极管的形式。单片机给出的数控值首先经 D/A 和运放转换成模拟电压，再由接成射极跟随器的大功率三极管将电压按一定比例转换成 LED 的驱动电流。这项功能考查了参赛选手的模拟电路设计能力。

总体看来，本题的特点是综合性强，尽管设计上没有太大的难点，但系统有一定的规模，工作量较大，考验参赛选手对于成熟技术的快速实现能力。另外，系统是数模混合的结构，且存在大功率电路，对电路板布局布线和电磁兼容提出了较高要求。实际制作时，要注意数字和模拟部分应分开布线，尤其是数字地和模拟地先分别布线再连于一点。对大功率电路，如 LED 的驱动部分，最好与控制部分独立供电，防止开关动作时产生的浪涌电流冲击控制电路。

下面举两例，详细介绍模拟路灯控制系统的设计过程。

2.9.3 模拟路灯控制系统（Ⅰ）

来源：北京经济管理职业学院　苑振涛　李楠　李少喆

一、方案论证与比较

方案一：基于 PLC 控制器的系统方式。

方案二：采用单片机作为控制核心，控制一整路路灯的亮灭，并且可以分别独立控制每盏路灯，采用总线的形式控制系统的外围器件。

方案三：用 P89V51 单片机作为主控芯片，每盏路灯各配置一个单元控制模块，分别对每盏路灯单独控制，支路控制器采用 RS－485 通信对单元模块控制。

上述三种方案均可完成系统设计的任务，只是与 PLC 相比，单片机控制简单可靠、价格便宜。然而仅采用一片单片机则负荷太重，系统运算复杂，对于路灯控制系统，每盏灯分别单独控制比较繁琐，故选方案三。

二、系统基本原理

1. 系统硬件部分

系统采用 P89V51 单片机作为控制芯片，每盏路灯配置一个单元控制模块，分别对每盏路

灯单独控制,支路控制器采用 RS-485 通信对单元模块进行控制。外围设备有人机交互模块,光敏传感器接收转换模块,数据存储模块,A/D(D/A)转换模块,时钟控制模块,光电传感模块,报警装置,以及恒流源 LED 驱动控制模块,实现系统的智能化控制。系统原理框图如图 2.9.3 所示。

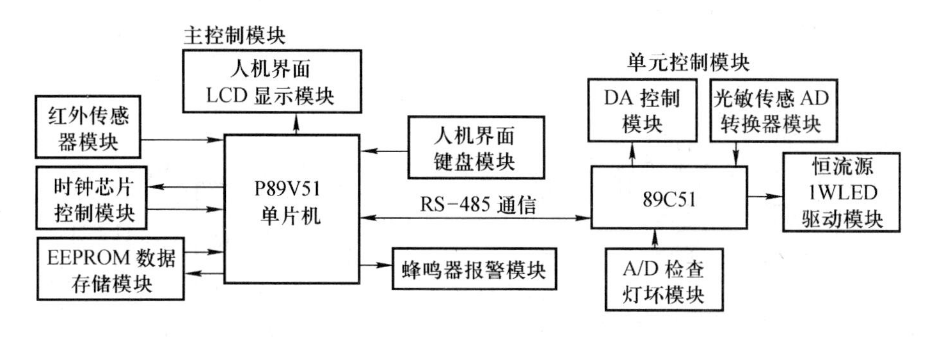

图 2.9.3　系统原理框图

2. 系统软件部分

工作状态切换示意图如图 2.9.4 所示,路灯系统程序总体框图如图 2.9.5 所示。

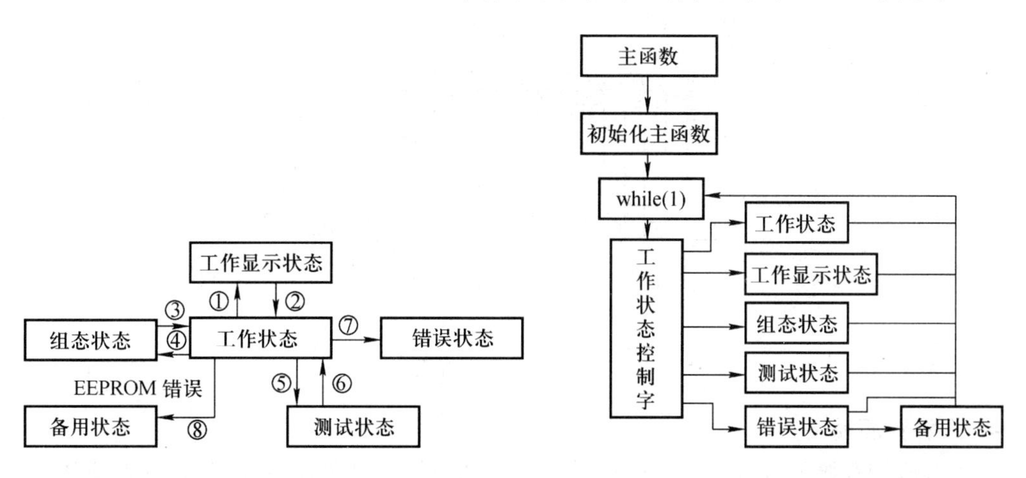

图 2.9.4　工作状态切换示意图　　图 2.9.5　路灯系统程序总体框图

三、元器件选择

1. 主控单片机 P89V51

P89V51RD2 是 Philips 公司生产的一款 51 系列微控制器,包含 64KB Flash 和 1 024 字节的数据 RAM。选择 P89V51 解决了程序容量和在线编程的问题,而且其内置可编程看门狗定时器(WDT),提高了系统的稳定性和可靠性。该芯片还具有低功耗模式,可在系统正常工作的情况下,减轻单片机的负担,不仅节能,而且延长系统寿命。

2. 时钟控制模块

该模块采用的 DS1302 是一种高性能、低功耗、带 RAM 的实时时钟电路,可以对年、月、周、日、时、分、秒进行计时,采用三线接口与 CPU 进行同步通信,内部有一个 31×8 的用于临时性存放数据的 RAM 寄存器，增加了主电源/后备电源双电源引脚，如图 2.9.6 所示。

3. 数据存储模块

此电路为 24LC16B 数据存储器的典型应用电路，24LC16B 是容量为 16 kbit 的数据存储器，如图 2.9.7 所示。

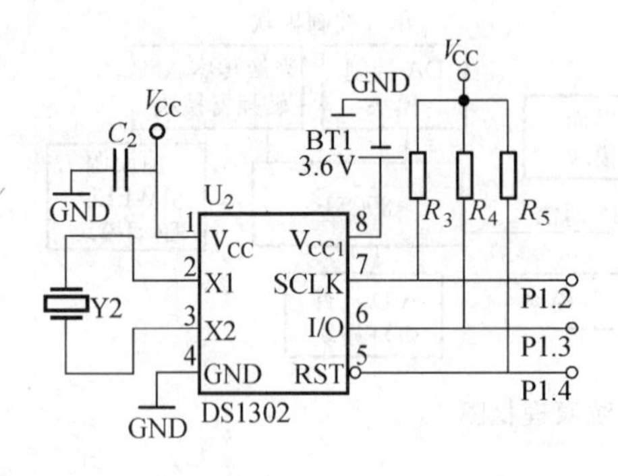

图 2.9.6　时钟控制模块

图 2.9.7　数据存储模块

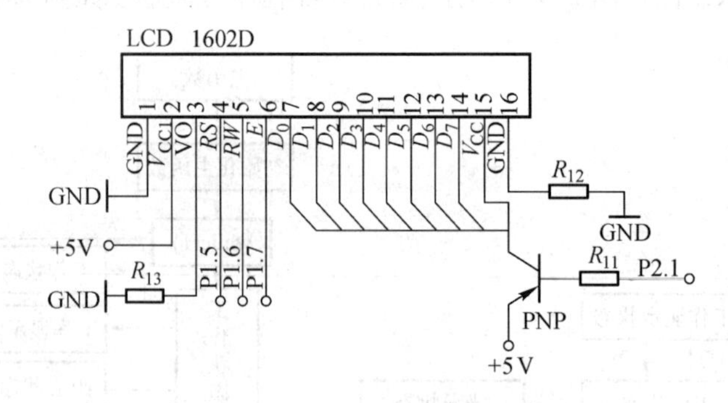

图 2.9.8　人机界面

4. 人机界面模块

单片机应用系统的人机对话是应用系统与人之间的信息传递渠道，包括人对应用系统的状态干预与数据输入，以及应用系统向人报告运行状态与运行结果。本系统采用 LCD 液晶显示，8 个按键的独立键盘操作，键值分别对应系统的各个状态和对系统的设定和操作，具有很好的直观可视性，提高了系统的可操作性。电路如图 2.9.8 所示。

5. 光学传感模块

此部分采用比较灵敏的光敏电阻作为光学传感器件，其亮阻为 5 kΩ 左右，暗阻值 100 kΩ 左右。将它与一个 100 kΩ 电位器相连，通过分压，调节光敏电阻压降，从而控制 V0 端的模拟输入电压，传入 A/D 转换器中，进行处理。A/D 转换器为 TLC1549，如图 2.9.9 所示。

6. 声光报警模块

系统设置了报警装置，当系统检测到系统内部出现错误的时候，会自动跳入错误状态，显示屏显示系统内部具体出错位置（若是检测到有路灯坏了，则显示坏灯编号），并且蜂鸣器报警、报警灯闪烁。

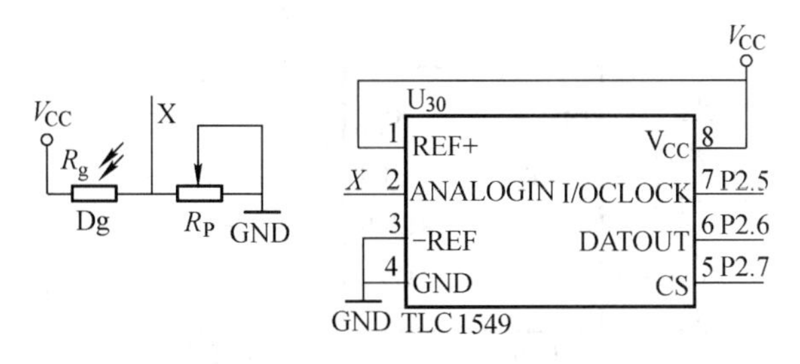

图 2.9.9　光学传感模块

7. 单元模块

路灯单元模块采用 89C51 作为控制器,恒流源驱动 1W LED,A/D、D/A 采集并转换数据,光电传感器采集路面情况。

(1) 光电传感模块

光电传感的设置,是为检测路面环境,控制路灯的亮暗程度,提高电能的利用率。

(2) RS－485 通信

主控单片机与单元单片机之间采用 RS－485 的串行通信方式支持 1 500 m 的通信距离,数字通信,信号在传输过程中抗干扰能力强,使系统可投入实际电路系统运行,实用性强。此模块电路如图 2.9.10 所示。

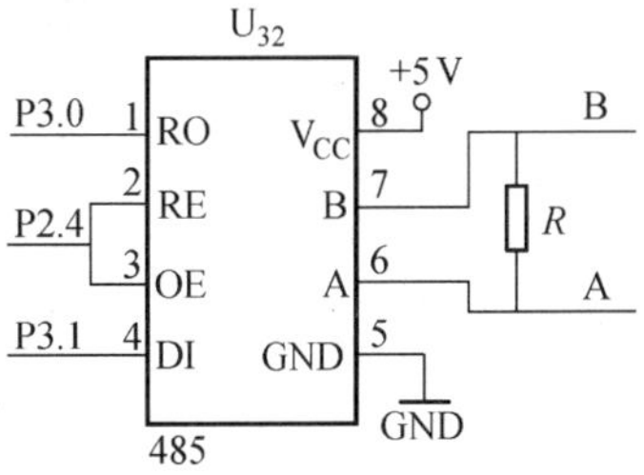

图 2.9.10　RS－485 通信模块

(3) 恒流源驱动大功率 LED 模块

系统采用 1W LED 作为控制光源,它的节能性使它逐步代替传统路灯的光源成为现代化路灯的发展方向。驱动单片机输出的电压、电流都无法驱动大功率 LED 达到它的额定功率,所以我们搭建了一个程控恒流源,来驱动大功率 LED 发光,并且可以通过控制它的电压来控制它的亮度,电路如图 2.9.11 所示。

四、系统调试

整机焊接完毕,先对硬件进行检查,看连线有无错误,再逐步对各模块进行调试。首先对主控单元进行调试,载入键盘程序、时钟和液晶模块程序,显示正常,但不能调整时间,经调整程序后工作正常,但是键盘不灵敏,再经反复查找发现由于传输线过长,影响信号传输质量。调整传输线,将距离变短,此问题解决。增加存储模块程序,工作正常。调整受控单元板,载入 A/D、D/A、传感器控制程序,经测试演示状态不正常,反复修改程序,问题得到解决。用串口调试通信分别对主控和受控单元板进行通信调试,通信正常。整体调试,发现调光功能不稳定,是 A/D 芯片损坏导致传输数据不正常,从而影响了调光,更换后调光正常。最后进行整体测试,经过程序的完善,独立控制每只灯的开关时间,根据交通情况调节亮灯状态,声光报警及调光功能均能实现。但是,调光精度不够,经程序的细化和算法的变化,基本达到要求。

心得体会:经过四天紧张的比赛,我们设计并制作出了模拟路灯控制系统,完成系统基本功能,并做了相应的扩展,例如,我们选用身边的材料,自制了模拟路灯系统的模型,虽然

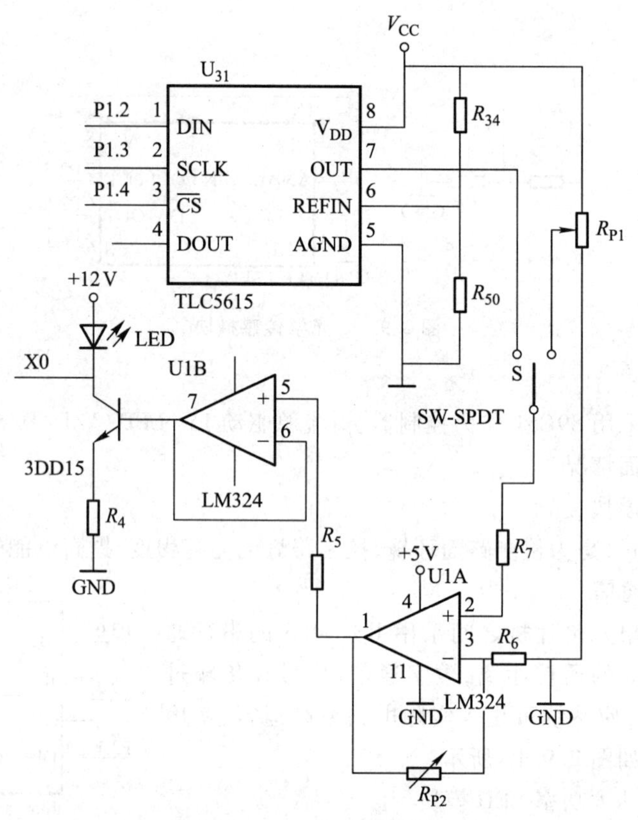

图 2.9.11　恒流源模块

花费了一些时间，但它为我们的调试带来了很大的方便；我们自制了大功率 LED 的恒流电源，解决了路灯光强的可调问题；在解决夜晚突然的亮光时（如在闪电或者放烟花时，居民住宅楼夜晚的照明灯光等），我们采用了光控与时控互相协调的办法，避免了这些因素对系统的影响。

2.9.4　模拟路灯控制系统（Ⅱ）

来源：江西旅游商贸职业学院　汪迁迁　叶鹏　丁国胜

一、方案论证与比较

根据题目要求，系统应主要包含电源模块、主控模块、键盘模块、显示模块、D/A 转换模块、恒流源模块、判物模块、测光模块、故障检测、时钟模块、LED 灯等，如图 2.9.12 所示。

1. 电源模块选择方案

方案一：采用电池做电源直接输出直流电后，由多个稳压器稳压得到理想的不同伏值直流电源。这一电源输出电流能力大、移动方便。缺点是：直流电流放电受自身影响大，放电时间受限，不便长时间作业，而且价格昂贵，不符合电路的特征要求。

方案二：采用三端稳压集成电路。采用变压器降压后经桥式整流滤波，再经三端稳压器稳压得到直流电源。这一电路实现简单、灵活、成熟，输出能满足电路要求。

鉴于以上分析，本设计采用方案二。

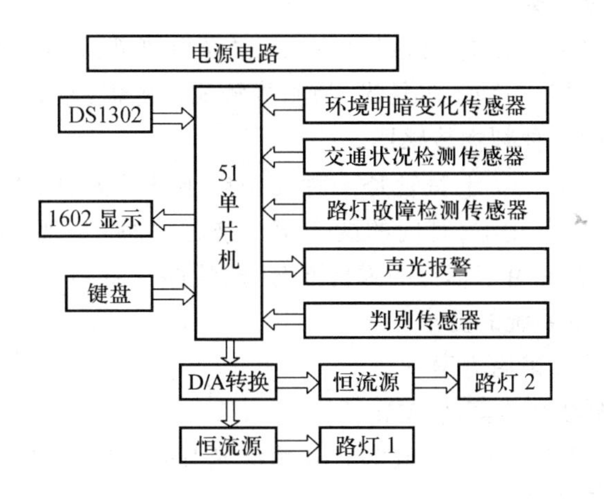

图 2.9.12　系统结构

2. 系统控制模块方案的选择

方案一:采用 SPCE061A 单片机进行控制。虽然 SPCE061A 凌阳单片机具有功能强大的 16 位微控制器,I/O 口资源丰富,存储空间大,能配合 LCD 液晶显示的字模数据存储,但是、它不是最常用的单片机,从而加大了使用和功能实现的难度,成本也较高。

方案二:采用 STC89C52 单片机进行控制。该单片机具有 IAP 功能,支持在线下载,内部集成了 EEPROM,STC89C52 是我们比较熟悉的一种常用单片机,指令系统和 AT89C51 兼容,价格便宜,容易购买。

鉴于以上优劣分析,本设计采用方案二。

3. 时钟模块方案的选择

方案一:采用软件设计时钟,程序复杂,精度低,调试困难,占用资源多,断电后时钟也停止运行。

方案二:采用时钟芯片 DS1302,电路简单,时钟精度高,只要将时钟数据读取送显示即可,占用资源少,具有后备电源接口,主电源断电后时钟依然在低功耗状态下运行。

鉴于以上分析,本设计采用方案二。

4. 显示模块方案的选择

方案一:采用数码管显示。由于本系统需要显示的数据比较多,采用 LED 数码管需要用动态扫描,占用资源比较多,闪烁感强。

方案二:采用 1602LCD 液晶显示,显示内容丰富,画面稳定不闪烁,抗干扰能力强,且功耗很低,符合环保节能要求。

鉴于以上分析,本设计采用方案二。

5. 按键模块方案的选择

方案一:采用矩阵键盘,程序复杂,电路复杂,调试困难,占用资源多。

方案二:采用独立按键,电路简单,编程方便,占用资源少;且独立按键能够满足本系统设计要求。

鉴于以上分析,本设计采用方案二。

6. 判物模块方案的选择

方案一:采用红外对射的方式。红外对射又称“光束遮断式感应器”,当光线被遮断时通过电路发出警报。红外线是一种不可见光,为非接触式传感器,具有安装方便、隐蔽性好等特点,是工业中比较常用的一种判物传感器。

方案二:采用干簧管方式。干簧管是一种无源电子开关元件,当有磁性物质靠近(非接触)玻璃管时,在磁力线的作用下,管内的两个簧片被磁化而互相吸引接触,使所接的电路连通;外磁力消失后,两个簧片由于本身的弹性而分开,线路也就断开了。但干簧管安装不太方便,局限性大,不太适合本系统的要求。

鉴于上面分析,本设计采用方案一。

7. 测光及故障检测模块方案的选择

系统采用廉价的光敏电阻和运放比较器作为测光及故障检测的传感器,效果很好。

8. 恒流源模块方案选择

方案一:由晶体管构成镜像恒流源,该电路的缺点之一在于电流的精度受到两个晶体管的匹配程度影响,其中涉及比较复杂的工艺参数。因此由晶体管构成的恒流源不适用。

方案二:由运算放大器和大功率三极管构成的恒流电路,能将电流转换成电压参数进行控制,具有控制方便、线性好的特点,使用的元件也都是很普遍的,易于实现,经实验,效果非常好,这是本系统的一大特点。

鉴于上面分析,本设计采用方案二。

9. D/A 转换模块方案选择

选用 TLC5618 双路串行 D/A 转换芯片,能满足独立控制两只 LED 的要求。

二、系统硬件设计

1. 电源电路设计

电源电路如图 2.9.13 所示。220 V 交流电源经变压器降压、桥式整流、滤波、三端稳压后,输出 +12 V, -12 V 和 +5 V, -5 V 稳压供给系统电路。

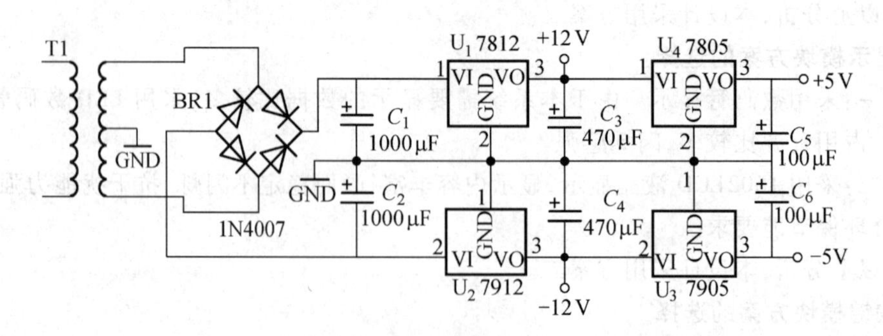

图 2.9.13 电源电路

2. 恒流源电路设计

电路由三个部分组成:集成运算放大器、缓冲电路和采样电路,如图 2.9.14 所示。此恒流源电路带负载能力非常强，且线性很好。由 TLC5618 D/A 转换器输出的电压信号经过电阻 R_1、R_2 分压后再输入到集成运算放大器的 3 脚，由集成运放特性可知，$U_I = U_0$，流过电阻 R_3 的电流 $I = U_0/R_3$，即流过 LED 的电流 $I = U_I/R_3$。此恒流源电路结构简单，但性能却非常优秀。

3. TLC5618 D/A 转换电路设计

TLC5618 是带有缓冲基准输入的可编程双路 12 位串行输入数/模转换器。DAC 输出电压范围为基准电压的两倍，即 $U_0 = 2U_{REF} \times (D/4096)$。通过 CMOS 兼容的 3 线串行总线可对 TLC5618 实现控制。在本系统中，需要独立对两个 LED 灯进行功率调节，此芯片有两路 D/A 输出，且为电压型输出信号，可以直接驱动两路恒流源模块，从而简化了电路。芯片在电路中的连接如图 2.9.15 所示。

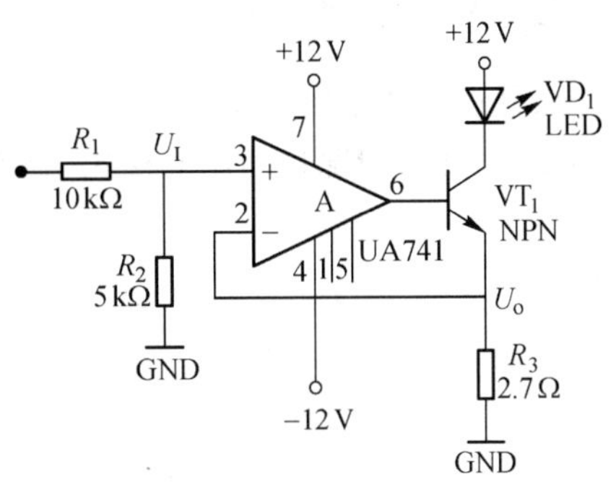

图 2.9.14　恒流源电路

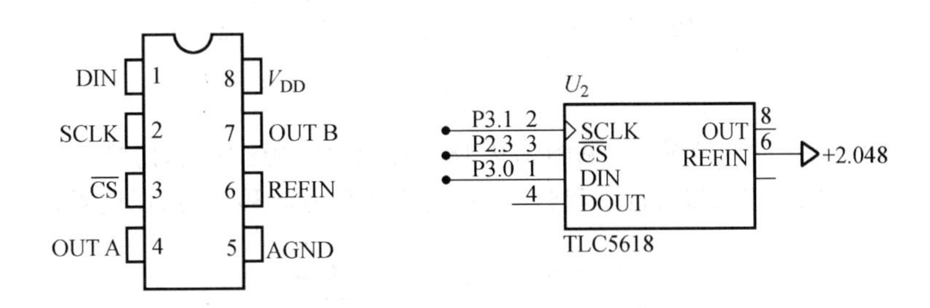

图 2.9.15　TLC5618 D/A 转换电路

4. 时钟电路设计

时钟电路采用 DALLAS 公司推出的涓流充电时钟芯片 DS1302，内含一个实时时钟/日历和 31 字节静态 RAM，通过简单的串行接口与单片机进行通信，实时时钟/日历电路提供秒、分、时、日、周、月、年的信息，每月的天数和闰年的天数可自动调整时钟操作，与单片机的连接很简单。

如图 2.9.16 所示：DS1302 的 2、3 号引脚需要外部加一个 32.768 kHz 的独立晶振，5、6、7 号引脚分别与单片机的三个引脚相连，由于 DS1302 具有 3.6 V 的备用电源，即使关闭主电源，仍然能保证时钟的正常运行，符合实际需要。

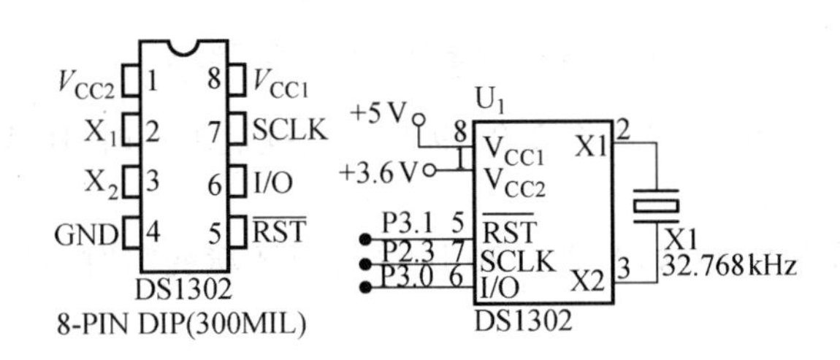

图 2.9.16　时钟电路

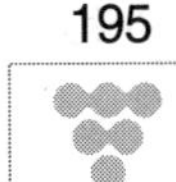

5. 按键及显示模块

采用5个独立按键和1块1602液晶显示器,其中4个按键用于时间的设置,1个按键用于模式切换及确认,显示器用于显示开关灯时间、系统时间、路灯故障信息及路灯功率信息。

三、系统软件设计

软件设计的框图如图2.9.17所示:系统初始化后进入时间设置,设置时间过后就有以下几种模式:交通情况自动调节模式、调光及调节功率模式、环境明暗变化模式、定时开关模式。

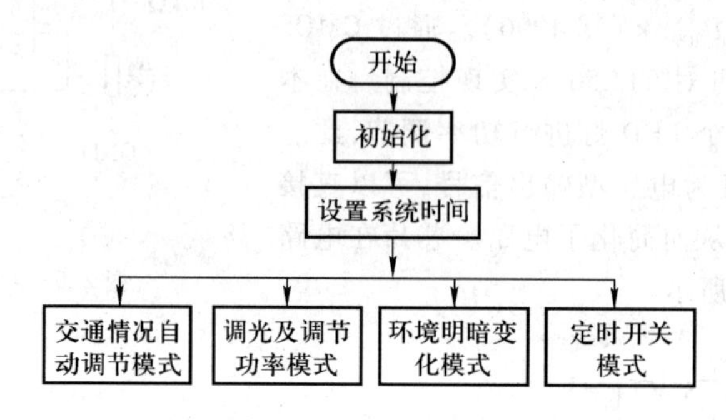

图2.9.17　软件设计框图

当进入交通情况自动调节模式(见图2.9.18):物体M到达S点时,灯1亮,灯2灭,到B点时,灯1灭,灯2亮,到达S′时,灯1和灯2均灭,物体反方向移动时,以此类推。

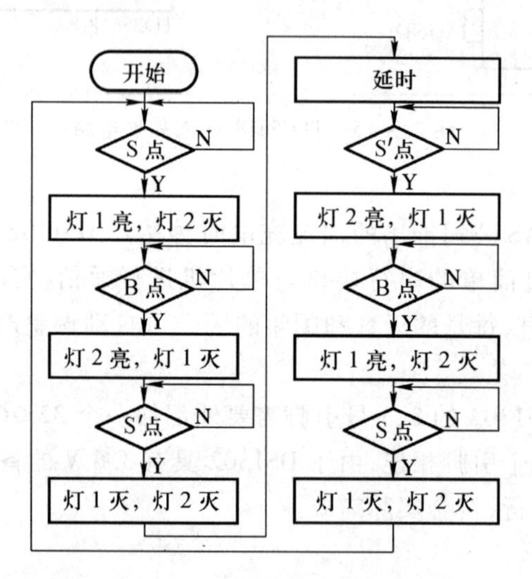

图2.9.18　交通情况自动调节模式

当进入调光及调节功率模式(如图2.9.19所示):键盘加1时,D/A输出增加,灯变亮;键盘减1时,D/A输出减小,灯变暗。

当进入环境明暗变化模式(如图2.9.20所示):当环境变暗时,打开路灯;环境变亮时关灭路灯。

当进入定时开关模式(如图2.9.21所示):当定时开灯时间到时,打开相应的路灯;定时关灯时间到时,关灭相应路灯。

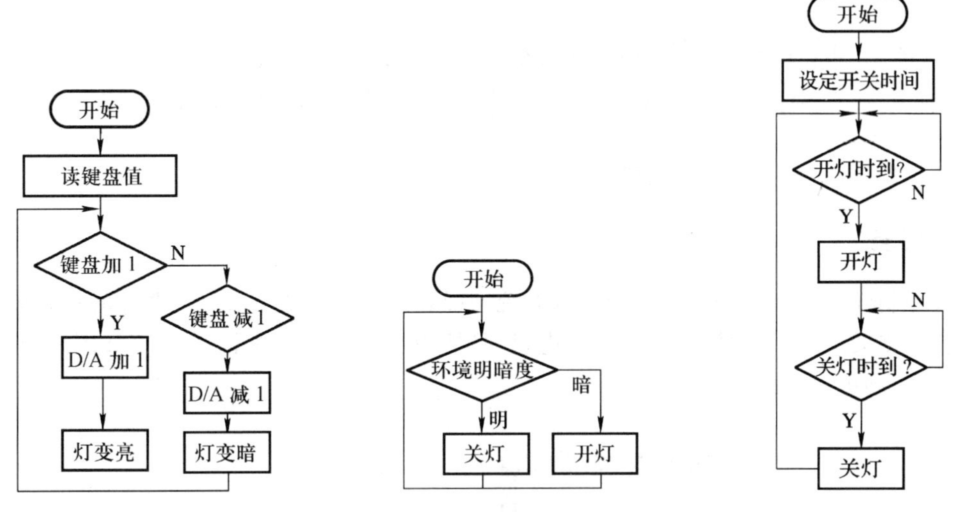

图 2.9.19　调光及调节功率模式　　图 2.9.20　环境明暗变化模式　　图 2.9.21　定时开关模式

四、问题及解决方法

比赛过程中,参赛选手遇到了一些问题,但经过大家共同努力最终排除了障碍,使大家吸取了教训并积累了宝贵的经验。

(1) 用仿真器调试 DS1302 时钟程序时,时钟数据的读/写都很正常,但将程序烧录到单片机时,用单片机取代仿真器来运行程序,发现不能正常工作,读取的时钟数据为乱码。再换回仿真器调试又能正常工作,我们百思不得其解,浪费了较多的时间,后来经过反复思考认为是仿真器和单片机给 DS1302 带来的分布参数不同导致的,最后在 32.768 kHz 的晶振两端接上适当的补偿电容才使问题得以解决。

(2) 进行恒流源模块制作时,我们先用仿真软件验证恒流源方案的可行性,证明此方案的恒流效果十分理想,实际测试时,发现在 LED 灯上串联 10 Ω 以下的功率电阻,能实现恒流效果,但电阻值再加大些,就不能恒流,与此同时发现变压器有些热,且电流稍大时变压器输出电压有下降的趋势,我们考虑是变压器功率不够导致恒流不稳定,于是更换功率大一些的变压器,即使串上 25 Ω 的电阻,也能完美地实现恒流,问题得以解决。

(3) 发现主控制板在同时关两盏 LED 灯时程序易出错,总结其原因,是因为每盏 LED 功率为 1 W,同时关两盏 LED 时,产生较大的浪涌电流,致使主控制板受到严重冲击,后来将主控制板和恒流源独立供电就再也没出现此问题。

(4) 调试发现有个按键不管怎么按就是不响应,开始怀疑是程序编写的问题,结果检查了一遍程序,没发现什么问题,那到底是什么原因呢? 最后借助万用表才把问题找出来,原来是线路和焊盘的连接处有个很细的裂缝,一般不易察觉出来。给我们的启示就是:焊接体积大的元器件,如果用力过大,易使焊盘和线路的连接处断裂。

(5) 程序备份至关重要,程序每个阶段都应该备份。因为程序在不断地修改中,经常会出现修改后的程序反而不能正常运行现象,如果之前没有备份,在这种紧张的气氛中,容易使人不知所措,产生急躁情绪。

2.10　基于自由摆的平板控制系统
（2011 年全国大学生电子设计竞赛 B 题）

来源：郭九源　包宇洋　吕佳徽（北京航空航天大学）

一、任务

设计并制作一个自由摆上的平板控制系统，其结构如图 2.10.1 所示。摆杆的一端通过转轴固定在一支架上，另一端固定安装一台电机，平板固定在电机转轴上；当摆杆如图 2.10.2 所示摆动时，驱动电机可以控制平板转动。

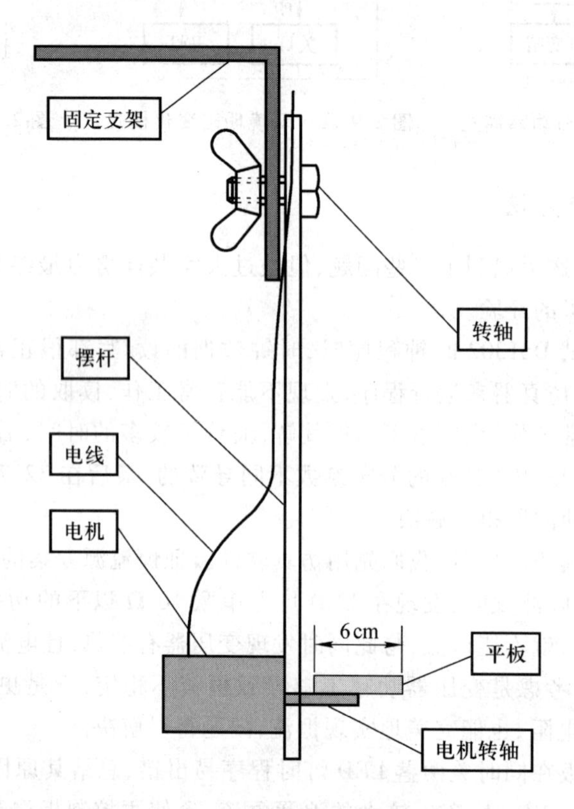

图 2.10.1　自由摆平板控制系统结构图

二、要求

1. 基本要求

（1）控制电机使平板可以随着摆杆的摆动而旋转（3 ~ 5 周），摆杆摆一个周期，平板旋转一周（360°），偏差绝对值不大于 45°。

（2）在平板上粘贴一张画有一组间距为 1 cm 平行线的打印纸。用手推动摆杆至一个角度 θ（θ 在 30° ~45°间），调整平板角度，在平板中心稳定放置一枚 1 元硬币（人民币）；启动后

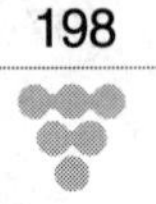

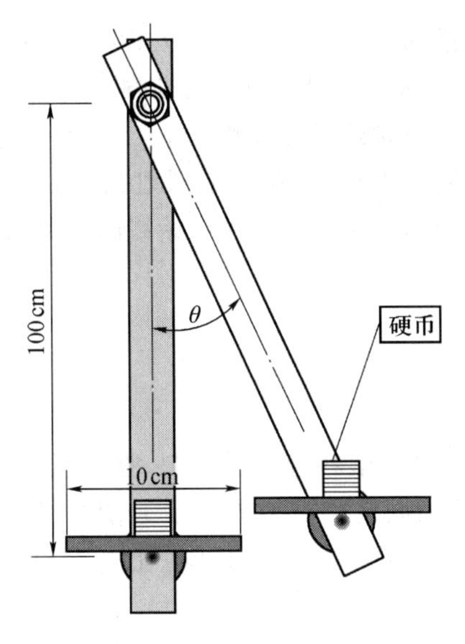

图 2.10.2　摆动示意图

放开摆杆让其自由摆动。在摆杆摆动过程中,要求控制平板状态,使硬币在5个摆动周期中不从平板上滑落,并尽量少滑离平板的中心位置。

(3) 用手推动摆杆至一个角度 θ(θ 在 45°～60°间),调整平板角度,在平板中心稳定叠放 8 枚 1 元硬币,见图 2.10.2;启动后放开摆杆让其自由摆动。在摆杆摆动过程中,要求控制平板状态使硬币在摆杆的 5 个摆动周期中不从平板上滑落,并保持叠放状态。根据平板上非保持叠放状态及滑落的硬币数计算成绩。

2. 发挥部分

(1) 如图 2.10.3 所示,在平板上固定一激光笔,光斑照射在距摆杆 150 cm 距离处垂直放置的靶子上。摆杆垂直静止且平板处于水平时,调节靶子高度,使光斑照射在靶纸的某一条线

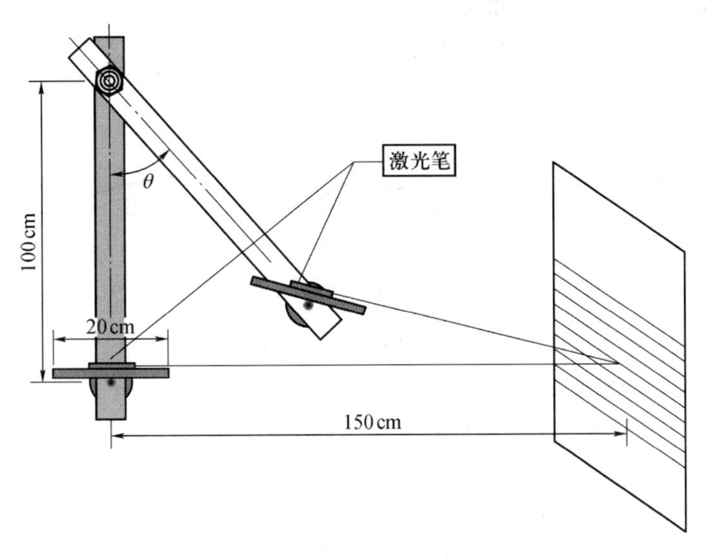

图 2.10.3　激光笔照射靶纸示意图

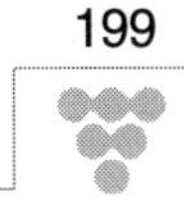

上，标识此线为中心线。用手推动摆杆至一个角度θ(θ在30°～60°间)，启动后，系统应在15 s内控制平板尽量使激光笔照射在中心线上(偏差绝对值<1 cm)，完成时以LED指示。根据光斑偏离中心线的距离计算成绩，超时则视为失败。

(2) 在上述过程完成后，调整平板，使激光笔照射到中心线上(可人工协助)。启动后放开让摆杆自由摆动；摆动过程中尽量使激光笔光斑始终瞄准照射在靶纸的中心线上，根据光斑偏离中心线的距离计算成绩。

(3) 其他。

三、说明

(1) 摆杆可以采用木质、金属、塑料等硬质材料；摆杆长度(固定转轴至电机轴的距离)为100 cm±5 cm；摆杆通过转轴固定在支架或横梁上，并能够灵活摆动；将摆杆推起至θ=30°处释放后，摆杆至少可以自由摆动7个周期以上。摆杆不得受重力以外的任何外力控制。

(2) 平板的状态只能受电机控制。平板的长宽尺寸为10 cm×6 cm，可以采用较轻的硬质材料；不得有磁性；表面必须为光滑的硬质平面；不得有凸起的边沿；倾斜一定角度时硬币需能滑落。平板承载重量不小于100 g。

(3) 摆动周期的定义：摆杆被释放至下一次摆动到同侧最高点。

(4) 摆杆与平板部分电路可以用软质导线连接，但必须不影响摆杆的自由摆动。

(5) 在完成基本要求部分工作时，需在平板上铺设一张如图2.10.4所示画有一组间距为1 cm平行线的打印纸(100 cm×6 cm)，平行线与电机转轴平行。

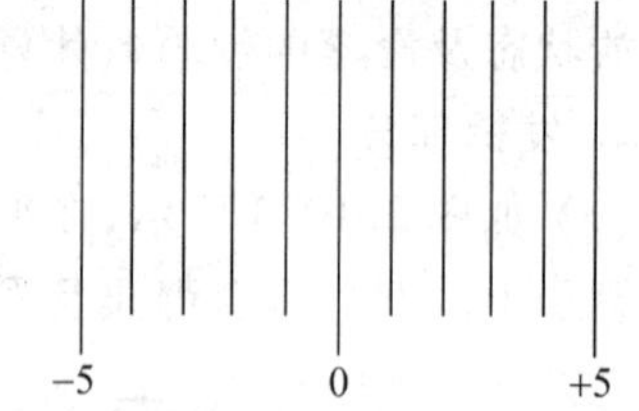

图2.10.4　间距为1 cm的平行线

(6) 非保持叠放状态硬币数为接触平板硬币数减1。接触平板硬币数的定义参见图2.10.5。

图2.10.5(a)中接触平板硬币数为1；图2.10.5(b)中接触平板硬币数为2；图2.10.5(c)中接触平板硬币数为3。

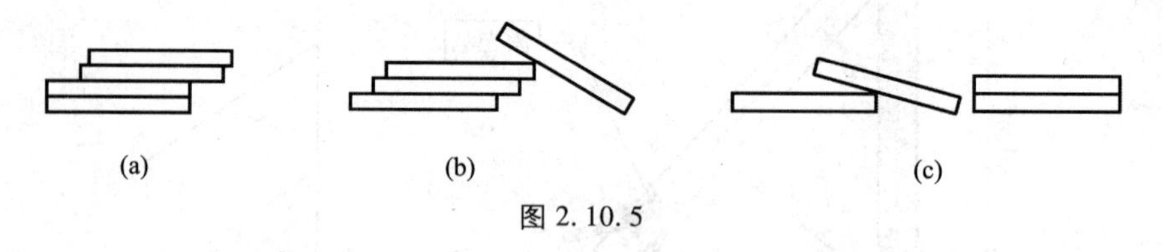

图2.10.5

(7) 在完成发挥部分工作时，需要在平板上固定安装一激光笔。激光笔的照射方向垂直于电机转轴。激光笔的光斑直径不大于5 mm。需在距摆杆150 cm处设置一高度可以调整的目标靶子，靶子上粘贴靶纸(A4打印纸)，靶纸上画一组间距为1 cm的水平平行线。测试现场提供靶子，也可自带。

(8) 题目要求的各项工作中，凡涉及推动摆杆至某一位置并准备开始摆动时，允许手动操作启动工作，亦可自动启动工作。一旦摆杆开始自由摆动，不得再人为干预系统运行。

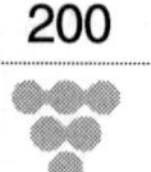

(9) 设计报告正文中应包括系统总体框图、核心电路原理图、主要流程图、主要测试结果。完整的电路原理图、重要的源程序和完整的测试结果以附件给出。

四、评分标准

	项目	主要内容	满分
设计报告	系统方案	方案比较与选择,系统结构	4
	理论分析与计算	平板状态测量方法 建模与控制方法	6
	电路与程序设计	电路设计 程序结构与设计	5
	测试方案与测试结果	测试方案 测试结果及分析	3
	设计报告结构及规范性	摘要 设计报告正文的结构 图表的规范性	2
	总分		20
基本要求	实际制作完成情况		50
发挥部分	完成第(1)项		10
	完成第(2)项		30
	其他		10
	总分		50

2.10.1 题目分析

根据题目的任务、要求经过反复分析、思考后,对原题的任务、需完成的功能归纳如下。

一、任务

角度检测、电机控制。

二、系统功能

(1) 实时检测转轴的转动角度,传感器检测范围需大于 ±60°。

(2) 测量自由摆摆动的周期,控制转轴上的平板在一个周期内旋转一周,在 3 ~ 5 个周期内摆动误差小于45°。

(3) 在平板上放置8个硬币,将转轴拉到45°~60°,启动后放开摆杆让其自由摆动,在摆杆摆动过程中,要求控制平板状态使硬币在摆杆的5个摆动周期中不从平板上滑落,并保持叠放状态。根据平板上非保持叠放状态及滑落的硬币数计算成绩。

(4) 在平板上固定一激光笔,光斑照射在距摆杆150 cm距离处垂直放置的靶子上。摆杆垂直静止且平板处于水平时,调节靶子高度,使光斑照射在靶纸的某一条线上,标识此线为中心线。用手推动摆杆至一个角度θ(θ在30°~60°间),启动后,系统应在15 s内控制平板尽量使激光笔照射在中心线上(偏差绝对值<1 cm)。摆动过程中尽量使激光笔光斑始终瞄准照射在靶纸的中心线上,根据光斑偏离中心线的距离计算成绩。

2.10.2 系统方案

本系统要求电机能够精确控制平板随摆杆摆过的角度而转动,故使用角位移传感器、加速度传感器、行星减速步进电机、S3C2440 ARM单片机等模块实现符合题目要求的设计,下面分别论证对于这几个模块的选择。

一、电机的论证与选择

方案一:直流电机。直流电机是指输入为直流电能的旋转电机。加于直流电动机的直流电源,借助于换向器和电刷的作用,使直流电动机电枢线圈中流过的电流方向是交变的,从而使电枢产生的电磁转矩的方向恒定不变,确保直流电动机朝确定的方向连续旋转。这就是直流电动机的基本工作原理。直流电机的优点:调速性能好,调速范围广,易于平滑调节,起动、制动转矩大,易于快速起动、停止。然而直流电机的缺点是不能精确地控制转角。

方案二:模拟舵机。模拟舵机在空载时,没有动力被传到舵机马达。当有信号输入使舵机移动或舵机的摇臂受到外力时,舵机会作出反应,向舵机马达传动动力(电压)。这种动力实际上每秒传递50次,被调制成开/关脉冲的最大电压,并产生小段小段的动力。当加大每一个脉冲的宽度时,电子变速器的效能就会出现,直到最大的动力/电压被传送到马达,马达转动使舵机摇臂指到一个新的位置。然后,当舵机电位器告诉电子部分它已经到达指定的位置时,动力脉冲就会减小脉冲宽度,并使马达减速,直到没有任何动力输入,马达完全停止。模拟舵机的"缺点"是:当给予一个短促的动力脉冲,紧接着很长的停顿时,并不能给马达施加多少激励,使其转动。这意味着如果有一个比较小的控制动作,舵机就会发送很小的初始脉冲到马达。对于本题中所需求的微小角度则不适合用模拟舵机控制。

方案三:行星减速步进电机。行星减速步进电机具有高刚性、高精度(单级可做到1分以内)、高传动效率(单级在97%~98%)、高的扭矩/体积比、终身免维护等特点。因为这些特点,行星减速机多数是安装在步进电机和伺服电机上,用来降低转速,提升扭矩,匹配惯量。

综合以上三种方案,选择方案三。

二、步进电机驱动部分

方案一:采用 L297 + L298N 作为步进电机驱动,以它作为驱动步进电机抖动小,但是它使步进电机的最小步进度数不够。

方案二:采用 TB6560AHQ,它的特点是能够细分步进度数,所以能够达到很小的电机步进度数,但是步进度数小,抖动也大。

以上两种方案都比较简单实用,用户可根据系统的需要在要求低抖动的装置中采用 LM297 + L298N 驱动方式,但不能细分,在要求小步进度数的装置中采用 TB6560AHQ 进行电机驱动。在硬件电路设计中,两种电路都会给出。

三、角位移传感器部分

方案一:采用 MMA7260 加速度传感器,利用加速度转换为倾角,从而测出角度值,但是精确度不高,稳定性不好。

方案二:采用 AME - B001 角度传感器,0° ~ 360°测量范围,但是安装非常不方便,而且输出信号为模拟信号,采集需要外加 A/D 转换。

方案三:使用 SCA61T - FA1H1G 角度传感器,测量范围 -90° ~ +90°,精确度 0.07°,且外围电路简单,满足题目要求,故选用方案三。

四、控制系统的论证与选择

方案一:STC89C51 单片机。51 是目前使用较为广泛的 8 位单片机。具有 8 位 CPU,4 KB 程序存储器(ROM)(52 为 8 KB),256 B 的数据存储器(RAM)(52 有 384 B 的 RAM),32 条 I/O 口线、11 条指令,大部分为单字节指令,编写程序较为简单。但是它的计算速度不高,精度较低,程序储存空间及数据储存空间不够大。

方案二:S3C2440 ARM 单片机。ARM(Advanced RISC Machines)处理器是 Acorn 计算机有限公司面向低预算市场设计的第一款 RISC 微处理器。ARM 处理器本身是 32 位设计,但也配备 16 位指令集。一般来讲比等价 32 位代码节省达 35%,却能保留 32 位系统的所有优势。它大量使用寄存器,大多数数据操作都在寄存器中完成,指令执行速度更快,能够满足高精度的计算要求,同时具有很大的存储空间。

综合以上两种方案,选择方案二。

2.10.3 系统理论分析与参数计算

一、角度读取和系统启动方法

将角度传感器固定在摆杆顶端,使角度传感器摆动的方向与摆杆一致,单片机通过 SPI 接口读出角度传感器数据,再将输出转换成角度即可。另外可以将加速度传感器固定在平板上,系统启动时,根据加速度传感器返回的信息控制电机使平板水平,设定此为电机的基准位置,确定电机基准,即可确定之后电机的步数。

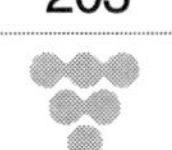

二、平板小偏差转动3~5周的过程分析

1. 实现方案

要实现精确的角度控制,可以控制在自由摆的每个周期内实现平板转动一周。当检测到周期开始时平板开始转动,在此次周期结束前转动一周,然后平板停止转动。当检测到周期结束时即下次周期开始时,平板再次转动一周。如此重复3~5周即可实现题目要求。

2. 高精度要求的细分与高转速矛盾的协调方法

经计算1 m长的自由摆周期约为2 s,即减速步进电机转动一周的时间不得大于2 s,因此减速步进电机的步长不能太小。然而为实现调整硬币特别是激光笔时的精确控制,减速步进电机的步长又不能太大。因此在选用减速步进电机的同时,要在最大转速大于0.5 r/s的同时,步长要尽量小。我们选用减速比为13:1的减速步进电机。电机转速在1~2 r/s之间。

三、保证硬币不滑动的计算

1. 数学计算

由简单受力分析可知,平板与杆垂直时,硬币与平板的加速度相同,硬币不会相对平板滑动。

2. 过程分析

由数学计算可知,当平板与自由摆垂直时,硬币与平板之间及硬币与硬币之间没有相对滑动,此时硬币不会滑落,只要控制平板与自由摆杆始终垂直即可。自由摆拉到一定角度放手时,平板由初始时刻水平与自由摆杆夹角不为90°,逐渐转到与摆杆垂直。此过程将由实验测出电机转动的速度及转速可能符合的函数曲线。达到垂直之后将电机转子锁住,保持平板始终与摆杆垂直。

四、调整激光笔的计算

1. 数学计算(见图2.10.6)

$$\beta = \frac{\theta}{2}$$

$$a = 2L\sin\frac{\theta}{2}$$

$$c^2 = a^2 + b^2 + 2ab\cos\beta$$

$$\sin\alpha = \frac{a\sin\beta}{c}$$

$\alpha+\theta$ 即为电机需要转动的角度。

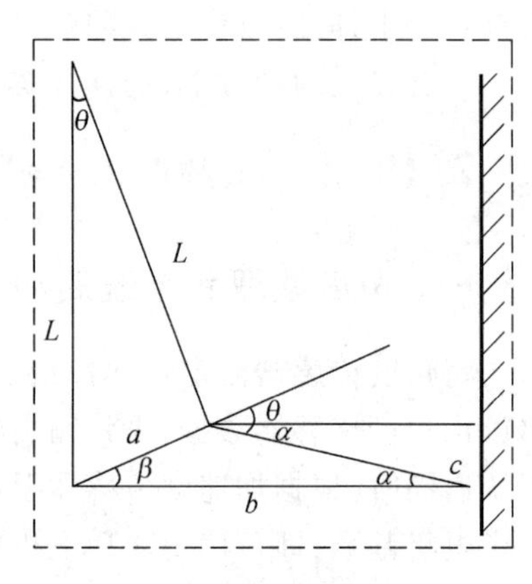

图2.10.6 激光笔角度计算图

2. 过程分析

由数学计算可以得到不同摆角电机对应的要转动的角度。处理器根据角位移传感器采集到的摆角计算电机需要

转到的角度。通过调整电机的转速,使平板转动尽量平滑,减小激光笔光斑的抖动,减小偏离中心线的距离。

2.10.4 电路与程序设计

一、电路的设计

1. 系统总体框图

系统总体框图如图 2.10.7 所示。

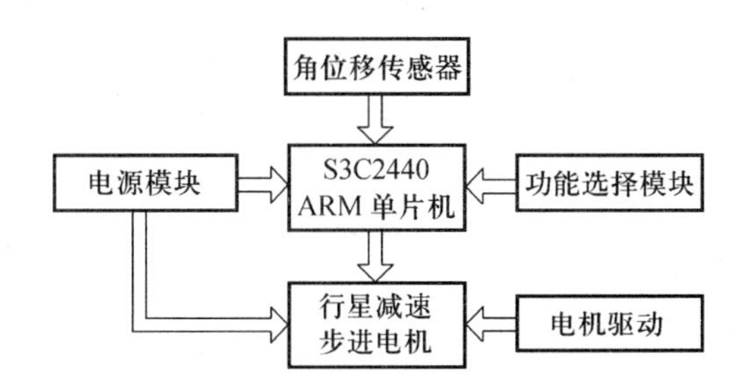

图 2.10.7 系统总体框图

2. 电机驱动电路

(1) L297 + L298N 电机驱动电路

L297 + L298N 电机驱动电路框图如图 2.10.8 所示。具体电路如图 2.10.9 所示。采用 L297 + L298N 作为电机驱动,这样能够很稳定地使步进电机转动,从而不易使木板上的硬币掉落。

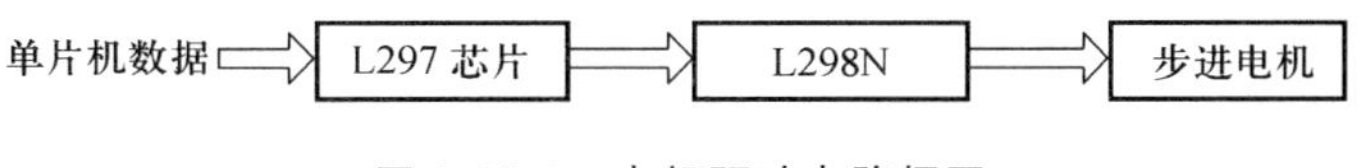

图 2.10.8 电机驱动电路框图

(2) TB6560AHQ 电机驱动电路

TB6560AHQ 电机驱动电路框图如图 2.10.10 所示。具体电路如图 2.10.11 所示。单片机数据通过光电耦合到步进驱动芯片 TB6560AHQ,驱动步进电机转动,TB6560AHQ 有细分功能,能够将步进电机转角进一步细分,本设计采用 1/16 细分,42BYGH4604 步进电机的最小转动度数为 1.8°,如果细分 1/16,最小度数约为 0.11°。

3. 角度传感器电路

SCA61T 角度传感器电路如图 2.10.12 所示。通过 SPI 数字接口连接单片机,SCA61T - FA1H1G 的测量角度为 -90° ~ +90°,数字接口分辨率为 11 位,精度很高。

二、程序的设计

调整平板稳定硬币子程序流程如图 2.10.13 所示。

激光准直子程序流程如图 2.10.14 所示。

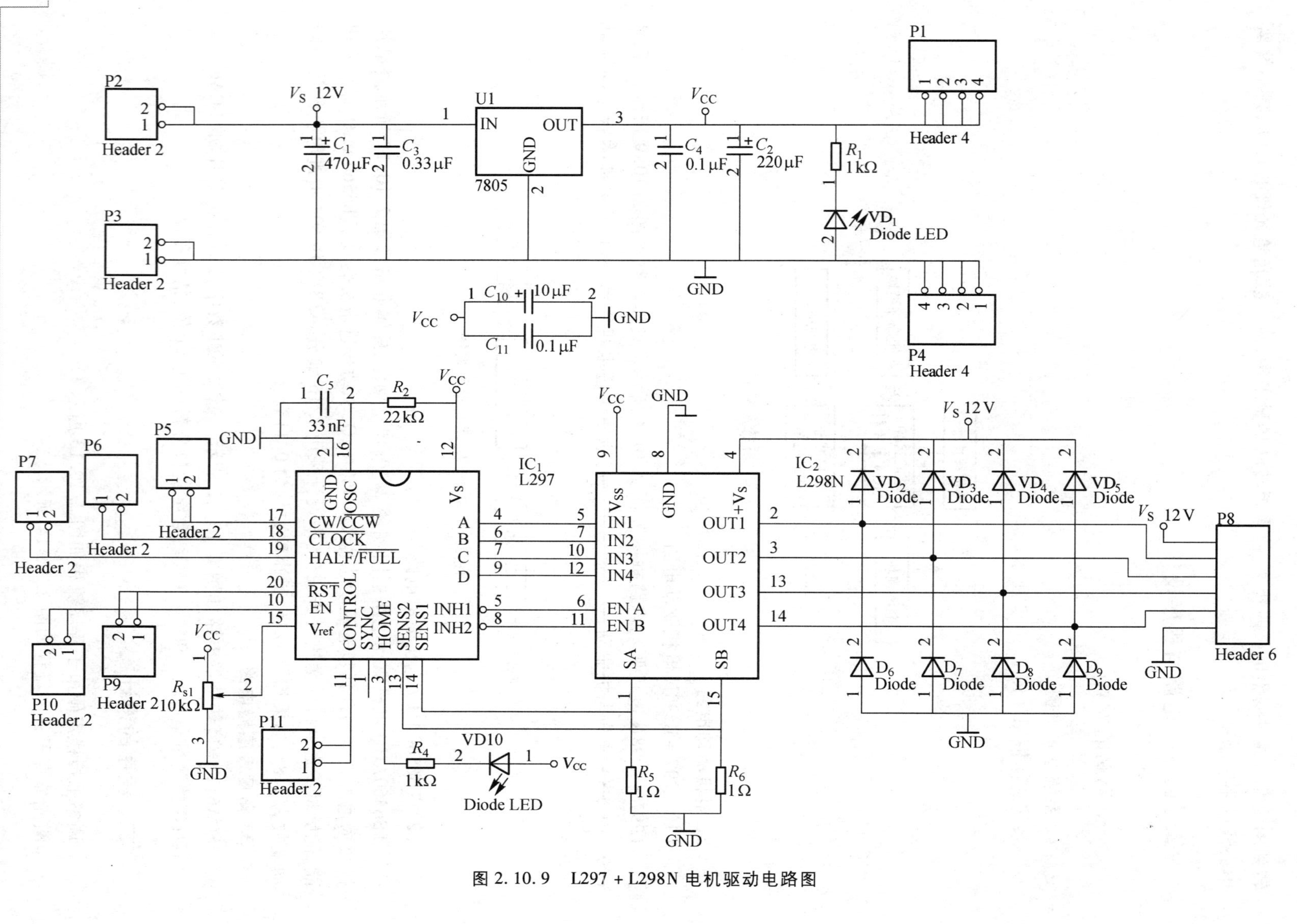

图 2.10.9 L297 + L298N 电机驱动电路图

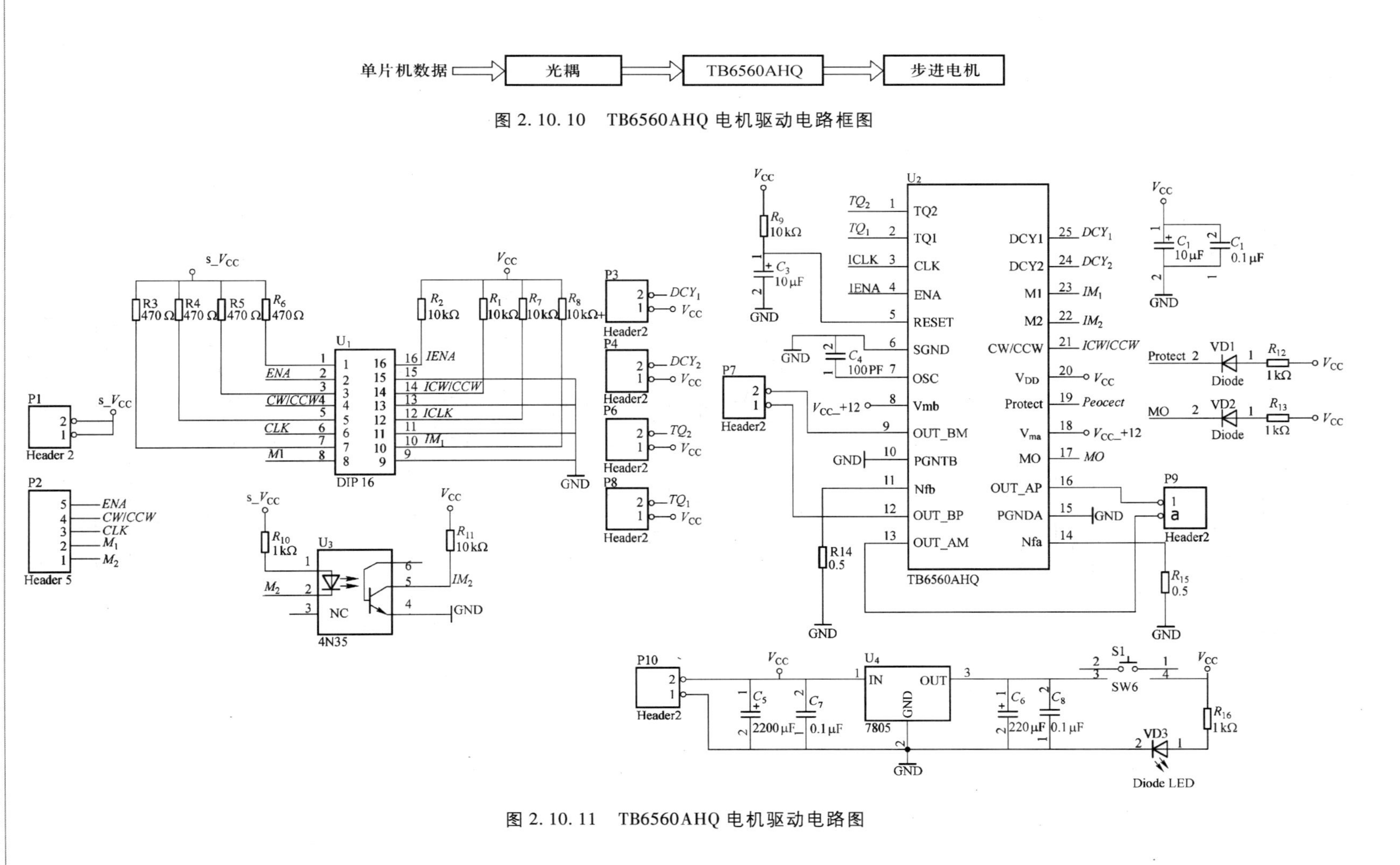

图 2.10.10　TB6560AHQ 电机驱动电路框图

图 2.10.11　TB6560AHQ 电机驱动电路图

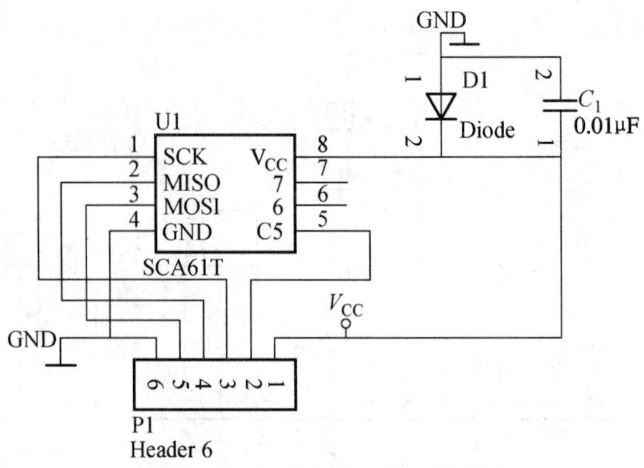

图 2.10.12　角度传感器电路图

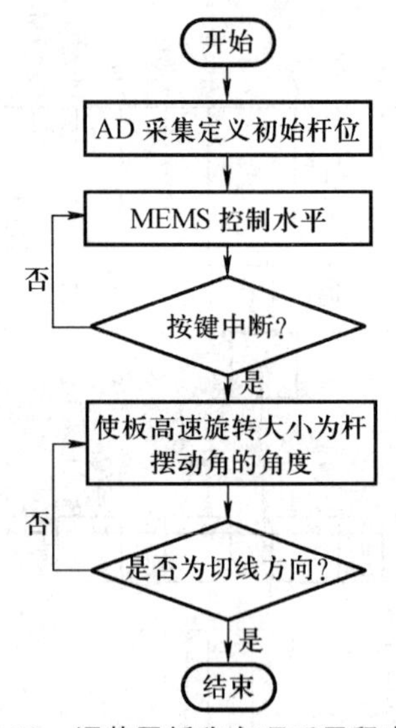

图 2.10.13　调整平板稳定硬币子程序流程图

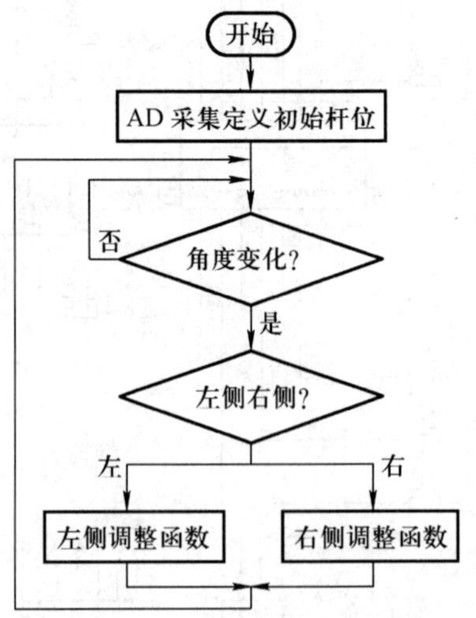

图 2.10.14　激光准直子程序流程图

2.10.5 测试方案及测试结果

一、测试方案

调试电机和液晶屏等各个模块分别能正常工作，之后将各个模块组装在一起，烧入程序逐渐调整整个系统正常工作。

二、测试条件与仪器

测试条件：检查多次，仿真电路和硬件电路必须与系统原理图完全相同，并且检查无误，硬件电路保证无虚焊。测试仪器：数字万用表，量角器，刻度尺。

三、测试结果及分析

1. 测试结果(数据)

（1）平板圆周旋转角度的绝对误差，见表 2.10.1。

表 2.10.1 平板圆周旋转角度的绝对误差

次数	1	2	3	4	5	6	7	8
误差	6°	7°	6°	8°	7°	6°	8°	7°

（2）激光笔光斑位置与中心线距，见表 2.10.2。

表 2.10.2 激光笔光斑位置与中心线距 单位：mm

摆动角度	静态时偏离距离	动态时偏离距离
60°	8	—
50°	8	—
40°	7	100
30°	7	85
20°	5	57
10°	4	21
0°	0	0
-10°	4	18
-20°	5	54
-30°	7	78
-40°	7	95
-50°	8	—
-60°	8	—

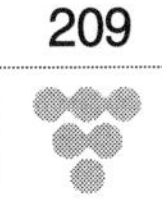

2. 误差分析

(1) 自由摆转动由角度传感器采集数据,经处理器计算控制电机转动的过程需要消耗一定的时间。在这一定的时间之内自由摆又转动了一定的角度。因此,电机的转动总是晚于自由摆当时的角度产生误差。

(2) 步进电机的转动非无极转动,当需要转动的角度较小时无法刚好转动需要的角度产生误差。

(3) 自由摆无法避免的阻尼和前后摆动造成相应的系统误差。

3. 测试结果分析

根据上述测试数据,可以得出以下结论:

(1) 电机转动 3 周,平板可以随着摆杆的摆动而旋转 3 周,摆杆摆一个周期,平板旋转一周,偏差绝对值不大于 45°。

(2) 自由摆摆动时(θ 在 30° ~45°间),平板中心的一枚 1 元硬币(人民币)在 5 个摆动周期中不从平板上滑落,滑动距离不大于 1 cm。

(3) 自由摆摆动时(θ 在 45° ~60°间),平板中心的八枚 1 元硬币(人民币)在 5 个摆动周期中不从平板上滑落,并能保持叠放状态。

(4) 用手推动摆杆至一个角度 θ(θ 在 30° ~60°间),启动后,系统在 15 s 内控制平板使激光笔照射在中心线上(偏差绝对值 <1 cm),完成时以 LED 指示。

(5) 启动后放开让摆杆自由摆动;摆动过程中激光笔光斑基本瞄准照射在靶纸的中心线上,偏离误差在 5 ~10 cm。

综上所述,本系统达到设计要求。

2.11 智能小车

(2011 年全国大学生电子设计竞赛 C 题)

来源:张俊,周晖,王超,徐荣华,孙小磊,朱松盛(南京医科大学)

一、任务

甲车车头紧靠起点标志线,乙车车尾紧靠边界,甲、乙两辆小车同时起动,先后通过起点标志线,在行车道同向而行,实现两车交替超车领跑功能。跑道如图 2.11.1 所示。

二、要求

1. 基本要求

(1) 甲车和乙车分别从起点标志线开始,在行车道各正常行驶一圈。

(2) 甲、乙两车按图 2.11.1 所示位置同时起动,乙车通过超车标志线后在超车区内实现超车功能,并先于甲车到达终点标志线,即第一圈实现乙车超过甲车。

(3) 甲、乙两车在完成(2)时的行驶时间要尽可能短。

2. 发挥部分

(1) 在完成基本要求(2)后,甲、乙两车继续行驶第二圈,要求甲车通过超车标志线后要

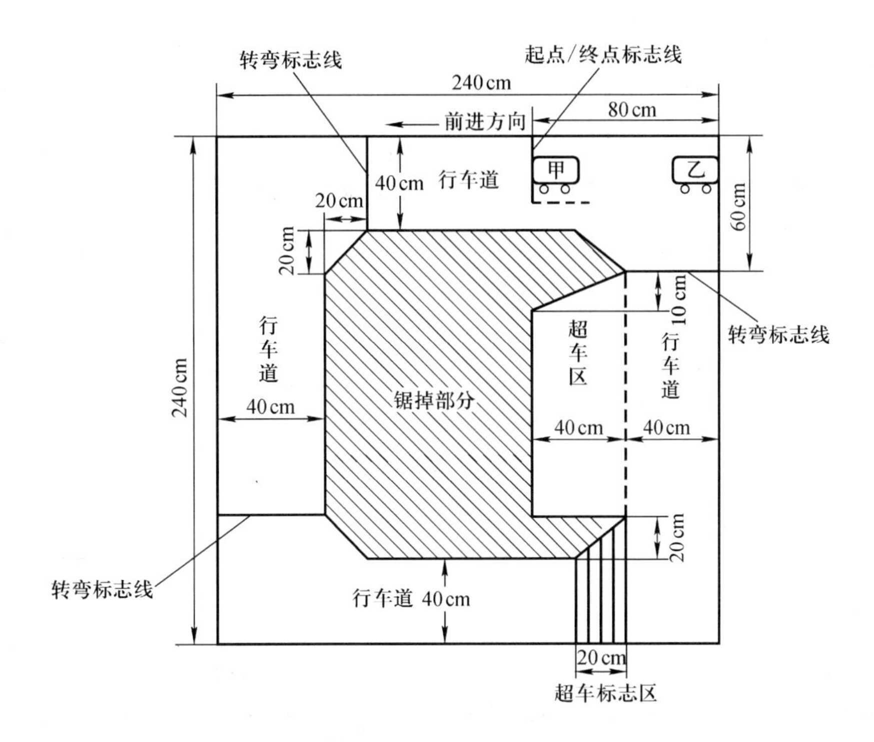

图 2.11.1　跑道示意图

实现超车功能，并先于乙车到达终点标志线，即第二圈完成甲车超过乙车，实现了交替领跑。甲、乙两车在第二圈行驶的时间要尽可能短。

(2) 甲、乙两车继续行驶第三圈和第四圈，并交替领跑；两车行驶的时间要尽可能短。

(3) 在完成上述功能后，重新设定甲车起始位置（在离起点标志线前进方向 40 cm 范围内任意设定），实现甲、乙两车四圈交替领跑功能，行驶时间要尽可能短。

三、评分标准

	项目	主要内容	满分
设计报告	系统方案	总体方案设计与比较	2
	理论分析与计算	信号检测与控制 两车之间的通信方法 节能	6
	电路与程序设计	电路设计 程序设计	7
	测试方法与测试结果	测试方案及测试条件 测试结果完整性 测试结果分析	3

续表

	项目	主要内容	满分
设计报告	设计报告结构及规范性	摘要 设计报告正文的结构 图表的规范性	2
	总分		20
基本部分	实际制作完成情况		50
发挥部分	完成第(1)项		15
	完成第(2)项		10
	完成第(3)项		20
	其他		5
	总分		50

四、说明

(1) 赛车场地由两块细木工板(长 244 cm,宽 122 cm,厚度自选)拼接而成,离地面高度不小于 6 cm(可将垫高物放在木工板下面,但不得外露)。板上边界线由约 2 cm 宽的黑胶带构成;虚线由 2 cm 宽、长度为 10 cm、间隔为 10 cm 的黑胶带构成:起点/终点标志线、转弯标志线和超车标志区线段由 1 cm 宽黑胶带构成。图 2. 11. 1 中斜线所画部分应锯掉。

(2) 车体(含附加物)的长度、宽度均不超过 40 cm,高度不限,采用电池供电,不能外接电源。

(3) 测试中甲、乙两车均应正常行驶,行车道与超车区的宽度只允许一辆车行驶,车辆只能在超车区进行超车(车辆先从行车道到达超车区,实现超车后必须返回行车道)。甲乙两车应有明显标记,便于区分。

(4) 甲乙两车不得发生任何碰撞,不能出边界掉到地面。

(5) 不得使用小车以外的任何设备对车辆进行控制,不能增设其他路标或标记。

(6) 测试过程中不得更换电池。

(7) 评测时不得借用其他队的小车。

2. 11. 1 题目分析

对题目进行综合分析,进一步了解本题的任务、功能。

一、任务

在指定的跑道上,两车同向行驶,实现交替领跑、超车。

二、系统功能

(1) 小车控制,包括直线、转弯等。

(2) 能检测边界、起点、终点标志线、转弯标志线、超车标志区。

(3) 检测到超车标志区,要求在超车区实现超车。

(4) 交替领跑、超车功能,要求行驶过程时间尽可能短,小车速度要求尽可能快。

(5) 行车区并排只能供一辆车行驶,要防止两车发生碰撞。

(6) 两车之间实现无线通信,以区分前后车。

(7) 在测试过程中不能更换电板,对功耗有要求。

2.11.2 系统方案论证与比较

1. 主控制器方案

方案一:选用 MSP430 单片机,其功能和资源都比较丰富,特别是功耗非常低,比较符合设计需要。但是其封装只有贴片的,引脚过密,焊接起来比较困难,而且抗干扰能力不太理想。

方案二:选用宏晶公司生产的 STC12C5A60S2,它是一款增强型 51 单片机,完全兼容传统 51 单片机的指令,功耗低,技术成熟,成本低,而且具有丰富的内部资源:1 KB SRAM、60 KB 片内 Flash、SPI 通信接口、PWM 发生器、200 kbps A/D 转换器等,完全能够满足设计需要。

经比较,本设计选用方案二。

2. 电机选择方案

方案一:采用步进电机来驱动小车,步进电机是将电脉冲信号转变为角位移或线位移的电机,它具有精度高、控制简单、无累积误差等优点。但是步进电机的力矩会随转速的升高而下降,调速潜力不大,并且价格昂贵。

方案二:采用直流电机。直流电机速度快,价格便宜,通过调节电压来改变速度。它具有驱动电路简单、控制简单、调速范围广、调速特性平滑、低速性能好、运行平稳、噪声低、效率高等优点。满足本设计的需求。

综上所述,本设计选用方案二。

3. 电机驱动方案

方案一:选用分立元件搭建的 H 桥电路驱动电机。这种电路可以很方便地根据实际需要更改电路,但其搭建比较复杂,而且工作的可靠性和稳定性不高。

方案二:采用集成芯片 L298N。L298N 芯片是较常用的电机驱动芯片,该芯片有两个 TTL/CMOS 兼容电平的输入,具有良好的抗干扰性能,可用单片机的 I/O 口提供控制信号,电路简单易用且稳定,具有较高的性价比。但是其工作时容易发热,可能影响本身以及其他电路的稳定性。

方案三:采用电机控制专用芯片 L293 来控制后轮电机。使用 L293 芯片,不仅可以大大简化驱动电路,而且功率容量大,有利于电机转速的稳定。L293 在电机控制中可以灵活地应用,如对电机输出能力的控制,在单片机中可以进行脉宽调制(PWM),实现对电机调速的精确控制。

基于上述分析,本设计选用方案三。

4. 黑线检测方案

方案一:选用红外反射型传感器 TCRT5 000。该传感器的接收灵敏度好,驱动电路简单易行,价格便宜,功耗低,而且在其精度范围内大致呈线性变化,因此用来区分黑白非常适合。

方案二:选用光电传感器。该传感器驱动电路简单,容易制作和安装调试,而且其中的光敏电阻的灵敏度很高,但是实际制作时发现光敏电阻对黑白的区分能力不强,受环境中的光线干扰很大。

基于上述考虑,为了提高信号采集检测的精度,本设计选用方案一。

5. 小车车距保持方案

方案一:选用超声波测距模块。该模块控制简单,只有 2 根信号线与主控芯片相连,一根用做输入,一根用做输出,可以提供 2 ~ 400 cm 的非接触式距离检测功能,测距精度高达 3 mm,不容易受外界环境因素的干扰,但是该模块的程序开销比较大,而且容易受到其他电路的影响。

方案二:选用反射式红外传感器。该传感器是利用红外发射管发出红外线,碰到反射物被反射回来,主控芯片根据红外线从发出到被接收到的时间及红外线的传播速度就可以算出所测距离。该模块反应灵敏、操作简单、程序开销小,采用避障的原理保持两车的距离,防止撞车。

基于精度以及稳定性的考虑,本设计采用方案二。

6. 电源供电方案

方案一:选用单电源供电。电源先经过 12 V 的稳压器产生 12 V 的直流电压供给电机使用,再通过 5 V 稳压器产生 5 V 电压供给单片机使用。这样供电比较简单,但是这样的设计要求电源的电流很大,而且功率分配不均,会导致电机转速很不稳定。

方案二:选用双电源供电。将电机驱动电源与单片机及其周边电路电源完全隔离。这样没有单电源方便,但是可以彻底消除电机驱动所造成的干扰,提高系统的稳定性。

为了保证系统的稳定性,本设计采用第二种方案。

7. 车体选择方案

小车是整个系统的基础,因此小车的性能对整个方案的成败至关重要。

方案一:用减速电机、橡胶轮胎和壳体装配一台自制小车。这样可以根据自己的设计来改变小车的外形。但是制作比较繁琐,而且很难找到合适的车身。

方案二:选用玩具车改装。其优点是比较简单易行,市场上玩具小车的种类比较多。但是玩具车的减速部分比较简单,速度普遍较快,这加大了控制小车的难度,而且玩具小车的转向性能也不佳,转弯半径过大。

方案三:选用履带式小车。其优点是能原地转弯,速度也比较适中,有利于对小车的整体控制。

履带小车明显有较大的优势,所以本设计采用方案三。

2.11.3 理论分析与参数计算

1. 两车间的通信方法

为了使两小车在行驶的过程当中保持适当的距离以及在超车时被超小车接收到超车信号,本设计在两辆小车上都装有无线通信模块 NRF24L01。该模块内置 2.4 GHz 天线,体积小巧,功耗低:当工作在应答模式通信时,快速的空中传输及启动时间,极大地降低了电流消耗。NRF24L01 的 SPI 接口可以利用单片机的硬件 SPI 口连接或用单片机 I/O 口进行模拟,内部有 FIFO 可以与各种高低速微处理器接口,满足本设计的要求。

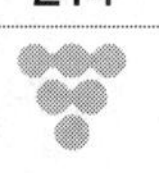

2. PWM调速原理及算法

本设计的主控芯片采用的是STC12C5A60S2,该芯片自带PWM脉冲输出端口,通过程序设定使其工作在8位PWM模式,通过设置输出占空比达到调节电机速度的目的。

本设计采用PWM调速,即通过改变平均电压调节转速。

$$u_{out} = u_{in} \times \frac{t_{on}}{t}$$

$$n = \frac{u_{out}}{c_e \phi_N} - \frac{R_a}{c_e c_T \phi_N} T = n_0 - \beta T$$

电机装好后,β是一个常数,改变电机电压,可以保持机械特性曲线平行下移,而硬性不改变。通过对单片机编程可控制脉冲的占空比,即可实现电机调速。当需要拐弯时,单片机产生两个不同占空比的脉冲,由左右速率差来进行拐弯,能实现90°以上大角度快速拐弯,通过控制转轮的速率和方向确定小车的行进轨迹。

3. 码盘测速原理及算法

码盘电路用于测量小车在行驶当中的速度。码盘测速就是采用断续式光电开关的原理,将其固定在电机的转轴上面,光电开关固定于码盘的两侧。每个码盘具有45个栅格,车轴转动1周光电开关则会产生45个脉冲,通过计算脉冲的个数,单片机即可计算出小车行驶的距离以及实时速度,从而能够较好地保持小车在行驶过程中的直线型和稳定性以及实现超车、保持两车车距的功能。电路如图2.11.2所示。

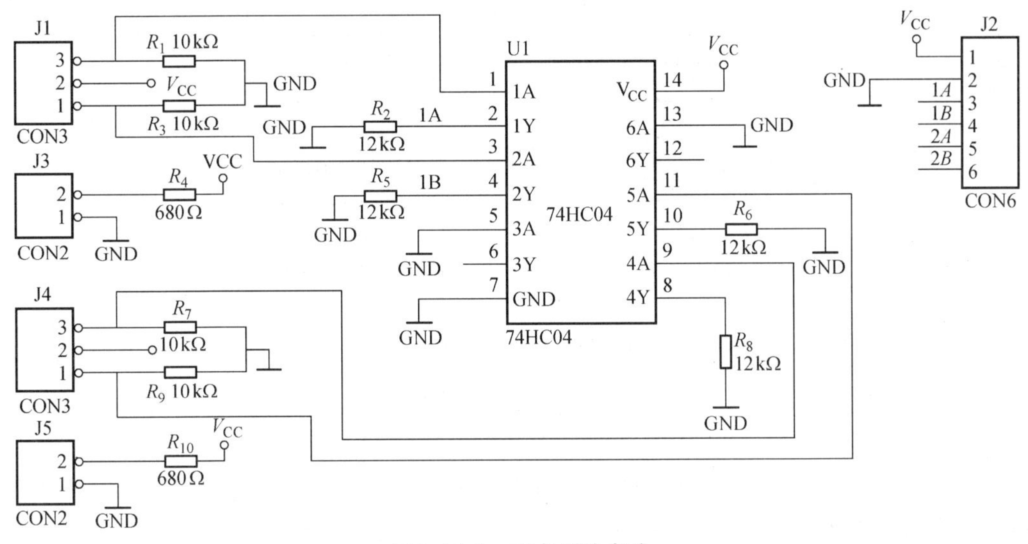

图2.11.2 码盘测速电路

4. 超声波测距原理及算法

本系统共有两辆小车,为了防止小车发生追尾事件,本设计每辆小车的车头都装有一个超声波测距模块,用来实时检测两车之间的距离以便于调整车速。超声波发射器向前方发射超声波,在发射的同时开始计时,超声波在空气中传播,途中碰到障碍物就立即返回来,超声波接收器收到反射波就立即停止计时。超声波在空气中的传播速度为340m/s,根据计时器记录的时间t,就可以计算出发射点距障碍物的距离s,即:$s = 340t/2$。

5. 边界线与标志线的区分算法

小车在行驶的过程中一定会检测到黑线,可能是赛道的边界线,也可能是标志线。标志线和边界线的区别就是边界线宽 2 cm,标志线宽 1 cm。经测试传感器在通过 2 cm 宽带黑线之后产生 18 个脉冲,由于小车几乎不可能垂直去检测边界线,因此通过比较脉冲数量即可判别黑线类型,大于 18 个脉冲即是边界线,小于 18 个脉冲即是标志线。

6. 能耗分析

为了体现节能的思想,本设计始终坚持在保证小车性能的前提下尽量降低小车功耗的原则。首先本设计使用的主控芯片是一款增强型 51 单片机,该芯片功耗低、技术成熟、成本低;然后小车上用来检测黑线的传感器是 TCRT5000,该传感器也具有反应灵敏、功耗低的优势;再有小车上采用的无线通信模块是 NRF24L01,该模块体积小、功耗低,非常适合在小车上用来通信。

2.11.4 电路与程序设计

一、硬件设计

系统总体框图如图 2.11.3 所示。

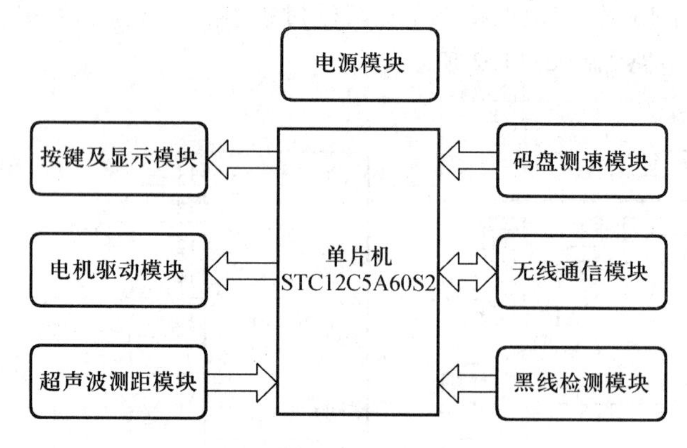

图 2.11.3 系统总体框图

1. 主控电路

主控电路采用单片机 STC12C5A60S2。它是一款与 51 兼容的单片机,与传统 51 不同的是这款单片机是单时钟周期,因此指令的执行速度较快。在设计单片机电路时就不需要提高晶振频率来提高速度了,晶振采用常用的 11.059 2 MHz 的晶振。STC12C5A60S2 中 P1.3 口和 P1.4 口为单片机 PWM 输出口,接在 L293 的使能端口可实现电机调速功能。

2. 电机驱动电路

通过驱动电路控制电机的正转和反转,实现小车的前进和后退。小车直流电机的驱动采用 L293 电机专用驱动芯片。为达到较好的控制效果,同时减少小车的总耗时,在转弯、调整和超车时需要采用不同的速度,使用 PWM 方式可以很容易地实现调速。PWM 信号由单片机产生,使用非常方便。驱动电路的控制输入端经光耦与单片机电路隔离,通过对单片机的编程就可以实现两个直流电机的 PWM 调速以及正反转等功能。电机驱动电路如图 2.11.4 所示。

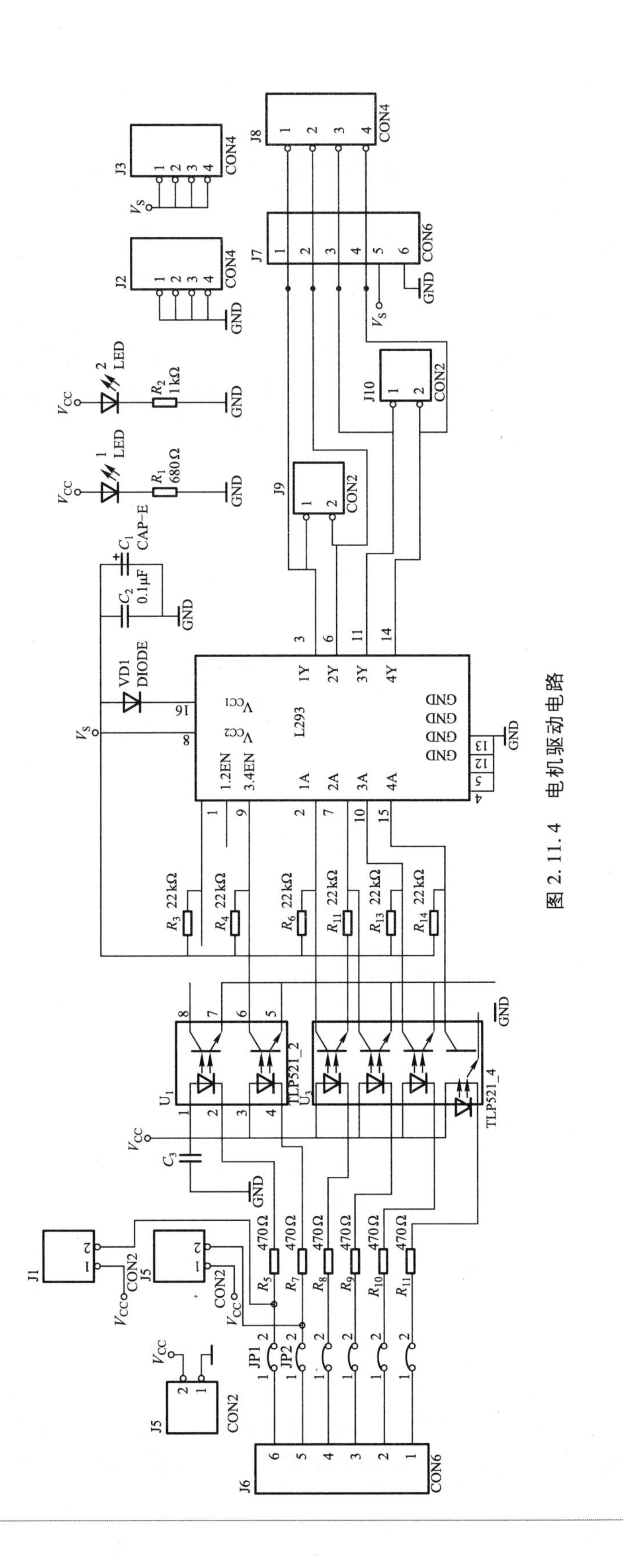

图 2.11.4 电机驱动电路

3. 电源电路

小车电机使用3.7 V的锂电池供电,单节电池的容量为3 200 mA,共3节电池给电机供电。小车的单片机控制板由南孚电池供电,与电机供电之间用光耦隔离,可以彻底消除电机驱动所造成的干扰,提高系统的稳定性。

4. 黑线检测电路

黑线检测电路采用的是反射型红外传感器模块。消除了环境光的干扰,当在白线上方时,红外光线大部分反射到红外接收头上,红外接收头给单片机送一个低电平信号。当在黑线上方时,红外光线大部分被黑线吸收而不能反射到红外接收头上,红外接收头就会自动给单片机送一个高电平信号。由此单片机就可以检测出边界线界和标志线,改变模块上可变电阻的阻值即能改变检测的灵敏度。黑线检测电路如图2.11.5所示。

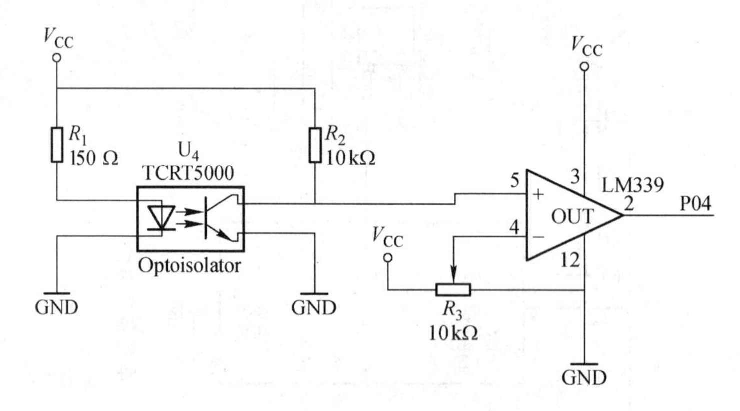

图2.11.5　黑线检测电路

二、软件设计

1. 黑线检测程序流程(如图2.11.6所示)

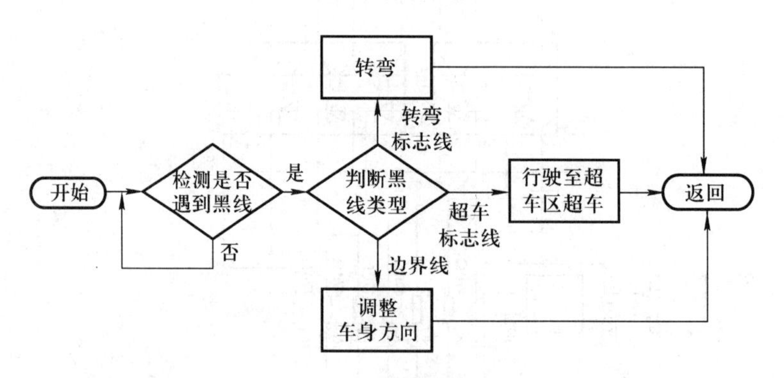

图2.11.6　黑线检测流程图

2. 两辆小车的速度调整

小车在行驶过程中可能出现相差距离过大增加时间消耗或者相差距离过小容易发生撞车的情况。为了避免这类情况的发生并很好地实现超车功能,本设计中用红外避障模块防止小车碰撞,码盘模块实现测速以及无线通信模块进行两车间的通信。通过三个模块以及 PWM 调速的配合,实现两小车在行驶过程中的速度及距离的调整。

其程序流程如图 2.11.7 所示。

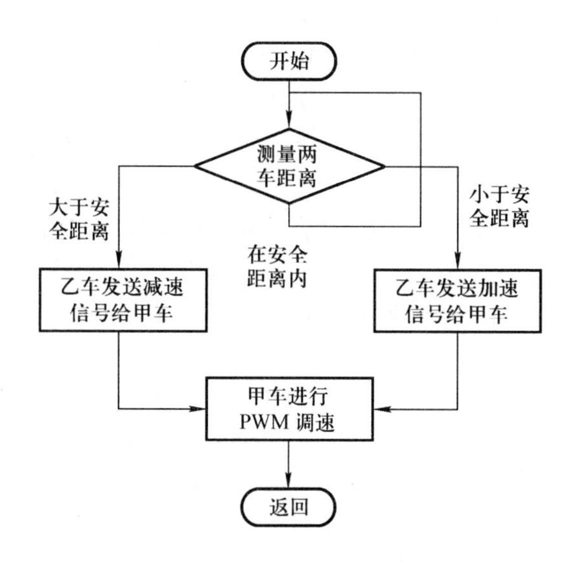

图 2.11.7　两辆小车的速度调整程序流程图

3. 超车区域的程序设计

超车区域程序流程如图 2.11.8 所示。

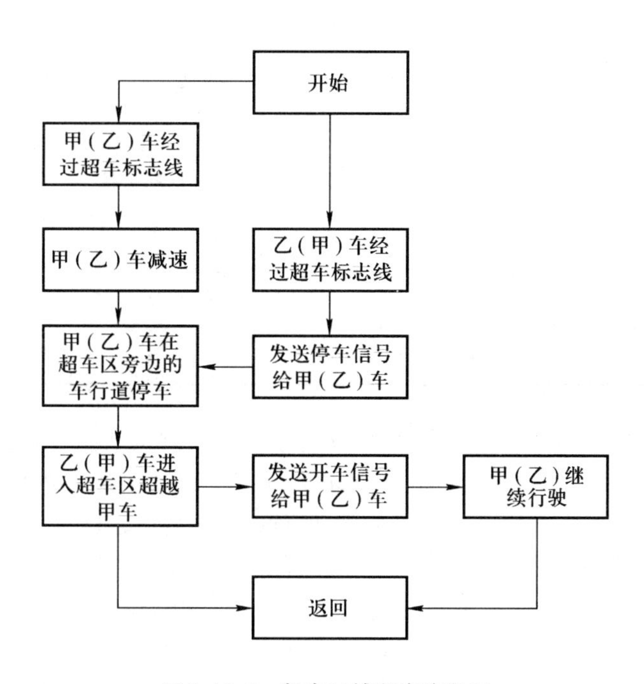

图 2.11.8　超车区域程序流程图

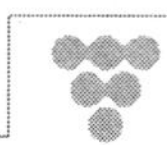

2.11.5 系统测试

1. 测试仪器与设备

卷尺:精度 1 mm　　一个

秒表:精度 0.01 s　　一块

数字万用表　　一块

模拟跑道　　一个

2. 测试方法

(1) 先测试甲车,让甲车单独在赛道上跑,反复测试观察甲车的状态,记录并分析各测试参数。

(2) 再测试乙车,让乙车单独在赛道上跑,反复测试观察乙车的状态,记录并分析各测试参数。

(3) 将甲、乙两车都置于跑道,甲车放在起跑线上,乙车放置于边界线,按题目的要求反复测试,观察小车的状态,记录超车情况(运行时间)分析各测试参数。

(4) 将甲、乙两车都置于跑道,甲车放在离起点标志线前进方向 40 cm 内任意处,乙车放置于边界线,按题目的要求反复测试,观察小车的状态,记录并分析各测试参数。

3. 指标测试与数据分析

性能分析:测试数据如表 2.11.1 所列。分析甲车四次测试数据可知,甲车单独跑完一圈的平均时间是 28 s,平均速度是 0.34 m/s。每次甲车都可以顺利到达终点标志线,能检测出所有的标志线。整体来说,甲车的速度比较稳定,运行时间比较短,性能还比较好。

表 2.11.1　甲车单独运行状态

次数	圈数	时间/s	速度/(m/s)	是否到达终点标志线	检测到的标志线数	备注
第一次	1	26	0.37	是	9	
第二次	1	32	0.30	是	9	
第三次	1	30	0.32	是	9	

性能分析:测试数据如表 2.11.2 所列。分析乙车四次测试数据可知,乙车单独跑完一圈的平均时间是 30 s,平均速度是 0.31 m/s。每次乙车都可以顺利到达终点标志线,能检测出所有的标志线。整体来说,乙车的速度比甲车慢,但是速度还是比较稳定。

性能分析:测试数据如表 2.11.3 所列。分析两小车的测试数据可知,两车完成四圈交替领跑的总平均时间是 123.7 s,平均速度是 0.31 m/s。由于加有红外传感器避障模块,小车可以随时调整自己的速度而不至于撞车,但是由于小车的性能及程序算法的不完善,小车在超车时存在摩擦的可能。总体来说小车的行驶还是比较稳定的,基本达到各项要求。

表 2.11.2　乙车单独运行状态

次数	圈数	时间/s	速度/(m/s)	是否到达终点标志线	检测到的标志线数	备注
第一次	1	30	0.32	是	9	
第二次	1	32	0.30	是	9	
第三次	1	28	0.31	是	9	

表 2.11.3　两车一起从固定位置开始时的运行状态

次数	圈数	时间/s	速度/(m/s)	两车是否相撞	超车时是否摩擦	超车成功数	备注
第一次	4	121	0.32	否	否	2	
第二次	4	115	0.34	否	否	2	
第三次	4	131	0.29	否	是	4	
第四次	4	128	0.30	否	否	4	

性能分析:测试数据如表 2.11.4 所列。分析两小车的测试数据可知,两车完成四圈交替领跑的总平均时间是 128 s,平均速度是 0.30 m/s。由于加有红外传感器避障模块,小车可以随时调整自己的速度而不至于撞车,但是由于小车的性能及程序算法的不完善,小车在超车时存在摩擦的可能。总体来说小车的行驶还是比较稳定的,基本达到各项要求。

表 2.11.4　两车一起甲车从任意位置开始时的运行状态

次数	圈数	时间/s	速度/(m/s)	两车是否相撞	超车时是否摩擦	超车成功数	备注
第一次	4	135	0.31	否	否	2	
第二次	4	119	0.32	否	否	2	
第三次	4	127	0.30	否	否	4	
第四次	4	131	0.29	否	是	4	

2.11.6　设计总结

本设计很好地满足了题目要求,能够实现通过两车间的通信自动调整车速和车子间的距离,自动检测边界线和各种标志线,在超车区域实现自动超车功能。但是本设计还有很大的提升空间,比如还可以加语音模块,在完成每个动作时自动语音提示、换一辆速度比较快比较稳定的车子,可以减少行驶时间等。

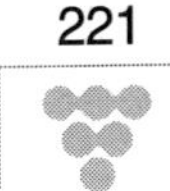

2.12 帆板控制系统
(2011 年全国大学生电子设计竞赛 F 题)

来源:谢明、邓凤、魏海军(怀化学院优秀毕业论文)

指导老师:宋庆恒

一、任务

设计并制作一个帆板控制系统,通过对风扇转速的控制,调节风力大小,改变帆板转角 θ,如图 2.12.1 所示。

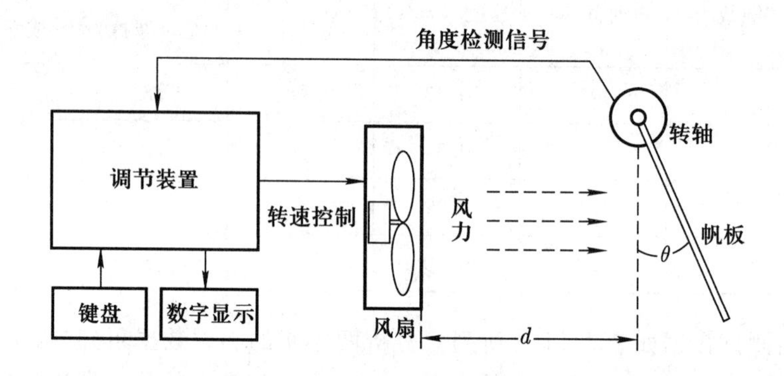

图 2.12.1　帆板控制系统示意图

二、要求

1. 基本要求

(1) 用手转动帆板时,能够数字显示帆板的转角 θ。显示范围为 0°~60°,分辨力为 2°,绝对误差≤5°。

(2) 当间距 d=10 cm 时,通过操作键盘控制风力大小,使帆板转角 θ 能够在 0°~60°范围内变化,并要求实时显示 θ。

(3) 当间距 d=10 cm 时,通过操作键盘控制风力大小,使帆板转角 θ 稳定在 45°±5°范围内。要求控制过程在 10 s 内完成,实时显示 θ,并由声光提示,以便进行测试。

2. 发挥部分

(1) 当间距 d=10 cm 时,通过键盘设定帆板转角,其范围为 0°~60°要求 θ 在 5 s 内达到设定值,并实时显示 θ。最大误差的绝对值不超过 5°。

(2) 间距 d 在 7~15 cm 范围内任意选择,通过键盘设定帆板转角,范围为 0°~60°。要求 θ 在 5 s 内达到设定值,并实时显示 θ。最大误差的绝对值不超过 5°。

(3) 其他。

三、说明

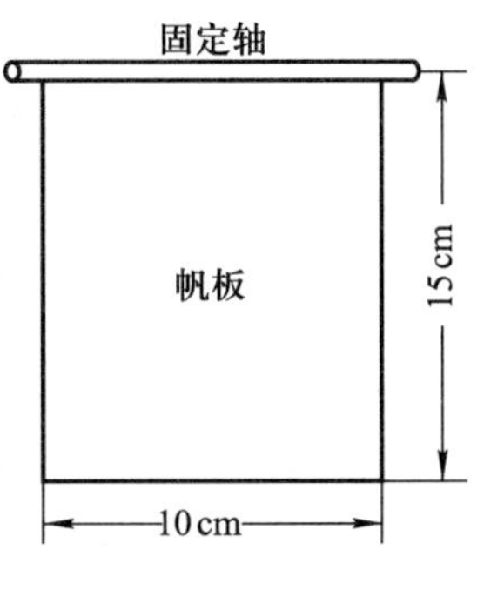

图 2.12.2 帆板制作尺寸

(1) 调速装置自制。

(2) 风扇选用台式计算机散热风扇或其他形式的直流供电轴流风扇,但不能选用带有自动调速功能的风扇。

(3) 帆板的材料和厚度自定,固定轴应足够灵活,不阻碍帆板运动。帆板形式及具体制作尺寸如图 2.12.2 所示。

四、评分标准

	项目	主要内容	满分
设计报告	系统方案	风扇控制系统总体方案	3
	理论分析与计算	风扇控制电路 角度测量原理控制算法	5
	电路与程序设计	风扇控制电路设计计算 控制算法设计与实现 总体电路图	6
	测试方案与测试结果	测试方法与仪器 测试数据完整性 测试结果分析	4
	设计报告结构及规范性	摘要 设计报告正文的结构 图表的规范性	2
	总分		20
基本要求	实际制作完成情况		50
发挥部分	完成第(1)项		20
	完成第(2)项		25
	其他		5
	总分		50

2.12.1 题目分析

根据题目的具体要求,经过思考,可对题目的具体任务、功能、技术指标等作出如下分析。

一、任务和功能

实际上题目的任务就是要设计一个角度控制系统,系统的功能是角度测量和角度控制。

在角度测量部分,要求测量 0°~60°的角度范围,还规定了测量的精度为 2°,绝对误差≤5°,测量的角度结果要求显示。

在角度控制部分,要求系统能够将角度调节到设定的角度,并且保持。题目给定了调节时间

的长短，在基础部分为10 s内，发挥部分为5 s内，所以要完成本题的要求，调节时间必须小于5 s。

题目对风扇做了要求，为直流供电轴流风扇，但不能选用带有自动调速功能的风扇。如果电脑散热风扇转速不够，可以自己做一个风扇。

在发挥部分，还要求提高系统的控制性能，在距离不同的情况下达到控制要求。

二、主要性能指标

(1) 测量范围:0°~60°，可以大于此范围；

(2) 测量精度:2°；

(3) 保持精度:5°；

(4) 距离范围:7~15 cm。

2.12.2 方案论证

对题目进行深入的分析和思考，可将整个系统分为以下几个部分：角度测量部分，控制电路，电机驱动电路，直流电机及风扇。帆板控制系统框图如图2.12.3所示。

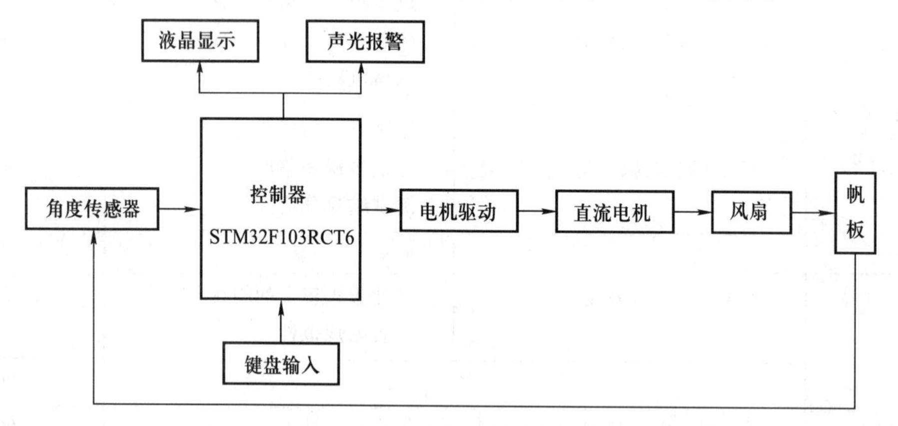

图2.12.3 帆板控制系统框图

一、电机方案选择

方案一：采用直流电机。直流电机里面固定有环状永磁体，电流通过转子上的线圈产生洛伦兹力，当转子上的线圈与磁场平行时，再继续旋转受到的磁场方向将改变，因此此时转子末端的电刷与转换片交替接触，从而线圈上的电流方向也改变，产生的洛伦兹力方向不变，所以电机能保持一个方向转动。直流电机低速扭力性能优异，转矩大，价格便宜。

方案二：采用无刷电机。无刷电机的优点：① 无电刷，低干扰。无刷电机去除了电刷，最直接的变化就是没有了有刷电机运转时产生的电火花，这样就极大地减少了电火花对遥控无线电设备的干扰。② 噪声低，运转顺畅。无刷电机没有了电刷，运转时摩擦力大大减小，运行顺畅，噪声会低许多，这个优点对于模型运行稳定性是一个巨大的支持。③ 寿命长，低维护成本。少了电刷，无刷电机的磨损主要是在轴承上，从机械角度看，无刷电机几乎是一种免维护的电动机，只需做一些除尘维护即可。

方案三：采用步进电机。步进电机是一种数字电动机，控制简单，受脉冲信号控制，角位移量与电脉冲数成正比，但它是以步进形式跟进，角度小于一个步距角时是系统响应盲区。

综合考虑，无刷电机通常被使用在控制要求比较高、转速比较高的设备上，对电机转速控制严格。无刷电机和其控制器的成本都很高。由于直流电机价格低，相应的控制器也很成熟，所以为了控制成本，选用方案一。

二、角度测量方案选择

方案一：采用旋转编码器传感器。可将输出轴的角位移、角速度等机械量转换成相应的电脉冲以数字量输出。以脉冲输出，需要将脉冲数转化为角位移，同时必须要装在轴上，安装不便。

方案二：采用电位器作为角度传感器。电位器可以线性输出角位移，输出最大幅度容易控制，但其必须安装在轴上，且不能旋转 360°。

方案三：采用 SCA61T 单轴倾角传感器。SCA61T 单轴倾角传感器提供仪器级性能水准，低温度依赖性，高低噪声分解连同强大的传感元件。由于为阻尼传感元件，并能承受 20 kg 的机械冲击，所以倾角对振动不敏感。

综合考虑，帆板控制系统是一个有很强的振动的机械系统，选用第三种方案。

三、电机驱动方案选择

方案一：采用 SGS 的 L298N 作为驱动。L298N 内部包含 4 通道逻辑驱动电路，是一种二相和四相电机的专用驱动器，内含两个 H 桥的高电压大电流双全桥式驱动器，可接收标准 TTL 逻辑电平信号，能驱动 46 V、2 A 以下的电机。

方案二：采用马达控制芯片 LG9110 作为驱动。LG9110 是为控制和驱动电机设计的两通道推挽式功率放大专用集成电路器件，将分立电路集成在单片 IC 之中，使外围器件成本降低，整机可靠性提高。该芯片有两个 TTL/CMOS 兼容电平的输入，具有良好的抗干扰性。

方案三：采用 MC33887 芯片作为驱动。MC33887 是一个使用 MOSFET 管驱动的单 H 桥芯片，内部具有完善的驱动控制和保护电路，专门用于直流电机的驱动。

综合考虑，L298N 相对于其他专用芯片，价格低，故选用第一种方案。

2.12.3 硬件设计

一、电源电路

电源模块电路如图 2.12.4 所示。从 P11 口接入 12 V 的直流电，经过电容滤波之后，由 LM1084 稳压到 5 V，在经过 LM1086 稳压到 3.3 V。D2、D3、D4 三个 LED 灯分别为 12 V、5 V、3.3 V电压指示灯，P1、P5、P8、P12 为相应的电源。

二、电机驱动电路

采用 L298N 加 PWM 驱动电机，信号电平转换电路如图 2.12.5 所示，电机驱动电路如图 2.12.6 所示。由于 STM32 端口输出的电压为 3.3 V，由 74LS04 内的两个非门连续将 3.3 V 电平取反，将 3.3 V 电平转换为 5 V 的电平，作为 L298N 的控制信号。

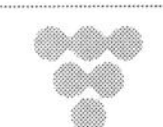

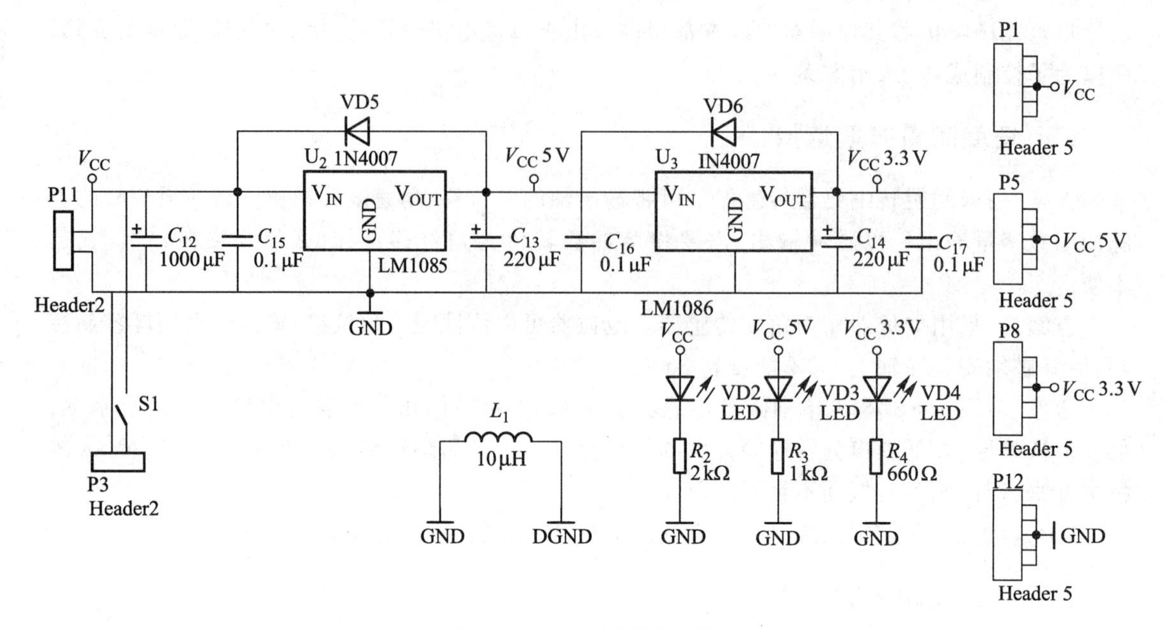

图 2. 12. 4　电源模块电路

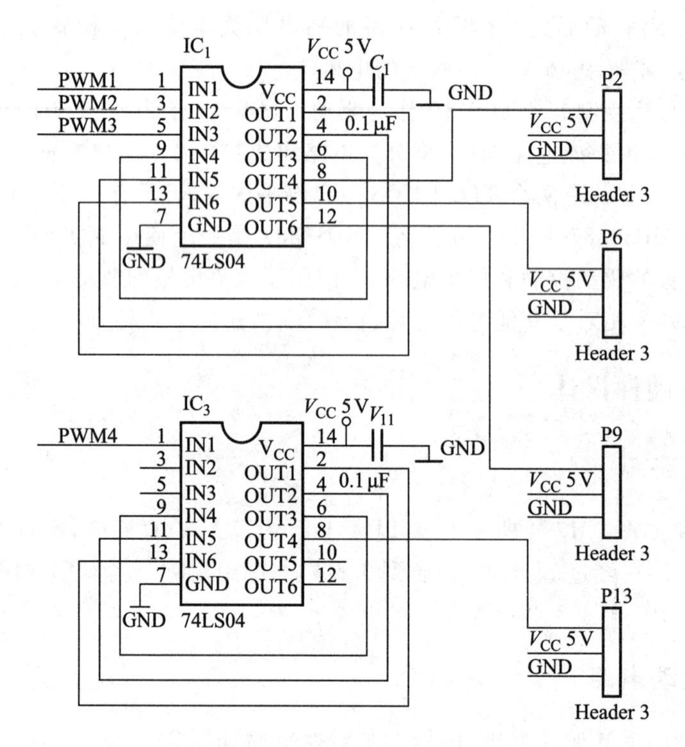

图 2. 12. 5　信号电平转换电路

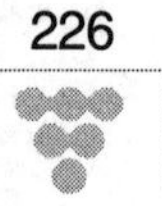

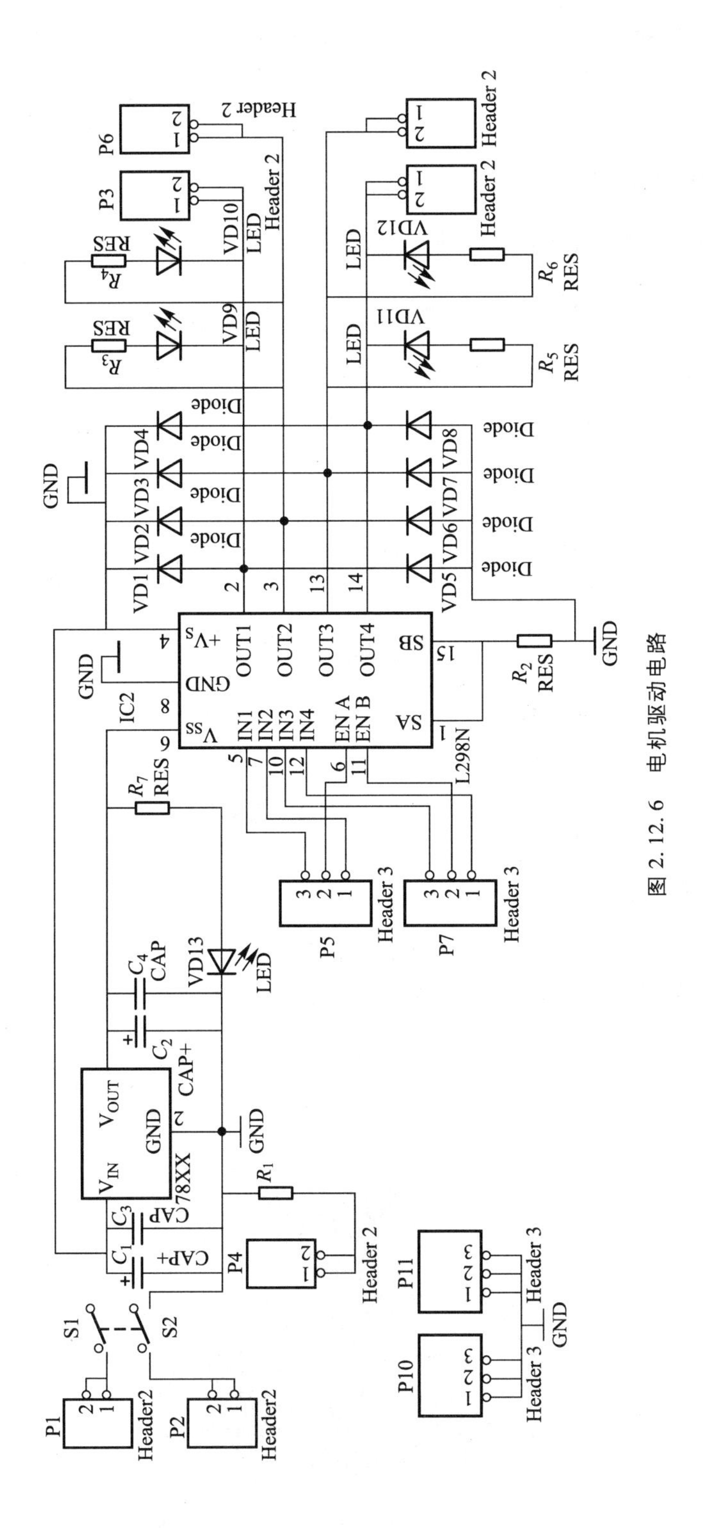

图 2.12.6　电机驱动电路

由于 L298N 内部含有两个 H 桥，在本设计中，将两个 H 桥的 EN 端接到一起，IN1、IN3 接到一起，IN2、IN4 接到一起，这样可以用两个 H 桥同时控制一个电机，使其驱动电机的能力增强。另外，L298N 的控制端要求信号高电平最小 2.3 V，所以为了降低电路复杂性，可以将电平转换电路去掉。

三、液晶显示电路

液晶显示电路由 LCD12864 液晶屏和背光调节电阻组成，电路如图 2.12.7 所示。

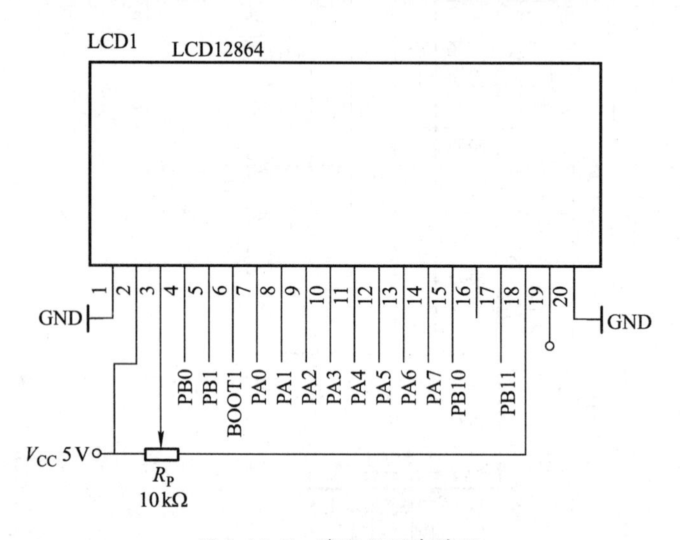

图 2.12.7　液晶显示电路图

四、键盘输入电路

在本设计中，采用旋转编码开关作为输入电路的主要器件。它具有左转、右转、按下三个功能。其外观及引脚序号如图 2.12.8 所示。

图 2.12.8　数字旋转编码开关实物图

键盘输入电路由编码开关电路和按键电路组成。编码开关电路如图 2.12.9 所示，按键电路如图 2.12.10 所示。

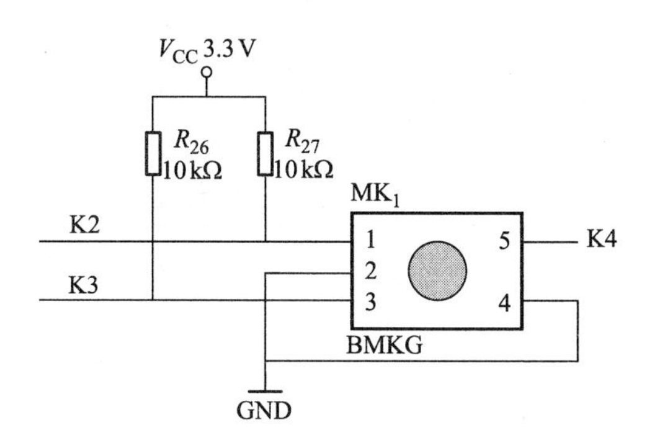

图 2.12.9　编码开关电路

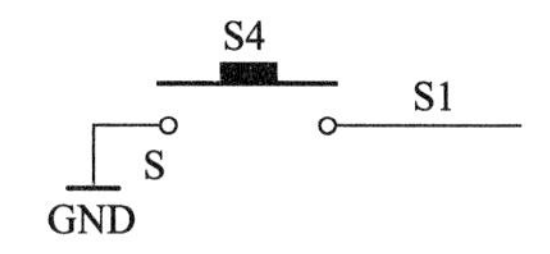

图 2.12.10　按键电路

五、STM32 最小系统

STM32 最小系统如图 2.12.11 所示。由晶体振荡电路、复位电路、启动选择电路及电源滤波电路构成最小系统。

六、JTAG 接口电路

STM32 系统在线调试接口电路如图 2.12.12 所示。

七、角度传感器电路

角度传感器电路如图 2.12.13 所示，电平转换电路如图 2.12.14 所示。由于 SCA61T－FA1H1G 要求 MOSI、SCK 和 NSS 引脚的信号高电平电压最低为 4 V，所以由 74LS04 将 SPI 的 MOSI、SCK 和 NSS 的 3.3 V TTL 电平转换为 5 V 电平，由于 STM32GPIOB 引脚可以承受 5 V 电压，即可将 MISO 直接接到 STM32 端口。

2.12.4　软件设计

一、PID 算法

PID 控制器是一种线性控制器，其原理框图如图 2.12.15 所示。

由图可知，根据给定值 $r(t)$ 与实际输出值 $c(t)$ 构成控制偏差

$$e(t) = r(t) - c(t)$$

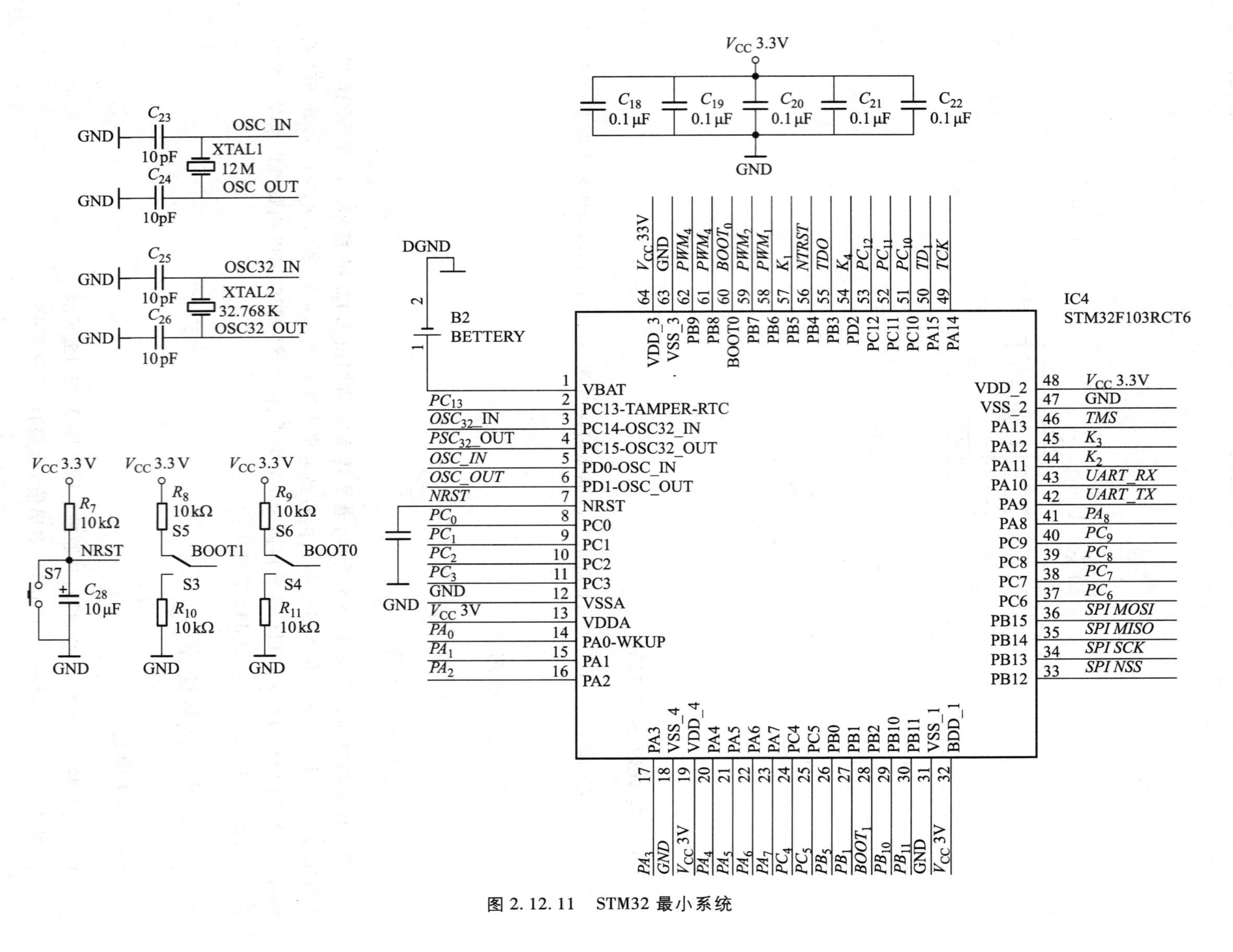

图 2.12.11　STM32 最小系统

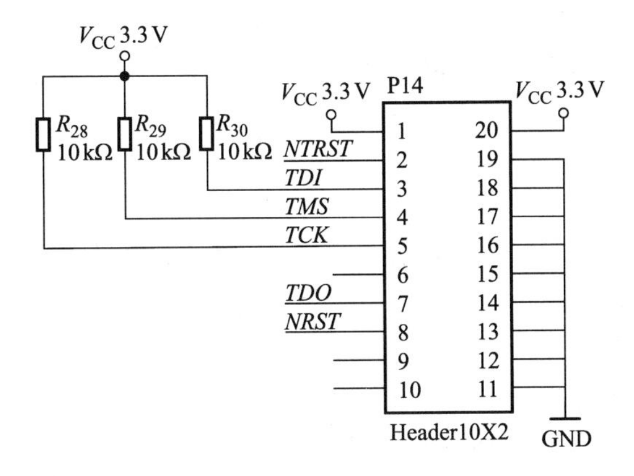

图 2. 12. 12　JTAG 接口电路

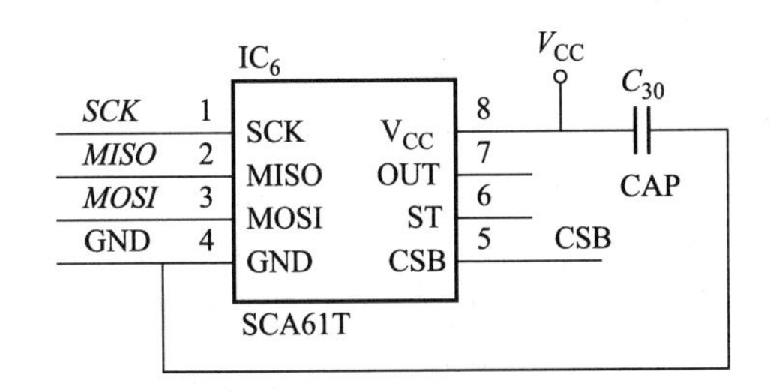

图 2. 12. 13　角度传感器电路

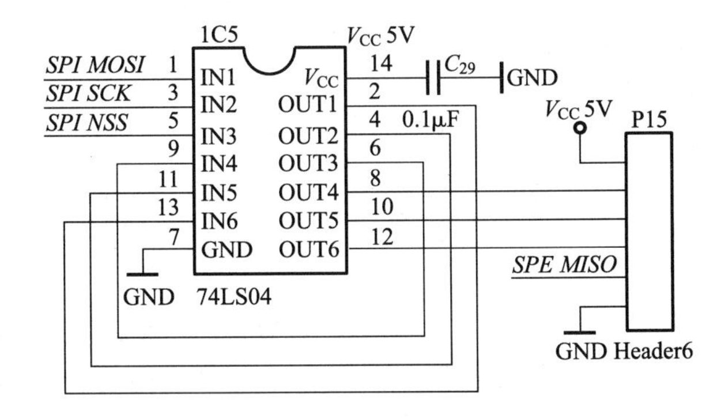

图 2. 12. 14　电平转换电路

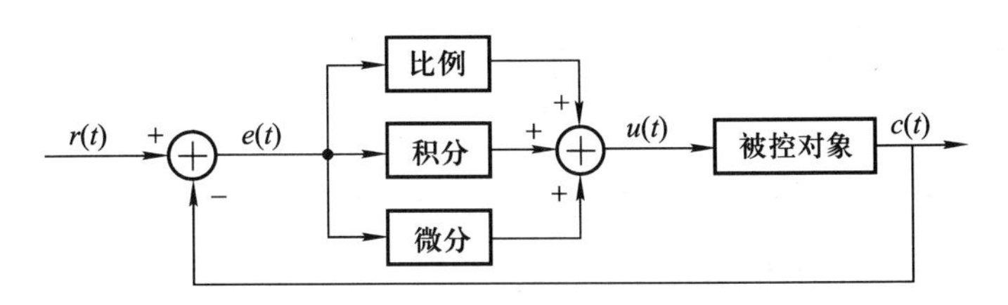

图 2. 12. 15　PID 控制系统原理框图

将偏差的比例(P)、积分(I)和微分(D)通过线性组合构成控制量,对被控制对象进行控制,故称 PID 控制器。其控制规律为

$$u(t) = K_P\left[e(t) + \frac{1}{T_I\int_0^t e(t)\,dt} + \frac{T_D de(t)}{dt}\right]$$

或写成传递函数形式

$$G(s) = \frac{U(s)}{E(s)} = K_P\left(1 + \frac{1}{T_I s} + T_D s\right)$$

式中 K_P——比例系数；

T_I——积分时间常数；

K_D——微分时间常数；

简单说来，PID 控制器各校正环节的作用如下：

(1) 比例环节，即时成比例地反映控制系统的偏差信号 $e(t)$，偏差一旦产生，控制器立即产生控制作用，以减少偏差。

(2) 积分环节，主要用于消除静差，提高系统的无差度。积分作用的强弱取决于积分时间常数 T_I，T_I 越大，积分作用越弱，反之则越强。

(3) 微分环节，能反映偏差信号的变化趋势（变化速率），并能在偏差信号值变得太大之前，在系统中引入一个有效的早期修正信号，从而加快系统的动作速度，减小调节时间。

由于计算机控制是一种采样控制，它只能根据采样时刻的偏差值计算控制量，因此模拟 PID 式中的积分和微分项不能直接使用，需要进行离散化处理。按模拟 PID 控制算法的算式，现以一系列时刻点 kT 代表连续时间 t，以和式代替积分，以增量代替微分，则可作如下近似变换：

$$\begin{cases} t \approx kT \ (k = 0,1,2,\cdots) \\ \int_0^t e(t)\,dt \approx T\sum_{j=0}^{k} e(jT) = T\sum_{j=0}^{k} e(j) \\ \dfrac{de(t)}{dt} \approx \dfrac{e(kT) - e[(k-1)T]}{T} = \dfrac{e(k) - e(k-1)}{T} \end{cases}$$

式中 T——采样周期。

显然，上述离散化过程中，采样周期 T 必须足够短，才能保证有足够的精度。为书写方便，将 $e(kT)$ 简化表示成 $e(k)$ 等，即省去 T。即可得离散化的 PID 表达式为

$$u(k) = K_P\left\{e(k) + \frac{T}{T_I\sum_{j=0}^{k} e(j)} + \frac{T_D}{T[e(k) - e(k-1)]}\right\}$$

或

$$u(k) = K_P e(k) + K_I\sum_{j=0}^{k} e(j) + K_D[e(k) - e(k-1)]$$

式中 k——采样序号，$k = 0,1,2,\cdots$；

$u(k)$——第 k 次采样时刻的计算机输出值；

$e(k)$——第 k 次采样时刻输入的偏差值；

$e(k-1)$——第 $(k-1)$ 次采样时刻输入的偏差值；

K_I——积分系数，$K_I = K_P T/T_I$；

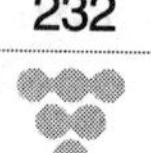

K_D——微分系数，$K_D = K_P T_D / T$。

二、SCA61T 角度计算

角度传感器安装在帆板的转动轴上，当帆板偏转时，角度传感器也跟着偏转，这样角度传感器就能测到帆板的偏转度数，如图 2.12.16 所示。

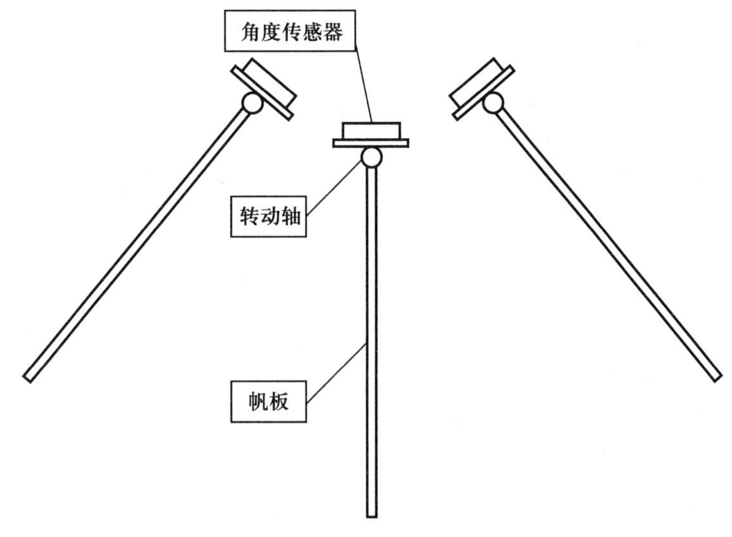

图 2.12.16　角度传感器安装示意图

1. 模拟输出角度计算

使用高精度单轴倾角传感器芯片 SCA61T 测量工作范围内的倾角时，测量角度越大输出电压越大，测量角度越小输出电压越小，SCA61T 倾角传感器在水平位置输出电压值为 2.5 V，如图 2.12.17 所示。

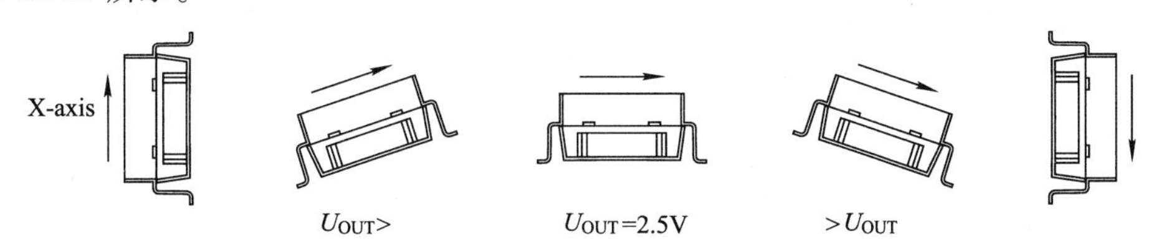

图 2.12.17　角度数据与芯片状态的关系

模拟输出时，角度转换使用下列公式：

$$\alpha = \arcsin\left(\frac{U_{OUT} - Offset}{Sensitivity}\right)$$

式中　*Offset*——0°位置时的输出；

Sensitivity——器件的灵敏度；

U_{OUT}——SCA61T 的模拟输出。

一般情况下，*Offset* 为 2.5 V，*Sensitivity* 为：SCA61T - FAHH1G 为 4 V/g，SCA61T - FA1H1G 为 2V/g。

2. SPI 输出角度计算

与模拟输出不同,SPI 输出的是数字量。SCA61T 测量工作范围内的倾角时,测量角度越大输出的数字量越大,测量角度越小输出的数字量越小,SCA61T 倾角传感器在水平位置输出的数字量为 1024。角度转换使用如下公式:

$$\alpha = \arcsin\left(\frac{D_{out}[\mathrm{LSB}] - D_{out@0°}[\mathrm{LSB}]}{Sens[\mathrm{LSB/g}]}\right)$$

式中 D_{out}——SCA61T 输出的数字量;

$D_{out@0°}$——SCA61T 输出的偏移量,通常为 1024;

α——角度;

Sens——SCA61T 的灵敏度(SCA61T－FAHH1G 为 1638,SCA61T－FA1H1G 为 819)。

三、一阶滞后滤波

一阶滞后滤波,又称一阶惯性滤波或一阶低通滤波,是使用软件编程实现普通硬件 *RC* 低通滤波器的功能。一阶低通滤波法采用本次采样值与上次滤波输出值进行加权,得到有效滤波值,使得输出对输入有反馈作用。一阶低通滤波的算法公式如下:

$$Y_n = \alpha X_n + (1 - \alpha) Y_{n-1}$$

式中 α——滤波系数(取值范围为 0 ~ 1);

X_n——新采样值;

Y_n——本次滤波结果;

Y_{n-1}——上次滤波结果。

一阶滤波算法无法完美地兼顾灵敏度和平稳度。有时,我们只能寻找一个平衡,在可接受的灵敏度范围内取得尽可能好的平稳度。在一些场合,我们希望拥有这样一种接近理想状态的滤波算法,可以用程序动态地改变滤波系数,达到理想的效果。即当数据快速变化时,滤波结果能及时跟进(灵敏度优先);而当数据趋于稳定,在一个固定的点上下振荡时,滤波结果能趋于平稳(平稳度优先)。

四、程序流程图

1. 主程序流程图

系统主程序流程图如图 2.12.18 所示。程序开始后初始化 CPU 寄存器,再校准角度传感器即可进入工作状态。系统具有两个模式,模式 0 和模式 1。在不同的模式下,数字编码开关调节的变量不同。在模式 0 下,调节风力值;在模式 1 下,调节设定角度。

2. PID 计算程序流程图

通过查找资料,加上自己的分析以及实践中的测试,了解到比例系数的调节是由小到大,直到系统趋于稳定,再调节积分系数和微分系数,也是由小到大,最后使整个系统达到稳定。为了使用 PID 调节来更好地控制电风扇风力的大小,使帆板倾斜角度趋向设定的角度,需要在调节 PID 参数的过程中,进行实时记录,再通过分析计算得出合适的 PID 参数值。根据以上分析,其程序流程图如图 2.12.19 所示。

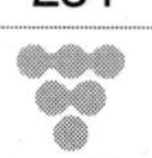

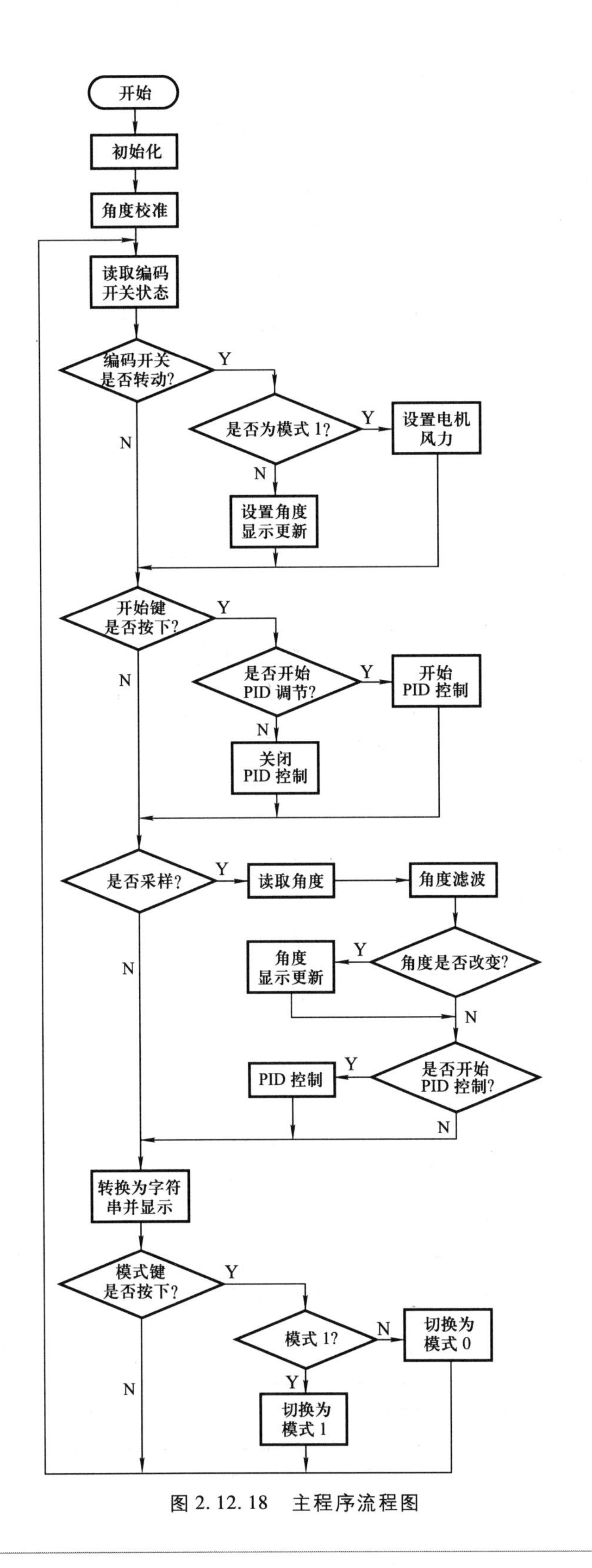

图 2.12.18　主程序流程图

3. 滑动平均值滤波程序流程图

滑动平均值滤波法又称递推平均滤波法。把连续 N 个采样值看成一个队列的长度固定为 N。每次采样到一个新数据放入队尾,并扔掉原来队首的一次数据(先进先出原则)。把队列中的 N 个数据进行平均运算,即可获得新的滤波结果。

为了充分利用内存空间,克服直线队列溢出,将队列首尾相连,构成一个圆环,即循环队列。循环队列在元素入队列的时候,只要队尾指针加 1 在元素入队再求 N 个元素的和,若队列的长度为 N,则即为队列所有元素的和。这样可避免直线队列的元素移动,程序实现更容易,运行效率更高,滤波程序流程如图 2.12.20 所示。

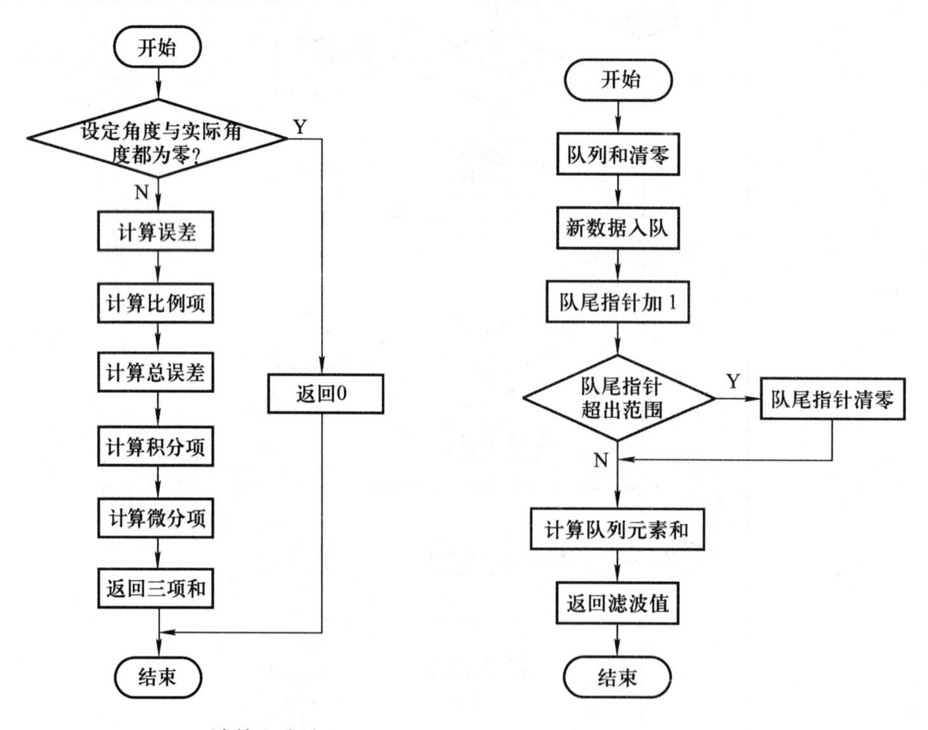

图 2.12.19　PID 计算程序流程图　　图 2.12.20　滑动平均值滤波程序流程图

4. 数字编码开关程序流程图

旋转编码开关作为输入电路的主要器件,左转和右转的判别是难点,留意这种开关左转和右转时两个输出脚有个相位差。如果 OUT_1 为高电平时,OUT_3 出现一个高电平,这时开关就是向顺时针旋转;当 OUT_1 为低电平时,OUT_3 出现一个高电平,这时就一定是逆时针方向旋转,如图 2.12.21 所示。因此,在编程时只需要判断当 OUT_1 为高电平或低电平时和 OUT_3 当时的状态就可以判断出是左旋转还是右旋转,其程序流程图如图 2.12.22 所示。

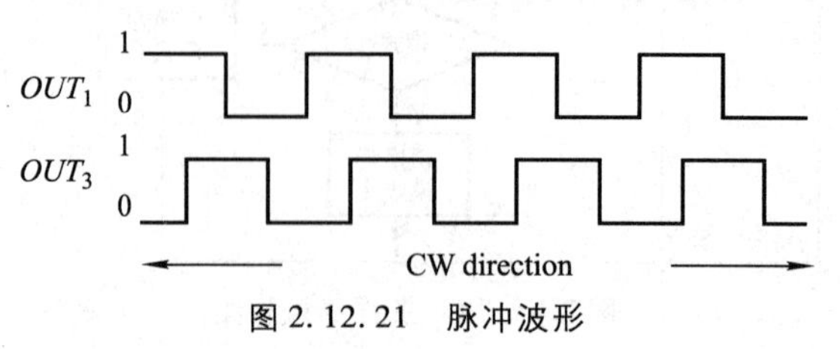

图 2.12.21　脉冲波形

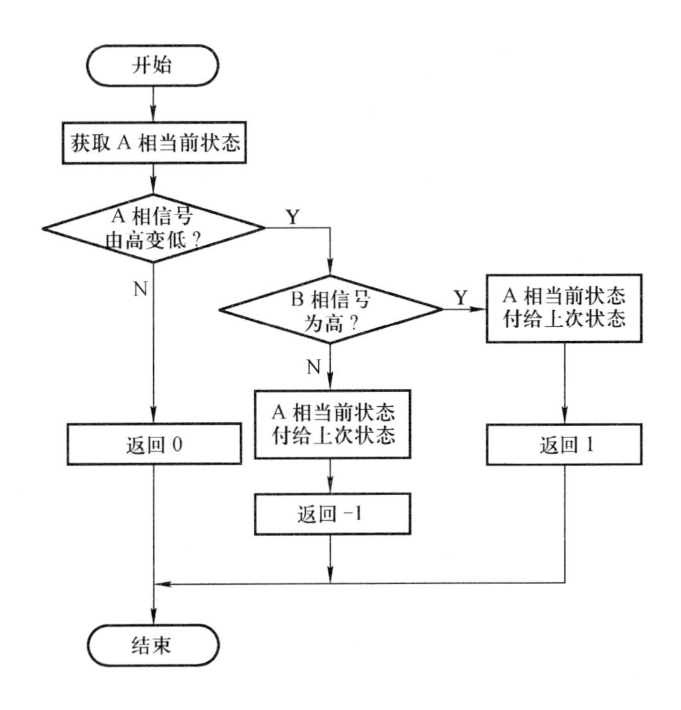

图 2.12.22　数字编码开关程序流程图

2.12.5　测试结果及结果分析

测试仪器使用量角器、直尺、秒表。

一、测试结果

（1）用手转动帆板时，液晶显示角度与绝对角度之间的误差测试，见表 2.12.1。

表 2.12.1　绝对角度与显示角度的误差

次数	绝对角度	液晶显示角度	误差
1	0°	0°	0°
2	10°	9°	-1°
3	20°	19°	-1°
4	30°	30°	0°
5	40°	41°	1°
6	50°	52°	2°
7	60°	63°	3°

（2）间距 $d=10$ cm 时，通过操作键盘控制风力大小，使帆板转角在 0°～60°范围内变化，并实时显示角度，见表 2.12.2。

表 2.12.2　风力与帆板角度的关系

次数	风力值(0 ~ 9999)	液晶显示角度
1	0	0°
2	2 000	14° ~ 15°
3	4 000	31° ~ 33°
4	6 000	40° ~ 42°
5	8 000	48° ~ 50°
6	9 999	50° ~ 52°

(3) 间距 $d=10$ cm 时,通过操作键盘控制风力大小,使帆板转角稳定在45° ±5°范围内。要求控制过程在 10 s 内完成,实时显示 θ,并由声光提示,以便进行测试,见表 2.12.3。

表 2.12.3　设定 45°时自动控制情况

次数	设定角度	液晶显示角度	完成时间/s
1	45°	42° ~ 46°	2
2	45°	43° ~ 46°	2
3	45°	46° ~ 46°	3

(4) 当间距 $d=10$ cm 时,通过键盘设定帆板转角,其范围为 0° ~ 60°。要求 θ 在 5 s 内达到设定值,并实时显示 θ。最大误差的绝对值不超过 5°,见表 2.12.4。

表 2.12.4　设定不同角度时的自动控制情况

次数	设定角度	液晶显示角度	绝对角度	完成时间/s
1	10°	9° ~ 10°	10° ~ 11°	2
2	20°	18° ~ 20°	19° ~ 21°	2
3	30°	28° ~ 31°	29° ~ 31°	2
4	40°	38° ~ 40°	39° ~ 41°	2
5	50°	48° ~ 50°	47° ~ 59°	2
6	60°	52° ~ 53°	59° ~ 51°	无法完成

(5) 间距 d 在 7 ~ 15 cm 范围内任意选择,通过键盘设定帆板转角,范围为 0° ~ 60°。要求 θ 在 5 s 内达到设定值,并实时显示 θ。最大误差的绝对值不超过 5°,见表 2.12.5。

表 2.12.5　在不同距离时设定不同角度的自动控制情况

次数	间距 d/cm	设定角度	液晶显示角度	绝对角度	完成时间/s
1	7	20°	19°～21°	19°～21°	2
2	7	30°	29°～31°	29°～31°	2
3	7	40°	39°～41°	39°～41°	2
4	10	20°	19°～21°	19°～21°	2
5	10	30°	29°～31°	29°～31°	2
6	10	40°	39°～41°	39°～41°	2
7	15	20°	19°～21°	19°～21°	3
8	15	30°	29°～31°	29°～31°	3
9	15	40°	39°～41°	39°～41°	3

二、结果分析

经分析表格中的数据，系统各个部分的功能已基本完成。

用手转动帆板时，能够数字显示帆板的转角，显示范围为0°～60°，分辨力为1°，绝对误差≤5°。

当间距 d=10 cm 时，通过操作键盘控制风力大小，使帆板转角 θ 能够在0°～60°范围内变化，并且能够实时显示 θ。

当间距 d=10cm 时，通过操作键盘控制风力大小，能使帆板转角 θ 稳定在设定角度 ±5°范围内。控制过程在10 s内完成，并且实时显示 θ，并由声光提示。

当间距 d 在7～15 cm 范围内任意选择，通过键盘设定帆板转角，范围为0°～60°。θ 在5 s内达到设定值，并实时显示 θ。最大误差的绝对值不超过5°。

三、总结

本系统是由STM32F103RCT6单片机、SCA61T角度传感器、12 V电流风扇和帆板组成的闭环控制，能够完成帆板转角控制和显示，同时伴有声光报警功能。系统反应速度快，精度高，可靠性强。

参 考 文 献

[1] 全国大学生电子设计竞赛组委会,第一届 ~ 第六届全国大学生电子设计竞赛获奖作品选编[M].北京:北京理工大学出版社,2005.

[2] 高吉祥.全国大学生电子设计竞赛培训系列教程——数字系统与自动控制系统设计[M].北京:电子工业出版社,2005.

[3] 高吉祥.全国大学生电子设计竞赛培训系列教程——基本技能训练与单元电路设计[M].北京:电子工业出版社,2007.

[4] 高吉祥.全国大学生电子设计竞赛培训系列教程——2007 年全国大学生电子设计竞赛试题剖析[M].北京:电子工业出版社,2009.

[5] 高吉祥.全国大学生电子设计竞赛培训系列教程——2009 年全国大学生电子设计竞赛试题剖析[M].北京:电子工业出版社,2011.

[6] 高吉祥.全国大学生电子设计竞赛培训系列教程——模拟电子线路设计[M].北京:电子工业出版社,2007.

[7] 高吉祥.全国大学生电子设计竞赛培训系列教程——2011 年全国大学生电子设计竞赛试题剖析[M].北京:高等教育出版社,2012.

[8] 高吉祥.数字电子技术[M].3 版.北京:电子工业出版社,2011.

[9] 高吉祥.电子技术基础实验与课程设计[M].3 版.北京:电子工业出版社,2011.

[10] 徐欣.基于 FPGA 的嵌入式系统设计[M].北京:机械工业出版社,2005.

[11] 唐发根.数据结构教程[M].2 版.北京:北京航空航天大学出版社,2005.

[12] 刘军.例说 STM32[M].北京:北京航空航天大学出版社,2011.

[13] Joseph Yiu. The Definitive Guide to the ARM ® Cortex - M3 Second Edition[M]. TEXAS INSTRUMENTS,2009.

[14] Gene F. Franklin, J. David Powell. Feedback Control of Dynamic Systems (Fifth Edition) [M].北京:人民邮电出版社,2007.

[15] 周立功.ARM 微控制器基础与实战[M].北京:北京航空航天大学出版社,2003.

[16] 张俊.匠人手记:一个单片机工作者的实践与思考[M].北京:北京航空航天大学出版社,2008.

[17] 华成英.童诗白.模拟电子技术基础[M].4 版.北京:高等教育出版社,2006.

[18] 郭天祥.新概念 51 单片机 C 语言教程——入门、提高、开发、拓展全攻略[M].北京:电子工业出版社,2009.

[19] 阎石.数字电子技术基础[M].5 版.北京:高等教育出版社,2005.

[20] 赵林.基于 STC12CSA60S2 的帆板控制系统设计[J].电子设计工程,2012,20(4):149 ~ 154.

[21] 屈彬,王向阳,张运素.自适应 PID 控制与传统 PID 控制的无抖振切换[J].机电工程技术,2011,40(11):15 ~ 20.

[22] 李宝泉,孟范立.帆板控制系统的设计与制作[J].实用小制作,2011,20(12):56~59.

[23] 钟玲玲.基于单片机的帆板控制系统的设计[J].Computer Knowledge and Technology 电脑知识与技术,2011,7(35):9246~9250.

[24] 方大千,鲍俏伟.实用电源及其保护电路[M].北京:人民邮电出版社,2003.

[25] 严国萍,龙占超.通信电子线路[M].北京:科学出版社,2005.

[26] 田裕鹏,姚恩涛,李开宇.传感器原理[M].3版.北京:科学出版社,2007.

[27] 三恒星科技.Altium Designer 6.0 易学通[M].北京:人民邮电出版社,2006.

[28] 谭浩强.C语言程序设计[M].3版.北京:清华大学出版社,2007.

[29] 温子祺.51单片机C语言创新教程[M].北京:北京航空航天大学出版社,2011.

[30] 陶永华,尹怡欣,葛芦生.新型PID控制及其应用[M].北京:机械工业出版社,1998.